艾瑞克·J. 詹金斯 著
李哲　武赟　赵庆 译

To Scale:

One hundred urban plans

广场尺度：

100个城市广场

To Scale: One Hundred Urban Plans 1st Edition/Eric J.Jenkins/ISBN10: 0-415-95401-0

版权合同：天津市版权局著作权合同登记图字第 02-2008-28 号

图书在版编目(CIP)数据

广场尺度/（美）詹金斯著；李哲等译．—天津：天津大学出版社，2009. 3
ISBN 978-7-5618-2839-7

I. 广… II. ①詹…②李… III. 城市规划：空间规划
IV. TU984

中国版本图书馆 CIP 数据核字（2008）第 170181 号

出版发行 天津大学出版社
出 版 人 杨欢
地　　址 天津市卫津路92号天津大学内(邮编:300072)
电　　话 发行部:022-27403647　邮购部:022-27402742
印　　刷 北京佳信达艺术印刷有限公司
经　　销 全国各地新华书店
开　　本 185mm×260mm
印　　张 14.75
字　　数 500千
版　　次 2009年3月第1版
印　　次 2009年3月第1次
印　　数 1-3 000
定　　价 55.00元

中文版序言

Writing this preface for the Chinese language edition China is presented a great opportunity to showcase its significant progress. There are two facets of this opportunity: precedent and philosophy. First, *To Scale* offers some insight and lessons for urban designers and architects in Asia as they build upon the lessons of the past. Second, by understanding the fundamental philosophy of urban space, students and practitioners can begin designing livable cities.

在我撰写中文版序言时，正值中国获得了展示其取得重大进步的机遇。这个机遇具有两个层面上的重要意义——典例与哲学。首先，《广场尺度》为在以往经验基础上进行建造活动的亚洲城市设计师和建筑师提供了启示和经验。其次，通过对城市空间哲学含义的基本了解，学生与设计实践参与者能够着手设计出适合居住的城市。

Cities in China and, in general, countries throughout Asia are transforming and developing at an accelerated pace. As such, a priority for architects, urban designers, landscape architects and planners is to develop sustainable urban spaces within those cities that can help engender a sense of place for its citizens and persevere for generations.

总的说来，中国及其他亚洲国家的城市都在进行着高速的转型与发展。因此，对于建筑师、城市设计师、景观建筑师及规划师来说，至关重要的一点是设计出具有可持续性的城市空间。因为这样的城市，能够让市民产生一种场所感，并为后世子孙带来一种信念。

There is an obvious comparison between the growth in Chinese cities to that of New York, Chicago and other cities in the United States in the late-nineteenth and early-twentieth century. These cities, spurred by increased manufacturing, shipping, migration and transportation, expanded rapidly to vast dimensions and often without much planning beyond a gridiron plan that stretched to the horizon.

如果将中国城市的成长与19世纪末、20世纪初的纽约、芝加哥等美国城市的成长相比照，很明显，这些因制造业、航运、移民和运输业的发展而迅速膨胀拓展的城市，往往都未在网格规划方法的控制下进行设计。

As these grids extended, it was quickly realized that the grid alone would not fulfill the public or civic needs of the city and its populace. For example, New York's 1811 grid, while somewhat efficient in terms of economic development, transportation and construction, did not provide for civic building sites or open public spaces. Moreover, the population that lived and worked in the city had few places to recreate. It was decided that a significant portion of the city

随着网格的延伸，人们也很快意识到单是网格，并不能满足城市及其民众的需要。例如，在1811年时设计的纽约网格规划布局，虽然对于经济发展、交通运输和城市建设都起到了推进作用，但没有提供公共建筑的活动场地或者开放的公共空间。此外，在城市中居住和工作的人们鲜有休憩空间。由此决定了城市的一部分重要地块需规划用于上述目的，这其中包括了

be set aside for those purposes and included Bryant Park and the adjacent New York Public Library and Central Park. Even during the planning stages, these designed open spaces were recognized as valuable assets for the well being of New York's citizens.

布莱恩特公园和毗邻的新纽约公共图书馆和中央公园。即使在规划阶段，这些设计的开放空间均被认为是纽约市民的宝贵财富。

Today, the open spaces in Manhattan are centers of activity and help form along with its buildings, people and culture, the city's identity and livability. Beyond defining the character of the city and contributing to the urban fabric of Manhattan, public spaces like Central Park, Times Square and Rockefeller Center have also proven to be economically significant in terms of tourism, real estate value and making Manhattan a livable urban center. How can an industrialized China develop with these characteristics in mind?

如今，曼哈顿的开放空间已成为城市活动的中心，并且从建筑物、居民和文化角度帮助形成城市可识别的特色以及城市的宜居性。除了定义城市的特质外，它还对曼哈顿的城市肌理起到了作用，中央公园的公共空间、《纽约时报》广场和洛克菲勒中心等公共空间无论在旅游层面，还是房地产价值层面都被证实具有巨大的经济重要性，并使得曼哈顿成为适宜居住的城市中心。那么，工业化的中国如何才能在保持自身特质的同时实现发展？

Just as the historical and planning aspects are important, a most vital lesson in this book is that the voids or spaces of a city are as important as its solids or buildings. The dialogue between these two opposites allows for those that occupy the building and for the many who do not occupy the building to share in the city's identity and image. While buildings are often semi-private or completely private, the spaces they help form are often public civic spaces belonging to everyone. As a westerner, I have been intrigued with Yin and Yang and I often refer students to this concept in design courses. As is well known, the complimentary role of opposites or the creation of a dichotomy is essential in understanding the world. In the case of urban design and architecture, the building and public space must play complementary roles where either is more important than the other but share in making a livable city.

与在历史和规划方面的重要性一样，本书中最关键的课题是：城市空间与实体的建筑物一样重要。这两个对立面之间的对话，使得那些占据建筑以及没有占据建筑的人，都能共同分享城市的特质和形象。尽管建筑物往往是半私人或全部私人拥有的，但其帮助形成的公共空间却属于每一位市民。作为一个西方人，我对阴阳非常感兴趣，经常在设计课程上给学生引用这一概念。众所周知，对立统一之间互补的作用或二分法的运用，是认识世界很重要的方法。在城市设计与建筑设计的案例中，建筑与公共空间应扮演彼此互补的角色并共同分享，构建宜居的城市。

While these are many important concepts that can be learned by looking at city plans, here are three specific recurring themes or lessons for designers to focus on as they review this book.

观察城市的平面，可以从中学到许多重要的概念，当设计师阅读本书时，需要注意以下三个具体并反复出现的主题。

Harmony of Movement and Rest

When reviewing the plans, note the relationship between areas of movement and areas of rest. Areas of movement encompass circulation such as pedestrian and vehicular paths. Areas of rest are those spaces where people gather or are less conducive to movement.

When these are in harmony, they help make successful spaces. If not harmonized, the paths can separate and destroy spaces.

It is important to think of paths as edges that can separate one space from another. The most successful path and room relationship is when a path helps form one edge of a space. An unsuccessful path/room relationship is, for example, when a path bisects a space thus dividing it into two unusable spaces.

Another important aspect of the path as an edge is that it allows people the option of moving along the space, looking into the space and seeing what is happening, and if desired enter the space or not enter the space. If the path goes through the middle, the person is forced to enter the space regardless and thus limits the options.

Good examples of path/room harmony can be found in the public spaces in Arras and Place des Vosges in Paris. Flawed examples include Torino's Piazza San Carlo and Cleveland's Public Square in which paths cut the space into portions and make unusable places within the larger open space of the city.

Identifiable Public Space: Figural Voids

It is important that urban spaces be identifiable spaces or rooms in the city. Like rooms in a building, urban spaces should be designed as rooms and not be leftover or residual spaces. Urban rooms should be, in general, clear, distinct and unambiguous

移动与休憩的和谐

审视平面时，常会注意到那些移动与休憩区域之间的关系。移动的区域涵盖了行人和车辆的通行路径。休憩的区域则是人们聚集或利于活动的空间。

当这一切处于和谐状态时，能够形成绝佳的空间。反之，道路将分割和毁损空间。

将路径作为分隔空间的边界来思考，这一点很重要。当一个路径形成另一个空间的边缘时，这即是最佳的路径和空间的关系。举例来说，当一个路径将一个空间平分成两个难以使用的空间时，这便是一个失败的路径／房间的关系。

路径作为边界的另一优势是，它允许人们沿空间界面移动时观察其中正在发生什么，从而决定是否进入这个空间。如果路径从中间穿越，人将被迫进入了这个空间，他的选择权受到了限制。

我们可以在阿拉斯的公共空间与巴黎的孚日广场找到路径／房间和谐的优秀例子。有缺陷的例子则包括了都灵的圣卡罗广场和克利夫兰的公众广场，它们的路径将空间切断为几个部分，在城市的完整开放空间中产生了不宜使用的消极空间。

可识别的公共空间： 灰空间

在城市中将都市空间作为可识别空间或房间这一点很重要。如同建筑里的房间，都市空间应被设计为如同房间，而并非被遗弃为剩余空间。大致上，都市里的房间应清晰、鲜明并且不

places.

Unfortunately, in the twentieth and twenty-first centuries, architects tend to design object buildings and then place them on a site without relating them to other buildings. Because of this tendency, the resultant spaces between the buildings are superfluous. A lesson of this book is that designers need to invert this tendency that has made many cities alien and an unlivable collection of object buildings surrounded by vast, unoccupied open spaces. Instead, rather than thinking of buildings as figural solids, designers need to think of the spaces as figural voids. "Figural" in that they are identifiable and comprehensible entities. A figural void is one that we can identify as "that" place like we do with a building.

Examples of figural voids in the city include Bryant Park in New York, Place Vendome in Paris and Queens Square, Circus and Royal Crescent in Bath. In these plans, it is difficult to identify the buildings, but is easy to identify the figural voids in the city.

Hierarchy of Streets and Spaces

While looking at the urban plans, you should note that many cities have a clear hierarchy of streets and spaces. The reasons for hierarchy are for function and for distinctiveness.

Functionally, it is important that different sizes of spaces and streets be appropriate for the use. There should be streets for a range of movement, services and building types. Some streets should be wide for trucks, deliveries or high speed movement. Likewise, there should be streets for pedestrians and for neighborhoods. This is also important for urban spaces. There should be different size spaces for different functions and populations. There might be large spaces for the entire city, but there should be small spaces for a neighborhood.

是模糊的场所。

不幸的是，在20和21世纪，建筑师倾向于设计主观性强的建筑物，然后将它们搁置于场地中，忽略与其他建筑物的关联。在这种趋势下，建筑物间就产生了多余的空间。本书的一个目的在于，设计师需要转变这种使得许多城市趋同、产生那种四周开阔、不宜人居的空地的趋势。取代将建筑物作为实体去思考的模式，设计师需要将空间认定为灰空间。它们是易于识别和理解的实体。如同我们设计建筑物，灰空间是我们需要视作“那样的”一个特殊场所。

灰空间的案例包括纽约的布莱恩特公园，巴黎的旺多姆广场，巴斯的皇后广场、圆形广场和皇家新月楼等。你很难在这些平面中识别出建筑物，却很容易找出城市中的灰空间。

街道与空间的等级

当注视都市平面时，你会注意到很多城市都有着等级清晰的街道和空间。等级的产生，往往源于其功能和特色。

在功能上，不同尺寸的空间和街道的恰当使用十分重要。应该存在各种类型的街道，以适应不同类型的移动、服务和建筑。一些街道，应足够宽敞便于行驶卡车、运送货物或进行一些高速移动。同样，也应有适合行人以及邻里活动的街道存在。这些都是重要的都市空间。对应不同的功能和人口数量，空间的尺寸也可能不同。对于整座城市而言，应该存在大空间，但也应有适合邻里活动的小空间。

For distinctiveness, hierarchy of spaces and streets help people identify and understand how the differences give character to the city. The primary reason for differences is to help people navigate through the city. It is easy to know where to go in a city if things are distinct. If all spaces and streets were identical, it would be difficult to comprehend a place. For example, if two friends wanted to meet at a square and all the squares were the same, it would be difficult to say exactly where they would meet.

就独特性而言，空间和街道的等级帮助人们识别差异如何赋予城市特质。差异首先能帮助人们去漫游城市。当差异显著时，在一个城市中很容易知道怎样去某地。若所有的空间和街道完全相同，便很难去分辨一个场所。例如，如果所有的广场都一样了，想在广场上碰面的两个朋友便很难说清见面的地点。

This concept of difference and hierarchy is best discussed by Kevin Lynch in his book *The Image of the City*. In the book, Lynch notes that a city is comprised of five distinct elements that make a city imageable or identifiable. These elements are Landmarks, Edges, Nodes, Districts and Paths. When these elements are used, they help people navigate through and know the city. For example, a specific landmark, in a specific district and along a specific path helps people understand the city and make it more navigable and livable.

差异和等级的概念在凯文·林奇的《城市意象》中得到了最好的诠释。林奇在书中指出，城市由五种不同的元素组成，这些元素都使得一个城市可想象并可识别。这些元素是地标、边缘、节点、区域及路径。这些要素一旦得到使用，就可以帮助人们浏览和了解城市。举例来说，在特定区域、特定路径处的地标，帮助人们了解城市，并使其更适合漫游及居住。

Good examples of this include Savannah's city grid and the streets and spaces surrounding Boston's Copley Square. In these cities, it is easy to see that there is a texture of streets and spaces that accommodate different functions and help people move through the city.

这类优秀例子还包括了萨凡纳的城市网格和波士顿科普利广场周围的街道和广场。在这些城市之中，很容易看到有纹理的街道和空间，它们都适应了不同功能，并且帮助人们移动、穿越城市。

No Rules

没有规则

While this book mentions many rules or guidelines that help make successful urban spaces, the essential impression that you may get from reading this book is that rules or guidelines cannot and do not always apply. A rule in one city, country or culture may not or does not work in different city, country or culture.

尽管书中提及了许多有助于形成最佳都市空间的规则或者准则。但通过阅读本书，你可能得到这种主要的印象：这些规则或准则并不总是适用。在某个城市、国家或文化下适用的规则，在不同的城市、国家或文化中也许并不总能奏效。

Rules and guidelines are critical but culture, function, time, location or tradition also play a role in how the city is formed and used. To apply identical

规则与准则至关重要，但文化、功能、时间、地点或传统在城市的形成和使用中，同样也扮演了重要角色。未经评估和深思，就在不同的

rules across different regions or cultures without evaluation or deliberation would be a mistake.

For example, in Japan there is a distinct sense of hierarchy and use of public space. It might be a mistake if a designer uses the rules of Italian public square to design a Japanese public space. The rules of Italian spaces can help, but they must be considered and adapted in the context of Japanese culture and tradition.

Does this mean that a designer should not have any rules and not look at urban spaces cities, countries or cultures? Not at all. Designers must know history but they must also learn how historic concepts should transform and adapt to the needs of today in new locations.

Therefore, a lesson of this book is that rules exist and should be used in urban design but a good designer must learn, invent and then develop guiding principles for new urban design in the Twenty-First Century.

Here I express my appreciation to the translator of Chinese edition, Mr. Li zhe, lecturer of Southeast University and Mr. Liu daxin, the responsible editor of Tianjin University Press for their sterling work in translating and editing.

Eric J. Jenkins

Washington, DC

地区或文化中运用相同的规则，将会导致错误。

举例来说，在日本，公共空间的使用具有一个显著的等级观念。如果设计师将意大利市民广场的设计规则运用到日本的公共空间设计之中，这也许就会犯错误。意大利的空间设计规则可以起一些指导作用，但也必须考虑和适应日本传统和文化的背景环境。

是否这就意味着设计师不应有任何的规则，并且不需要去观察城市之中的都市空间、国家特色或文化特质呢？事实并非如此。设计师必须了解历史，他们也必须学会如何将历史的概念加以转换，来适应当今新场所的需要。

因此，这本书教给我们这样一个道理，即规则是存在的，并应当运用于城市设计之中。但在21世纪，一个好的设计师必须为新城市的设计去学习、去发明，并推进指导性原则的发展。

在此，我还要感谢本书中文版译者东南大学教师李哲先生以及本书责任编辑天津大学出版社刘大馨先生，他们在翻译及编辑书稿过程中付出的辛勤劳动使本书中文版得以付梓。

艾瑞克 · J. 詹金斯

于华盛顿

序（Preface）

建筑教育，或者任何与设计有关的教育，常常都是一系列极富创造性的工作。在漫长曲折的教育之路上，灵光一现和层层推演对于设计均十分重要：大多时候，一些漫不经心的外在行为会引发对设计的内在思考。一张有旁注的偏远地区草图、一名指导教师简单的评语、无意中从模型上切下或撕下一块甚至仅仅一张图片，都可以引发高度的关注，激起强烈的求知欲。那些注重培养创造性思维的教师们会经常通过使用象征和类比的方法，启发建筑专业的学生，促使他们尽量将未知与已知联系在一起，甚至还会产生一些极富创意的发现。幸运的话，学生在对这些极具启发的隐喻建立联系时，会产生对他们而言从来没有过的发现。

隐藏在本书后面的许多构思来源于多年前我看到一幅图片所描绘的视觉类比。在我大学一年级的建筑历史课上，教授给我们展示了一张幻灯片，它以同一种尺度比较了米开朗琪罗（Michelangelo）参与设计的梵蒂冈圣彼得大教堂（San Pietro in Vaticano）的一面窗间墙，与弗朗西斯科·博洛米尼（Francesco Borromini）设计的四喷泉圣卡罗教堂（San Carlo alle Quattro Fontane）总平面。这幅图对我们震撼强烈，因为我们瞬间就察觉到或者至少看出圣彼得大教堂有多么巨大。我敢说，听到我们由此而发出的惊叹声，老师必定十分满意。

从此，我一直对参照系及其在帮助理解建筑和城市设计方面上的作用充满好奇心。在我自己从事教育的生涯中，我一直要求学生找到他们自己的参照标准，让他们通过描画他们所熟悉的事物（从他们卧室的布局到隔墙），对建筑进行类比，可以知道设计的过程和步骤。我希望他们可以从中明白他们的作品拥有一个真实的、记忆中的背景，并深入了解前人的作品。这本书搜集各式建筑的类比和象征，设计专业的学生可以此来认识和设计这个充满各种各样建筑的世界。

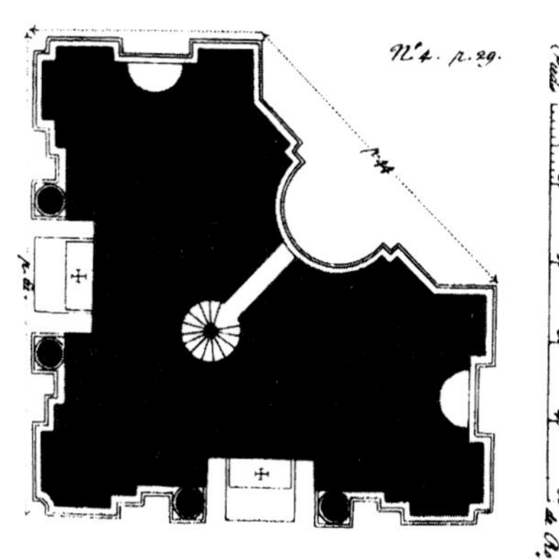

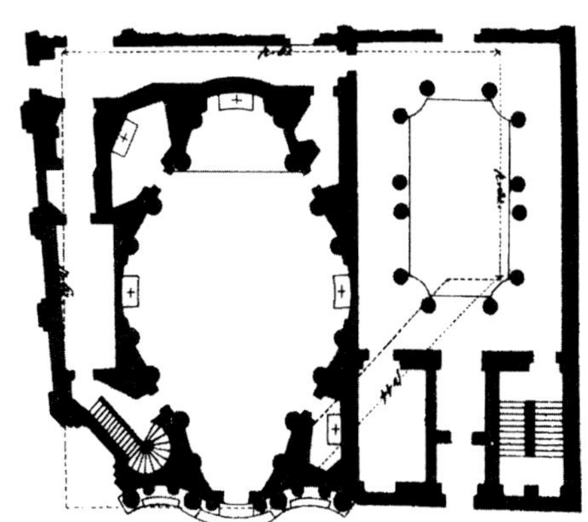

梵蒂冈圣彼得教堂窗间墙与的四喷泉圣卡罗教堂窗间墙的大小比较

这本书也适当地运用了一些象征手法，特别是使用抽象的平面图或者图纸来表现现实情况。之所以“适当”，是因为我们非常清楚，这些平面图虽然用来表现现实的情况，但是它们从本质来讲，并不是十分准确，会有偏差，不足为信。在《最权威的图纸：对历史上制图法的理论研究》（*The Sovereign Map: Theoretical Approaches in Cartography throughout History*）中，作者克利斯汀・雅格布（Christian Jacob）用这样一句提问作为书的开头：“什么是地图？”答案当然并不简单。图纸具有多重含义：它是一种人工制品，是短暂的工具，是一套符号系统，是政治宣言，是社会调解员，甚至是无所不知的智者。在这些具有物质意义和隐喻性定义的基础上，他指出：

> 为图纸下定义，可能主要是由它的产生原因和接受程度这些特殊情况以及它在社会交流中人工制品和调解员的角色来决定，而从不是源自它那些正规的特点。它混合了具有参考价值的想法的透彻性和将地理形象物质化方法的晦涩性。这种混合问题杂糅丛生。
>
> （雅格布，2006: 21）

当我们使用平面图或者其他类似的物品时，我们要清楚，现实（reality）造就现在（present）。只有根据这种理解，我们建立自己的参考系，才能将现实物质化。我只希望这本书能让设计者们获取新的参照观点，最好能在他们的建筑教育中获得创新性的启发。

致谢（Acknowledgements）

在这里我要感谢我的朋友、同事、教授以及以前的学生，这些学生中的大多数人现在已成为我亲密的朋友和同事。没有他们的帮助与支持，这本书是无法问世的。作为作者，我将对书中的不足之处全权负责。

感谢世界各地为我提供他们所在城市宝贵图片的值得我信赖的朋友们：波士顿的罗伯特·J. 李（Robert J. Lee）、温哥华的谭卫东（Jacee Weidong Tan）、波特兰的特拉·汉比（Tara Hanby）、纽约的纳索兹·卡克姆伯（Nasozi Kakembo）、耶路撒冷的萨拉·雷哈特（Sarah Lehat）以及费城的詹姆斯·桑德森（James Sanderson）。其中我要特别感谢安伯·肯迪瑞克（Amber Kendrick），感谢他在本书最初开始写作之时为本书绘制的插图，并提供了有关旧金山的图片。

我要感谢那些与我分享他们在城市历史及理论方面看法和观点的同事：伦敦的奈杰尔·希斯库克（Nigel Hiscock）、塔林的詹·霍尔特（Jaan Holt）、德雷斯顿的汉斯·库恩（Hans Kühn）、柏林的维特·凯斯特纳（Veit Kaestner）、东京的沃尔特·拉姆博格（Walter Ramberg）、突尼斯的史坦利·哈利特（Stanley Hallet），最后还要感谢托德·雷（Toddy Ray）以及苏珊·皮迪蒙特－帕拉迪诺（Susan Piedmont-Palladino），感谢你们睿智的思路和富有启发性的交谈。同时还要感谢美国天主教大学建筑和规划学院(Catholic University of America's School of Architecture and Planning）院长兰迪·奥特（Randy Ott）和其他同事，感谢他们对我的支持以及耐心。还要感谢我的朋友建筑师、城市设计师特伦斯·威廉姆（Terrance Williams），是他让我对纽约以及伊斯法罕（Isfahan）的城市设计有了一个全新的认识。

感谢美国天主教大学的同学们，帮助我完成了书中图片的摄影工作，他们是哈里·保罗·拉斯（Harry Paul Ross）、威廉·皮特兰姆（William Putnam）、希尔沃·迈尔斯（Sylvan Miles）、克雷格·马丁（Craig Martin）、帕特里克·罗格（Patrick Rog）、戴安娜·吉尔（Deanna Kiel）、特伦斯·希朗（Terence Heron）、迪恩·哈奇森（Dean Hutchison）以及德里克·威廉姆森（Derick Williamson）。

同时还要感谢在我最需要帮忙时为我提供帮助的朋友兼助手：劳拉·C. 詹妮弗（Laura C.Jenifer）、皮特·赫拉瓦塞克（Petr Hlavácek）、大卫·谢夫－布朗（David Shove-Brown）、格雷戈里·K. 亨特（Gregory K.Hunt）、汤玛斯·J. 布奇（Thomas J. Bucci）、梅丽尔·圣·莱吉尔－迪曼（Merrill St. Legier-Demian）、理查德·奥特加－鲁索（Richard Ortega-Loosle）、迪恩·朗戴尔（Deane Rundell）、乔·皮科维茨（Joe Pikiewicz）、埃迪·朗格尔（Eddie Rangel）、希斯卡·拉姆博格（Seska Ramberg）、费利克斯·J. 马林沃斯基（Felix J. Malinowski）、乔治·伯特（George Bott）以及安娜－玛丽亚·克莉（Anna-Maria Correa）。感谢我的助手——乔安娜·比尔斯（Joanna Beres）、詹姆斯·马隆（James Malone）、梅格恩·雪莉（Megan Shiley）以及林迪希·温德瑞（Lindsey Vanderdray），谢谢他们辛勤的劳动。由衷地感谢克里斯汀·科尔（Christine Cole）以及威廉·帕特兰姆（William Putnam），感谢他们为这本书配上了准确的插图。

感谢那些向我提供照片的摄影师们，他们的照片给我提供了无限的灵感。

我还要感谢国会图书馆地理与地图阅览室收藏的珍贵详细的地图。在此还要感谢马里兰大学建筑图像资料室主任辛西娅·弗兰克（Cynthia Frank）向我们提供了大量建筑幻灯片，感谢美国天主教大学图书馆的管理员们。

感谢泰勒·弗朗西斯出版社（Taylor & Francis）的大卫·麦布莱德（David McBride）以及卡罗琳·马琳德（Caroline Mallinder）。感谢美国天主教大学副教务长乔治·伽威（George Garvey）。特别鸣谢我的教授威廉·巴赫弗（William Bechoeffer）、卡尔·杜普（Karl DuPuy）、马克·扎佐姆别克（Mark Jarzombek）、罗杰·路易斯（Roger Lewis）以及汤姆斯·斯古曼彻（Thomas Schumacher），他们对于城市建筑的分析和总结启发了我的写作思路。

此外，还要感谢支持我的父母乔治（George）和贝蒂（Betty），他们给了我鼓励和教导。最后我还要深深地感谢我的妻子安德尼（Adrienne），没有她长期耐心的支持，我根本无法完成这本著述。

导言（Introduction）

著述此书的初衷非常简单——搜集准确的城市设计案例，采用相同的图解方法和比例对它们重新加以绘制，以便学生们在设计学习中建立准确的参照系。这并不是一个独特新奇或者说惊人的想法，自1990年以来，它深受学术界和建筑界中众多同人、建筑师、城市设计师和学生的欢迎。

作为一名设计专业的指导教师，我发现学生们经常对他们所设计的项目、场地和前人的作品缺乏尺度和大小规模的概念。他们常常没有考虑项目实际能占有的空间，就着手进行设计。为了帮助他们理解这一点，我建议他们将一些他们所熟悉的东西按与他们自己设计作品（或场地）相同的比例绘制出来。尽管学生和项目类型不尽相同，但我依旧建议他们画出自己的住房、公寓、建筑学院和规划的建筑或广场。有时候，这也会与他们的经历有关联：对于一名正在进行建筑学研究生学习的退伍海军军官，我建议他去画出他原先服役的驱逐舰。

这种训练的成果颇丰。首先，他们很快会意识到他们的项目、场地和对象的实际大小。更多时候，他们会惊讶地发现，他们已经熟悉的或认为已经了如指掌的建筑会比想象中的大很多或者小很多。通过测量并绘制出所熟悉的建筑，他们可以将过去和现在的建筑同他们自己的设计作品联系在一起，并对建筑设计将来的走向有了新的思考。这种参照系将未知的和已知的东西同时转化到他们的现实生活中。

反过来，这将为他们的作品提供一个框架或参照系，使他们将自己的作品看成是设计环境统一体的一部分。换句话说，将他们的作品放到了历史和物质世界的背景之中。

参照系是类比和象征方法的一种，它将未知与已知联系在一起，增进对新情况的了解，理解不熟悉的形式，进而在语义关系的基础上解决问题。象征常常可以使人在短时间内有了新的认识。这种认识也就是俗称的“灵光一现”。通常在脱口而出“有了”“啊哈”的时候，人们很快洞察到原来孤立的、没有任何关系的两者其实存在着一定的联系。这些被瞬间察觉的关联在视觉观察和问题解决的过程中出现——有时候甚至在开玩笑的时候，这都并不偶然。最近的研究表明，洞察力对象征的理解和语义的加工处理都在人类右半脑同一个区域进行。这个区域也会让我们理解笑话，进而发笑[乔毕曼 等（Jung-Beeman et al.），2004]。因此，在学习过程中这一点非常重要——学生们需要建立未知世界和已知世界之间的联系，这样他们就能在有意或无意之间渐渐重新意识、理解和看待自己的作品。这很可能引导人们去探索不熟悉的世界或是实现设计规划。正如乔毕曼总结的：“许多认识的本质其实是理解知识之间的联系。”（乔毕曼 等，2004）

此外，城市设计先例为过去和未来搭建起对话。这种暂时的对话并不是独白形式，而是采取过去和未来相互对话交流的形式。尽管这些先例有时候可能会隐藏一些需要我们重新理解的内容，但是一名见多识广的建筑师会萌生一系列丰富的设计思路，并将它们放在一个更大的历史和理论背景中。不同的设计方案会让学生们自己思考和检验不同的轴测图哪个更好。通过检验街道层次、平面图尺寸或者道路与房屋之间关系等，学生们可以发现外形秩序和实际运动姿态的差别。

编辑城市设计图集的必要性

尽管准确的建筑设计平面图容易找到，但是找到城市设计图却并不容易。建筑设计图常发表在刊物和书籍中，或被分类搜集。比如说罗杰·舍伍德（Roger Sherwood）的《现代房屋原形》（*Modern Housing Prototypes*）（1978），华纳·布莱斯（Werner Blaser）的《伟大建筑的草图》（*Drawings of Great Buildings*）（1983）以及理查德·韦斯顿（Richard Weston）的《20世纪的重要建筑》（*Key Buildings of the Twentieth Century*）（2004）便是其中绝佳的例子。与之完全相反，城市设计图却没有获得建筑学或城市设计刊物的足够重视。另外，也缺乏城市设计图集。许多在书籍和刊物中出现的设计图并不准确，有时还相互矛盾，时常变化。

设计图会因尺度和几何形状不同而有所不同，所以其中的错误很常见。好几年前，有名学生在给我看她关于梵蒂冈圣彼得广场的研究材料时，这个问题就很突出。尽管她参考了三本著名的城市设计书籍，但每幅设计图都在尺度、几何形状和基本方位上不同。最初，我还以为是她取材不相配，但很快我发现存在的问题比我想象得更普遍。

即便找到了那些准确的设计图，众多的建筑师和城市设计师都会花费多年时间运用不同的方法将它们重新绘制出来，以满足不同的需要。绘画的方法各不相同。尽管在线宽和涂黑部分变化甚多，但是最常见的变化则在于基本方位的确定上。虽然“指北针”已成为现今设计图上的惯例，但是过去却并不是这样。即使当时存在那种绘图习惯，也很难统一。一些特定的城市是基于处于同一基本方向上的，但是一些同时期的城市（有些甚至是由同一位设计师设计）却遵守了“北朝上”的惯例。特别是波尔多，在设计图上，这样的设计刚好使河岸空间朝向图纸的底部。甚至在设计实践中，图纸的构成或者设计的理念都会影响基本方位的设定。

与建筑设计图一样，城市规划图的比例大小均不一样。城市规划图的比例尺根据城市的大小各不相同，并很容易受绘制习惯的影响。在编写这本书时，我遇到了诸如“1: 1 250”，“1cm=200m”，“3/8英寸=500英尺”等各种比例尺类型，更不要提美国、法国、俄罗斯、波兰和其他落后的或地域性的度量体系。虽然图解比例尺较为常用，但大部分出版物还是喜欢用文字来表示，例如以比例或者数字比例尺的形式。尽管比例可表示实际的比例尺，但是绘图大小稍微一改变，就会失去作用。有时，绘图工具自身也可能在比例较小的地图上影响其比例尺。一条无关紧要的线的粗细或者铅笔的笔尖都会使地图上的比例尺小于1: 5 000（比率越大，比例尺越小），很容易变得不精确，而这种不精确性会给研究城市尺度造成很大的麻烦。

精确的城市规划图往往仅局限于特定的区域里。我们可以很容易找到西欧的城市规划图，但是却很难找到亚洲的。这种情况可能是由于建筑、城市设计理念或者西方的偏见所造成，然而更主要的原因可能是由于城市建筑理念以及体现出的传统差异所引起。即使不看西方和非西方的差异，在西半球里找到相似的城市也有困难。因此，比较两个法国城市可能具有一定的挑战性，比较两个不同地区或半球的城市几乎难以实现。

有两本书改善了城市规划图缺乏的状况，一本是维恩·库柏（Wayne Copper）在康奈尔大学的城市规划论文《图底》（*The Figure/Grounds*）（1967），另一本是罗伯特·奥泽勒（Robert Auzelle）的《城市化百科全书》（*Encyclopedie de l'urbanisme*）（1947）。库柏的论文是将37个作品按图底分析的方法以不同比例尺绘在8.5英寸×11英寸的未装订的纸上。这些图纸后来经编辑和重绘，发表在《康奈尔大学建筑学期刊》上（*Cornell Journal of Architecture*）（库柏，1982）。尽管这些设计图质量很高，但仅包含了十三座现代主义时期之前的西方城市，而且，每个设计图的比例尺都不相同。另外，因为图书馆里缺乏城市规划设计的文献资料，许多库柏的设计图都是根据《贝德克尔旅游指南》（*Baedeker guidebook*）编写的[责编注]（Rowe，1996：III, 17）。第二本书是内容更全面的罗伯特·奥泽勒的《城市化百科全书》。这本书分为三册，内容包含了许多城市的空间设计图，还收录了各式各样的二战后美国和欧洲郊区房屋和购物中心的设计图。每一页都绘有一张平面图、几张照片和简要的介绍。尽管这些设计图有相对的统一标准，但是它们的比例尺仍各不相同，而且缺少设计空间以外的建筑背景。

当然，这种批评性的看法是针对所有书的，本书也不例外。即使我努力搜寻精确的设计图，并把它们按统一的标准勾绘出来，但要严格遵循这一标准还是十分困难的，也许不只一张设计图会存在一些问题。

方法论

这本书的编辑过程十分清晰：从权威性的主要资料来源中搜集设计图，运用同样的绘图方法以相同的比例尺将它们重新绘制。这里的"权威性"是指由政府机构发表的设计图，用于规划、建筑或历史文献记录等官方或法律方面的用途。虽然"权威性"并不能确保绝对准确，但至少准确的程度更大。相反，由旅游机构（有时可能也隶属于政府）出版的地图常常被简化编排，仅限于旅游使用。

这些规划设计图大部分来自华盛顿国会图书馆的地理与地图阅览室。这里收集了来自美国国内和国外的各种图纸和地图。这些图纸尽管现在已被解密，但一度曾是高级机密，地图主要由中央情报局绘制，或是在二战期间及战后由陆军部（War Department）获得。第二个主要来源是从城市规划事务所复制的资料，或是现在介绍城市的网站所提供的数字图像。像"TerraServer"和"谷歌地球"（GoogleEarth）这样的卫星图片网站则帮助核实和更新老旧的城市图片。

因为城市在不停地变化，所以本书里的设计规划图常常是许多规划方案的整合。例如，伦敦的部分地区在二战后有明显的变化，但是我通过融合战前军事地图、网络地图和已出版的建筑图，力求绘出最新的设计图。所有的设计图都被扫描进图像处理软件 Photoshop，重新设定大小、编辑加工、覆盖，然后绘成图底。这些整合后的设计图则被转换到 AutoCAD 软件中。

绘图法

这本书中的图底设计图可以被称做"经修改的诺里式"（modified Nolli）设计图。书中，设计图所勾勒的区域大都对外开放，或者至少成为城市空间体验的一部分。这与吉巴迪斯塔·诺里（Giambattista Nolli）在 1748 年罗马设计的图纸较为相似，后者也描绘了重要的、半开放的内部空间和外部空间。例如卡比托利欧广场（Piazza del Campidoglio）的柱廊就是城市空间的一部分，所以收录在内；而保守宫（Palazzo dei Conservatori）和新宫（Palazzo Nuovo）尽管被认为是"公共的"（public），但是晚上却需要守卫，所以未加收录。在所有空间里，我尝试着绘出柱廊或是带柱廊的街道。但情况往往是，一些重要的凉廊、小径、走廊或其他对空间体验十分重要的部分却因实际原因或仅是由于疏忽而被省略。

这些设计图都是地面以上 1 米左右的水平截面图，但是有一定程度的变化。在卡比托利欧广场上，米开朗琪罗设计的广场就比在斜坡台阶（Cordonata）底部的阿拉科利广场（Piazza d'Aracoeli）高出几米，但是在绘画时，却将它们画成在同一个水平面。当然，这暴露了图底绘图法诸多问题中的一个——将所有物体都绘

[责编注] 1832 年，德国人卡尔·贝德克尔（Karl Baedeker）出版了一本介绍莱茵峡谷的旅行指南，并成为此后旅游指南类图书的编写范本。

成了平面。就像库柏在他的书中指出的那样："这看起来十分可笑，例如试图将曼哈顿中心区在一个水平面上进行分析……尽管在罗马这种事情不会发生的。"（库柏，1982: 44）因为对这一点十分敏感，所以此书收录了曼哈顿的四张设计图。

收录和未被收录的规划设计图

同事、朋友和评论家最爱问的一个问题是：在书中应该或不应该收录什么样的设计图？比如说，为什么书中收录了意大利的14个广场，而土耳其却只有1个？为什么书中有57个欧洲广场，却只有9个非洲和亚洲广场？

对广场的熟悉程度在设计图的筛选中扮演了很重要的角色。学生和教师需要在经验中认同或者了解一个空间，以利于建立参照系。我力求收录许多人们去过或者至少听说过的广场。很多时候，将注意力放在一些陌生但是有趣的广场并不是一个好办法，因为大部分人连听都没有听说过。所以，我把重点放在一些主要的、常去的大都市。塔拉哈西（Tallahassee，佛罗里达州的首府）的规划设计图同费城的十分相似，它的城市形式和转变过程很值得研究，但是它并没有被收录进来，因为我们编辑图书的目的就是为了让更多的人更加了解他们熟悉的城市。

这些城市空间大部分是公共的、非宗教的、露天空闲广场。也就是说，这些广场是被城市的其他建筑包围的一部分空间。那些周边建筑十分密集，因此广场的空间也相应十分完整。我也可以收录一些界限模糊的空间，但是秉承着编辑一本关于城市规划设计书的宗旨，我选择了城市中那些容易识别的广场。可能其他作者会编写一本更完整、收录那些界限模糊的城市广场的书。

虽然我把注意力主要放在了那些非宗教的广场，但是要完全摒弃宗教广场并不是一件容易事。城市广场的活动随着时间的流逝而不相同，在一些文化中，市民和非宗教活动常常融合在一起。比如说，在许多伊斯兰国家中，清真寺是市民集会、社交和集市的场所。那些拥有建立社交空间与开放空间传统的文化里常有大的广场。传统文化中没有城市广场的社会则很少有公共广场，日本就是这样的例子——当然，这种情况下就更不可能设计和绘出它们。有时候，公共聚集场所并不是一个有形的空间，而是一条街、一座公园或者是一个暂时（没有固定边界）的场所。

大多时候，我们可以发现的资料决定了这本书的内容。本图集中比例尺最小的设计图采用了近50年来才使用的1: 5 000的比例尺勾勒出建筑的轮廓（我建议使用1: 4 000的比例尺或者更大一些的）。如果一座广场符合了以上几条标准，但是却来自第二或第三种来源，它们就不能被收录在这本书里。一个常见的问题是政府部门的官僚主义以及冷战期间美国政府与其他国家的外交关系。例如，当我想收录哈瓦那、布达佩斯和索菲亚的城市材料时，我在那些国家很难找到较大比例尺的规划设计图，国会图书馆也没有。

我对所收录的设计图都附有简明的评论，大部分还有图表。这些描述的基本目的是为了提出一些相关的问题和意见，供学生参考。它们并不是单纯地从历史角度来叙述，在这一点上我遵循了富有经验的学术权威们的著述方法，希望阐释为什么一座广场值得研究。借助历史的角度来描述是为了将这座广场放置于可能影响广场设计和广场形态的历史背景之下。

最后，选择地点的过程十分困难。广场的本质特点、广场对于施建和使用广场的社会重要性、广场在一定文化里的传统和不足构成了统一的选择标准，使编辑图集几乎不可能实现。不可能有一套标准能够揭示公共空间概念在每个国家、每个地域有不同的解释，进而帮助理解全世界的城市形式。尽管没有统一的标准，但一些论题还是可以帮助我们选择地点，使编辑本图集成为可能。这是个经常遇到的问题，而且也很难回答。因为答案涉及了有代表性的文化传统、历史准则、熟悉程度，甚至是政治偏见。

表现方式上的不足

在决定使用或回顾这本书之前，最好先考虑一下图底绘图法（figure-ground drawing）本身的问题。当维恩·库柏（1982）、彼得·波森曼（Peter Bosselmann, 1988）和其他学者很深刻地阐述这个问题的时候，应该像其他表现方法一样简单地提及，图底绘图法以一种抽象、常常是过分简单的方式展现现实。黑白的图底绘图尤其简化，因为它只将内与外、实心与空心分辨出来，而不强调剖面的型材和时间。虽然这些是可以接受的局限性，但无论如何，它们的确就是其局限性。与规划设计图一样，剖面图、数字化模型、建筑比例模型或者其他表现方法都是简单的表现现实的方法。

规划设计图中的细节之处需要一些额外的信息，例如照片、剖面图等以及能够将建筑划归为某一建筑类型的经验。这一点肯定扩展了图底绘图法勾勒20世纪和21世纪空间的范围和能力。伴随着建筑科技转变成建筑维护结构，城市规划走出黑白世界，图底绘图法已经开始失去意义。图底绘图法最令人遗憾的地方是它们有时候移除了设计中的内部空间、物质属性和规划图的其他组织结构。只有当学生和建筑师意识到其局限性时，作为图解的图底绘图法才能超越其固有局限。它是一个很好的工具，因为它能迅速清晰地勾勒出城市建筑中实心和空心的空间结构。

最后，所有的表现形式都有不足，不存在绝对客观、准确和完美无缺的绘图。规划设计图、剖面图、透视图、建筑比例模型、数字化浏览或者其他表现现实的方式都涉及表现方式的决策，都有利于交流思想或更多地反映现实。从14世纪那张过分强调其领域的城市地图到索尔·斯坦伯格（Saul Steinberg）《从第九大道看到的世界》（*View of the World from Ninth Avenue*）的图解表现方式都体现了作者对现实的描述。

我竭力做到准确，但有时为了准确或者清晰的需要对规划设计图进行裁切。我选择清晰，因为它最能体现这本书的意图。比如说，如果将勒·柯布西耶的“伏瓦生规划”（Voison Plan）切去水平面上的1米，这个设计图就能展现其底层架空柱。尽管那样已经十分准确，但是我认为如果能切上一层楼的高度，信息就会更加丰富。真实情况是：勒·柯布西耶打算将底层展现出来，将地层表面放在建筑的下方，建筑整体“漂浮”在地平面以上。但是，作为一名建筑师，我认为建筑整体将更有启迪性。

在承认各种不足的前提下，我努力去实现准确，虽然我肯定会存在误差和遗漏。非常欢迎读者向我提出修改和补充意见，并提供一些大比例尺、准确、权威的城市规划图，以便于改进书中的内容。

To Scale:

One hundred urban plans

目 录

比 例

本书中每张平面图使用的比例尺都是相同的:

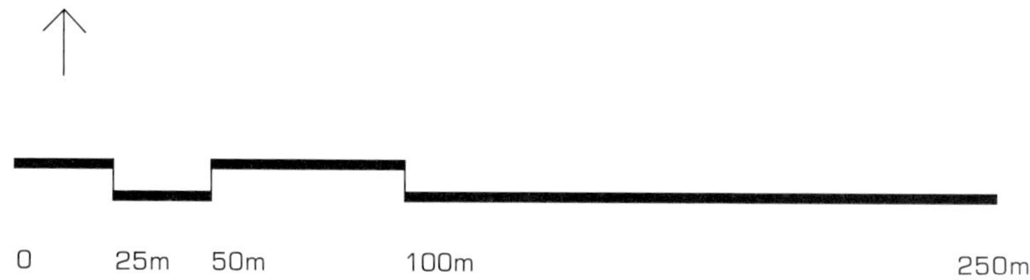

阿姆斯特丹（Amsterdam） 1

水坝广场 (Dam Square)

阿姆斯特丹的如画美景举世闻名。沿岸绿树成荫的运河以及那些将优雅外观和实用性巧妙结合的砖结构房舍共同构成了这幅如画的美景。这些房舍建造的最初目的就是构建一个广阔且高效的贸易港。修建于阿姆斯托河河口（Amstel river）的阿姆斯特丹运河，将附近河流导入内港和大海，至13世纪，阿姆斯特丹的运河构成了一个复杂的入坞系统（docking system）。在水坝广场的现址附近人们开始修筑水闸，这些水闸控制着运河附近的河流与大海以及辅助河渠之间流入和排出的水量，也形成了合理且具功能性的停泊系统。在蜿蜒的运河两岸，修建有很多码头和仓库，使船舶能够顺畅地抵达、锚泊，然后离开，无须再驶入港口调头［布劳恩费尔斯（Braunfels）1988: 102］。每条运河有四条航道的宽度，两条航道用于码头两侧的锚泊，另外两条航道则保证了船舶的双向通行。船舶可以从运河的一端驶入，然后沿着码头行驶，从另一端驶出。在几个世纪的时间里，荷兰人又修建了更多的同心运河（concentric canal），使上千艘船只能同时行驶。

尽管在19和20世纪期间，回填了大量的运河改建成商业街道，阿姆斯特丹至今仍在很大程度上保留了历史原貌［莫里斯（A.E.J. Morris）1994: 164］。此外，在一个能够容纳下阿姆斯特丹火车站的人工岛建成以后，所有的运河和城市就同内港以及大海直接联系在了一起——尽管现在这样的联系已不再显著。

这种运河系统提供了两种独特的空间体验：其一是沿直线式和同心式的运河产生的空间体验；其二是穿插于运河之间呈放射状的街道产生的空间体验。这种体验使空间变得极具动态，因为蜿蜒流动的运河模糊了地平线，使人感到海天一线。正因为这样的视觉感受，整个城市风景如画般优美。虽然沿岸的屋舍外观千篇一律，但是这些房屋和城市中的桥梁和街道仍能散发出令人感到愉悦的韵律。与此形成对比的是，运河与房屋的结合相得益彰，体现出韵律感十足的一系列空间变化。

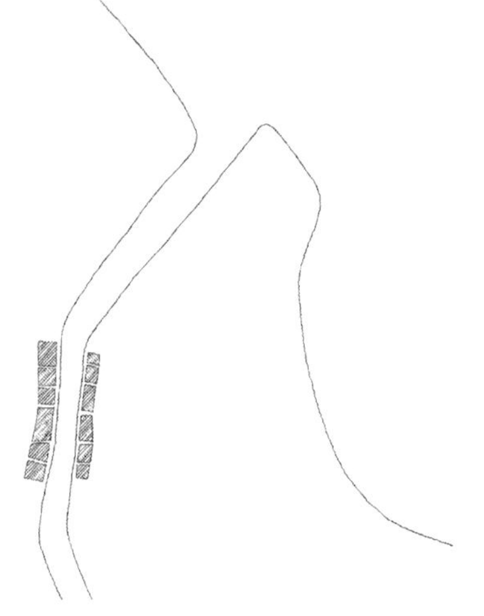

水闸修建前阿姆斯特丹的原貌

从东侧看

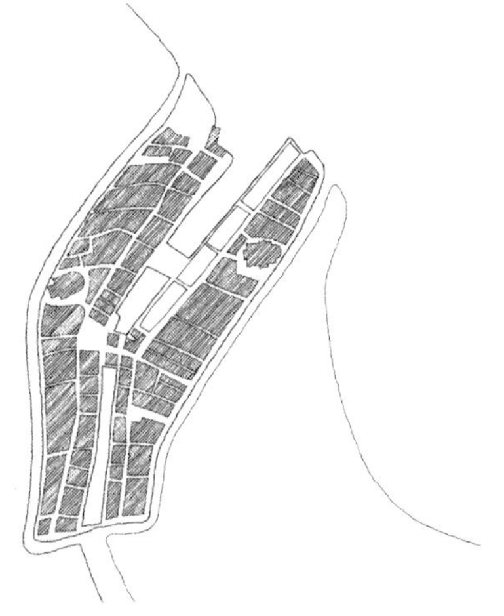

有两条运河的拦河闸坝建成后阿姆斯特丹的轮廓

宪法广场

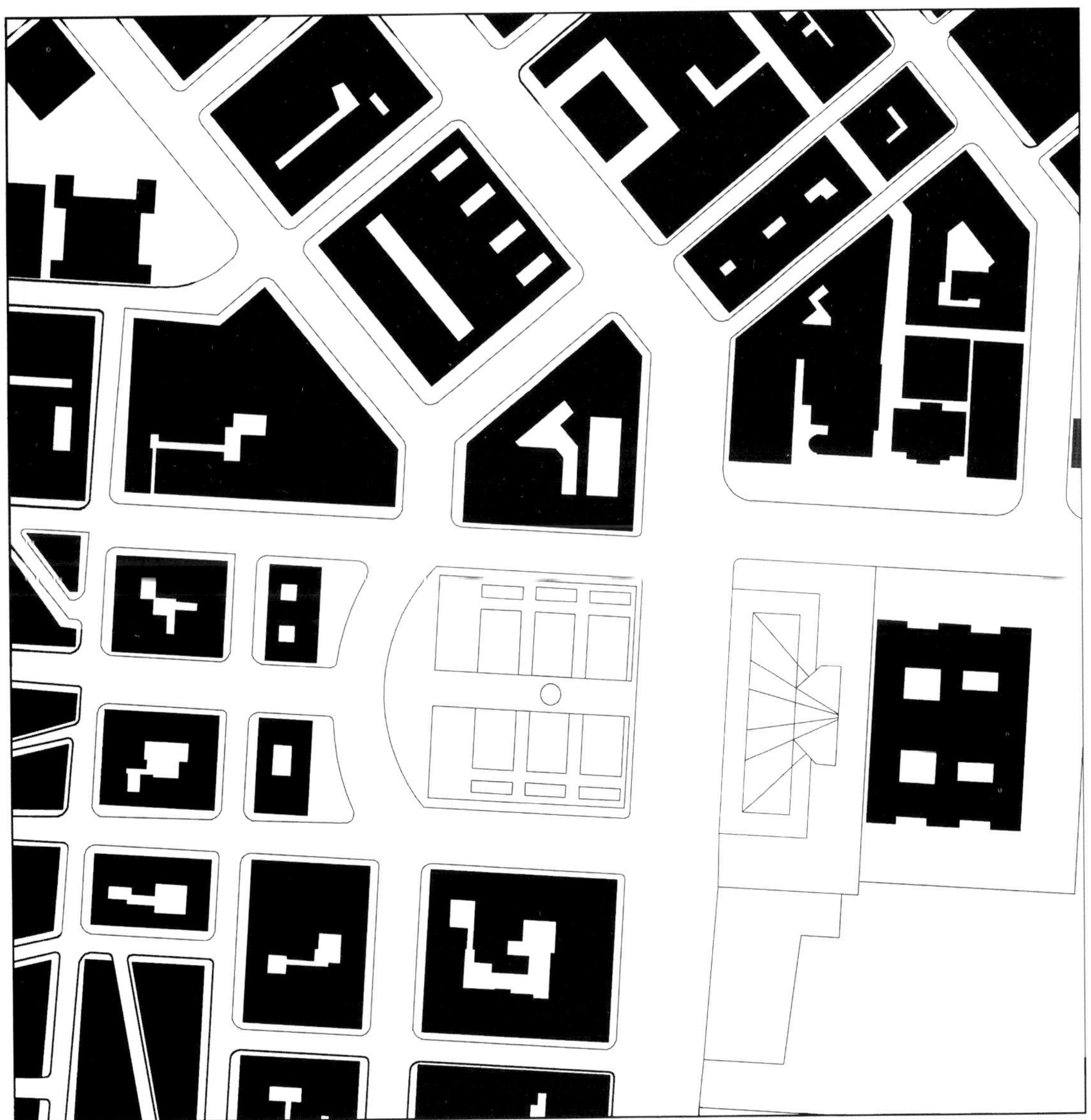

巴尔的摩（Baltimore） 4

弗农山广场 (Mount Vernon Place)

保罗·朱克尔（Paul Zucker）在《城市与广场》（*Town and Square*）一书中将弗农山广场形容为“人们所能找到的最高贵的城市广场”。弗农山广场是一个十字形广场，恰好位于巴尔的摩商业区北部的一个小高地顶部（朱克尔，1966: 247）。在广场的中心耸立着新古典主义风格的乔治·华盛顿纪念碑（George Washington Monument）。这座纪念碑由罗伯特·米尔斯（Robert Mills）在1815年设计，与位于英国伦敦的特拉法尔加广场（Trafalgar Square）上的纳尔逊圆柱（Nelson's Column）相似。这座广场是美国独立战争英雄约翰·伊格尔·霍华德家族（John Eager Howard）所进行的土地开发项目的中心部分。在1827年进行设计构思之时，米尔斯的圆柱位于市区北部尚未开发的乡村地区，但接下来的设计方案将其作为了新的设计出发点，所以，在其建成二十年之后，广场的四翼和圆柱将会与城市的街道网络结为一体［霍兰德和斯宾塞（Howland and Spencer）1953: 108）］。

弗农山广场的规划呈现出统一和对称的特征，与位于意大利维琴察由帕拉迪奥设计的圆厅别墅（Villa Rotunda）非常类似。对称的弗农山广场利用地形学、景观美化、方位导向和周边建筑赋予各翼独特的空间特性和体验。

广场的四翼均拥有自己的特征。如图所示，在近似严格对称的设计中，各翼又各具特色。广场的北翼和南翼是查尔斯大街（Charles Street）——巴尔的摩的时尚大街，它始于巴尔的摩的市中心，向北延伸至更加风景如画的巴尔的摩艺术博物馆（Baltimore Museum of Art）

从南面看到的弗农山广场

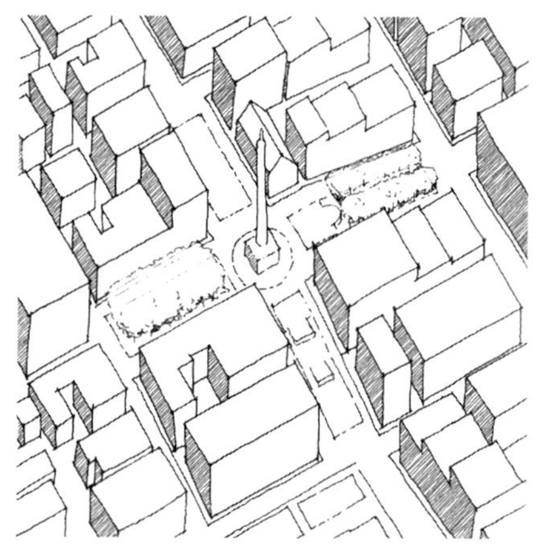

弗农山广场周边剖面图及建筑

和约翰·霍普金斯大学（Johns Hopkins University）。随着查尔斯大街在视觉上和空间上的不断延伸，越过广场向东西两侧深入的街道边缘带给人们一种两翼被封闭的感觉。华特斯美术馆（Walters Art Gallery）、皮博迪音乐学院（Peabody Conservatory）和四层楼高的公寓楼群邻接广场的南翼，而广场南翼与场地的市区一侧相比倾斜了大约15英尺（责编注：1英尺≈0.3米）。小规模的景观与叠水喷泉和小的雕塑露台混合在一起。相对较平坦的北翼上矗立着更高些的六至十层楼的公寓楼群，北翼另一侧是弗农山广场卫理公会（Methodist Episcopal Church）。除了没有喷泉，北翼的景观与南翼的大致相同。东翼与圣保罗大街（St.Paul Street）相比倾斜了大约15英尺，前面是弗农山广场上卫理公会的入口，与其位于一列的是希腊复古式建筑和19世纪由赤褐色沙土修建的联排式住宅，这些房屋与位于波士顿市后湾区（Back Bay）和纽约市上东区（Upper East Side）的房屋类似。西翼则与北翼相似，相对较为平坦，南侧与佐治亚风格的联排住宅相邻，北侧与更大一些的六层高的公寓楼群相邻。东翼和西翼均种植着落叶类乔木。

弗农山广场类似于英国伦敦的小规模住宅区广场。然而，与那些住宅区广场不同的是，弗农山广场被各种类型的建筑所包围，包括一所大学、一座博物馆、一家酒店、一座养老院、教堂、独户住宅和公寓楼群等。因此，弗农山广场终日布满了各形各色的人群，活跃异常。

弗农山广场

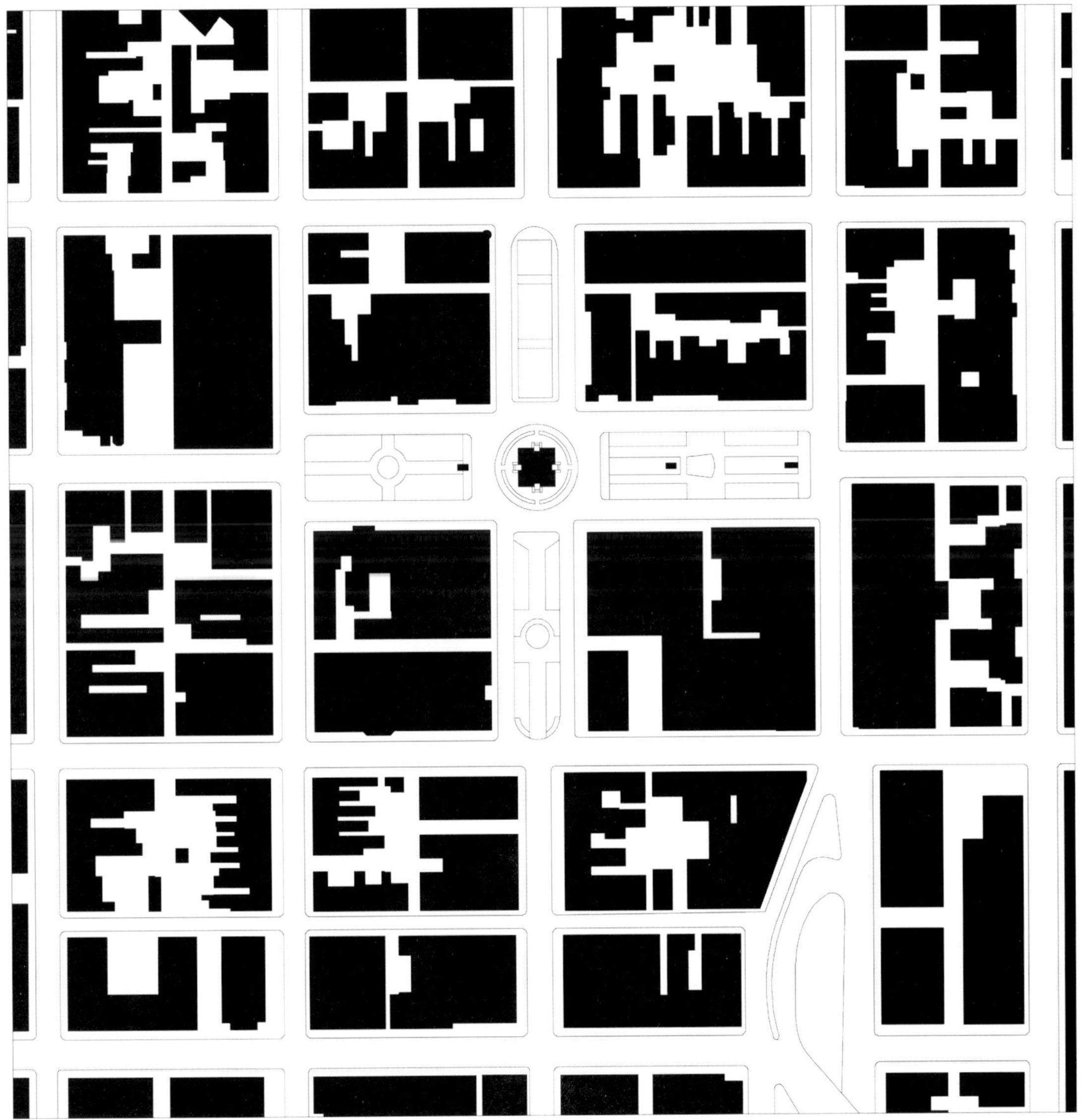

巴塞罗那（Barcelona）

哥特区 (Barri Gòtic)

哥特区位于巴塞罗那市中心，以其密集的人行街道和空间而著称。从位于插图右上角的教堂穿过该区域，走到西侧的兰布拉斯大街（Ramblas）需要沿密集的街道前进，穿过一系列的小广场。位于东面的教堂广场（Placa de la Catedral）是通往哥特区的前广场。每周日，朝圣者会在这里跳起传统的加泰罗尼亚围圈舞（Catalan circle dance），又称“萨达纳舞”（sardanas）。这种舞蹈起源于乡村广场。沿教堂的侧翼向南走可以到达一系列狭窄的街道和一系列小广场，其中包括圣·詹姆斯广场（Plaza de San Jaime）。圣·詹姆斯广场的主要建筑是省议会大楼（Provincial Council Building）和市政厅（Town Hall），这里是兄弟街（Carrer de Ferran）的起点。东西向的兄弟街从广场中央穿过，最终通向兰布拉斯大街。就在兰布拉斯大街的前面是皇家广场（Placa Reial）。这座尊贵的、完全封闭的广场由弗朗西斯科·丹尼尔·莫里纳（Francesc Daniel Molina）设计，于1848至1856年间修建。这里一度是一座修道院的所在地，但是在1835年西班牙政府颁布反宗教寺院法后，这里变成了一座公共广场。

这里的空间秩序井然，拥有统一而比例完美的四层高的正立面，一层还建有拱廊，这一切均与哥特区的环境形成了强烈的对比。从很多地方都可以进入广场，这些入口主要位于通往环形拱廊的带棚盖的街道和走廊之下。直到20世纪80年代，这里仍是龌龊活动的场所和停车场。在争议声中，建筑师费德里克·克雷阿（Federico Correa）和阿方索·米拉（Alfonso Milá）于1982年对此地进行了整修。设计师们拆除了这里几十年间修建的建筑物，在铺砌的地面上增加了由棕榈树构成的网格。

皇家广场

皇家广场的入口

兰布拉斯大街的南面尽头

广场向西穿越一处露天的通道就到达了兰布拉斯大街。这条巴塞罗那著名的大街主要用作休闲的散步地，但仍经常向车辆开放。过去，这里曾经是一条小溪流的中点，这条小溪是13世纪巴塞罗那的护城河。兰布拉斯大街由居安·马丁·卡梅诺（Juan Martin Carmeno）于1776年设计，将货物从南部的港口运往北部的城门[波森曼（Bosselmann），1988: 26～28]。这条街道的成功之处在于它与哥特区紧密的建筑形成反差对比。正如阿伦·雅格布斯（Allan Jacobs）在他《伟大的街道》（*Great Streets*）一书中所指出的那样，兰布拉斯大街“在城市和哥特区中的位置，与其周围狭窄曲折的环境相比显得宏大的规模、受人欢迎的设计特点以及位于街道两侧的建筑物的体量，使得其成为一条人人皆知的著名街道”（阿伦·雅格布斯，1993: 93）。

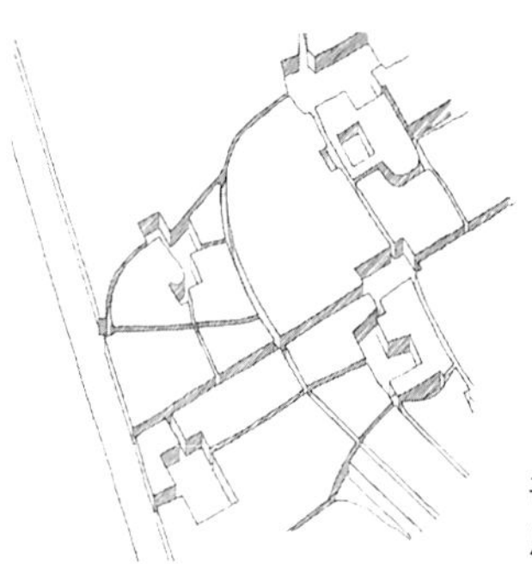

哥特区的结构组织以及广场与街道间的空间秩序

哥特区

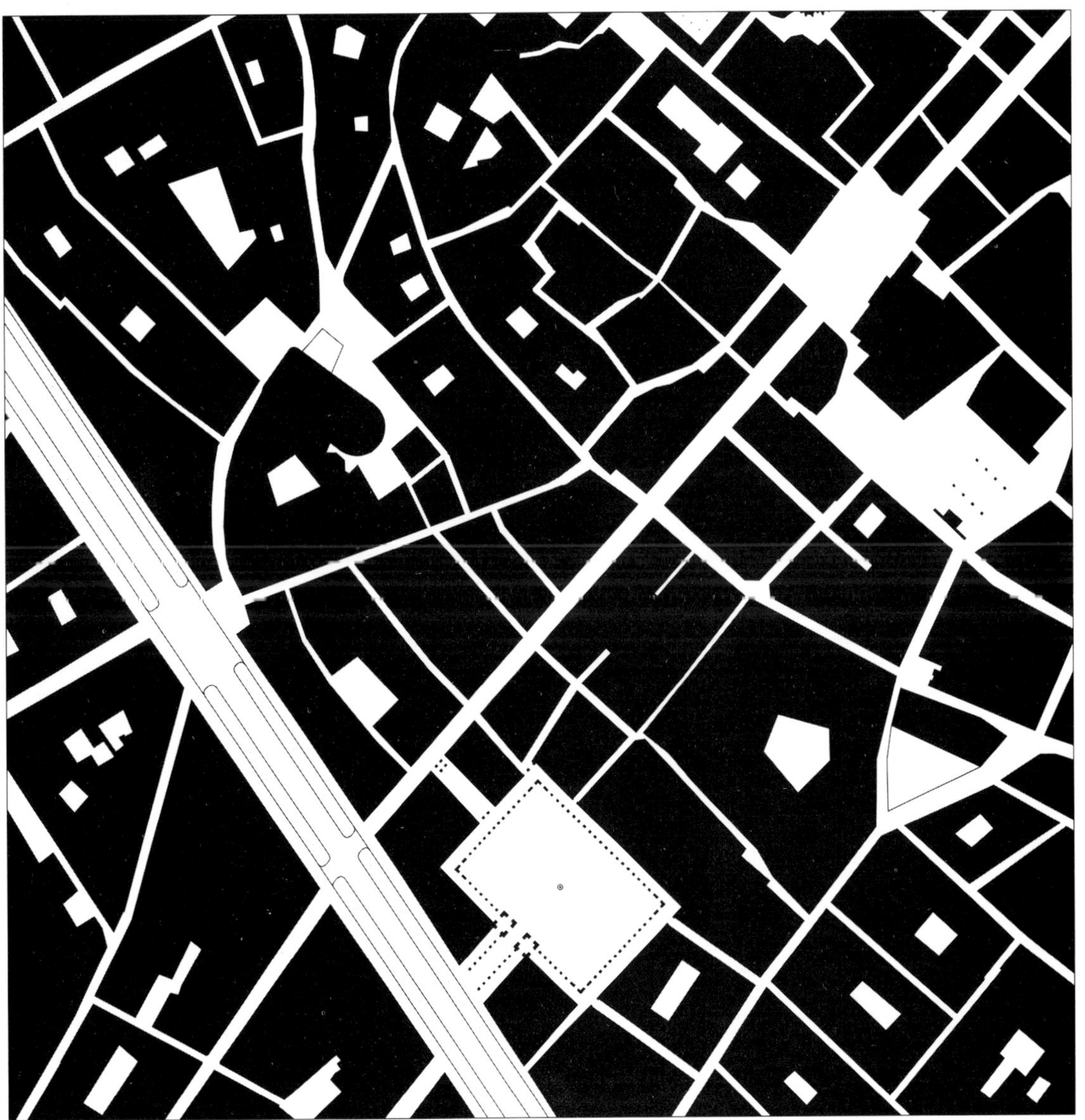

巴塞罗那（Barcelona）

埃克塞潘 (Eixample)

巴塞罗那的城市扩建是环绕着哥特区呈明显的网格状分布，即众所周知的“埃克塞潘”［Eixample，加泰罗尼亚语］或“扩建”［Ensanche，西班牙语］。城市规划由工程师伊尔德方斯·塞尔达（Ildefons Cerdá）设计，他预见了巴塞罗那的迅速发展和工业时代社会和经济上的复杂情况。塞尔达的设计是19世纪城市复兴项目的一部分，同乔治·奥斯曼（Georges Haussmann）的城市复兴计划、丹尼尔·伯纳姆（Daniel Burnham）的城市美化运动（City Beautiful Movement）、埃比尼泽·霍华德（Ebenezer Howard）的花园城市模型（Garden City model）一样，都是以此来改善工业时代城市发展给城市带来的困境。

到19世纪中期，巴塞罗那的人口基本上全部集中在哥特区，使它成为欧洲人口最为密集的城市。导致此地区的卫生环境恶劣，疾病流行，社会秩序混乱。巴塞罗那城市委员会为了控制城市的发展，1859年举办了一场竞标，最终选择了塞尔达的设计方案。550个统一的、带斜削角的方形小区式网格设计缓解了十字路口的交通压力，并且把巴塞罗那从老城区延伸到北面小山坡和南面海滨之间的冲积平原。在这片方格上还有几条成对角的大道穿越新城区将哥特区与巴塞罗那周边的小居民区连接起来［休斯（Hughes），1992: 272～275；波森曼，1988: 30～34］。

1867年，大约在设计竞标的十年之后，塞尔达出版了《城市化概论、应用原则以及巴塞罗那的城市革新与扩建》（*General Theory of Urbanisation and the Application of its Principles and Doctrines to the Reform and Expansion of Barcelona*），以此来解释他的理性的城市设计原则（塞尔达，1999: 34～35）。在规划和施工完成之后，出版这部著述帮助澄清了他的设计理念，使他的规划设计得以长久保留下来。在书中，塞尔达阐述了城市设计中的社会、卫生和空间概念之间的关系。为了解决这些问题，一个设计方法就是限制每个街区两侧的建设，将建筑控制在一定高度，保留住宅的中央花园。道路两侧设计为交叠的样式以此把单一的、二维方格样式转化为三维动态式样。他所期望的结果是低人口密度的绿色城市。但是十年后，人们忘却了这些限制，四周都修建起建筑，中央亭院也被添满。到了19世纪末，建筑的高度提升到了65英尺。如今的埃克塞潘不再是千篇一律的外貌，已成为一个范围广大、拥有多种建筑类型和交通路线的区域，密集分布着住宅、办公建筑和酒店，建筑一层多为商店、餐馆与咖啡店。

鸟瞰埃克塞潘

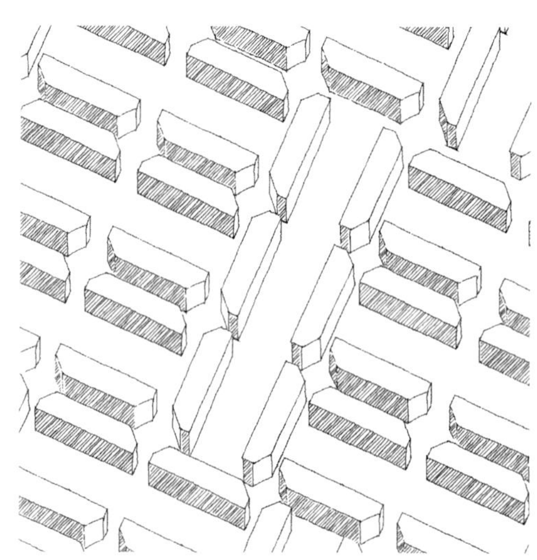

塞尔达的最初设计——两侧带有中央花园庭院的街区

埃克塞潘

巴斯（Bath） 7

皇后广场、圆形广场和皇家新月楼
(Queens Square, the Circus and the Royal Crescent)

巴斯这片区域是普特尼伯爵（Earl of Pulteney）房地产投资的一部分。在这里投资，既可获利赚钱，又为到这里来疗养和休闲度假的富人们提供一个理想的休憩之所。工程坐落于巴斯老城区的北部，历时50年建设，最初工程由建筑师老约翰·伍德（John Wood Sr.）负责指挥，竣工是由他的儿子小约翰·伍德（John Wood Jr.）完成。整个工程从皇后广场（规划设计图中的右下角位置）开始向北延伸，终点是皇家新月楼（设计图的左上角）。和巴黎的旺多姆广场（Place Vendôme）一样，伍德设计的建筑正立面都是统一的，在此之后个人投资者或是房屋所有者可以按照自己的喜好来对建筑物的背立面进行修建装饰。

这项工程是修建一系列分离的住宅广场，这些广场提供了一种从密集的城市建筑到开放式广场的空间顺序。由于巴斯最初是罗马殖民地，于是建筑师在城市设计和景观空间构成中加入了一些罗马式的建筑，如城镇广场、皇室体育场以及圆形广场。伍德最初设计的城市空间——皇后广场（1730）通过直线的形式把老的罗马式城区和新开发地域连接起来，为此后的开发建设设定了建筑基调。每座广场的四周都由四层的联排住宅围绕，由于这些房屋的正立面都是一样的，使得整体看上去像一座宫殿。

从皇后广场向北是盖伊大街（Gay Street），这里与皇后广场一样具有统一的正立面，背后是单独的住宅。这是条相对较窄的街道，它的存在使空间被压缩，只有到了圆柱形的圆形广场空间才得以释放（1764）。这种统一但具有韵律感的正立面使人感到了空间的连续性和

圆形广场

皇家新月楼

一种具整体感的空间次序。通过布置三条强调两侧建筑形式的街道进一步和谐了这种空间次序。从圆形广场向西北就是布洛克大街（Brock Street）。和盖伊大街一样，布洛克大街也是一条比较狭窄的道路，正立面统一，街道的终点是皇家新月楼，在这里空间有了更大的扩展（1775）。新月楼的正南是公园，虽然它是工程的终点，但却始终保持了之前设计的理念，建筑始终严格保持着活力和一致性。新月楼鲜明的曲线形为工程画上完美的句号，使每一处景观都有一个适当的对照物。

巴斯城市建设的一条重要启示是：都市广场不仅是形式，而且具有地形上的和空间上的作用（朱克尔，1966: 204）。相比那种零星任意的形式，设计师伍德选择了明确的空间模型，并将它们放置于景观上的特别区域，目的是为了创造一种独一无二的空间体验。第二，虽然项目的规模不大，但需要大量的建设规则并付出了相当大的耐心来保证工程的顺利进行。整个工程耗时近半个世纪，在这期间变更布局和正立面是很容易的，建立统一而且充满活力的项目结构原则是非常困难的，想要维持更是难上加难。像刘易斯·芒福德（Lewis Mumford）所说，巴斯的建设成就“向人们展示了当面对现实、地理以及历史的挑战时，建设实施保持严格规范的优势”（芒福德，1961，图解部分III；插图37）。当一项工程的规范过于松散或过于严格的时候，都会很容易影响整个工程。

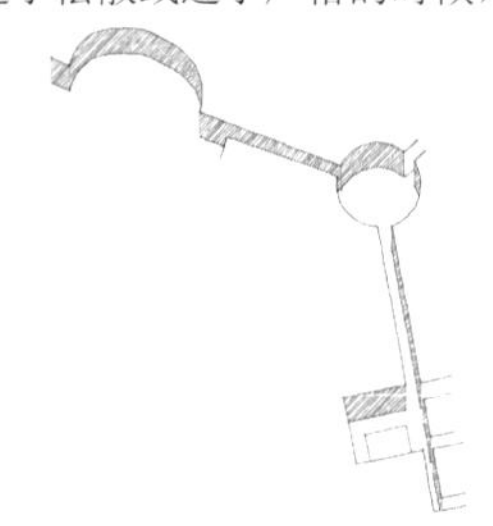
皇后广场、圆形广场和皇家新月楼间的空间顺序

皇后广场、圆形广场和皇家新月楼

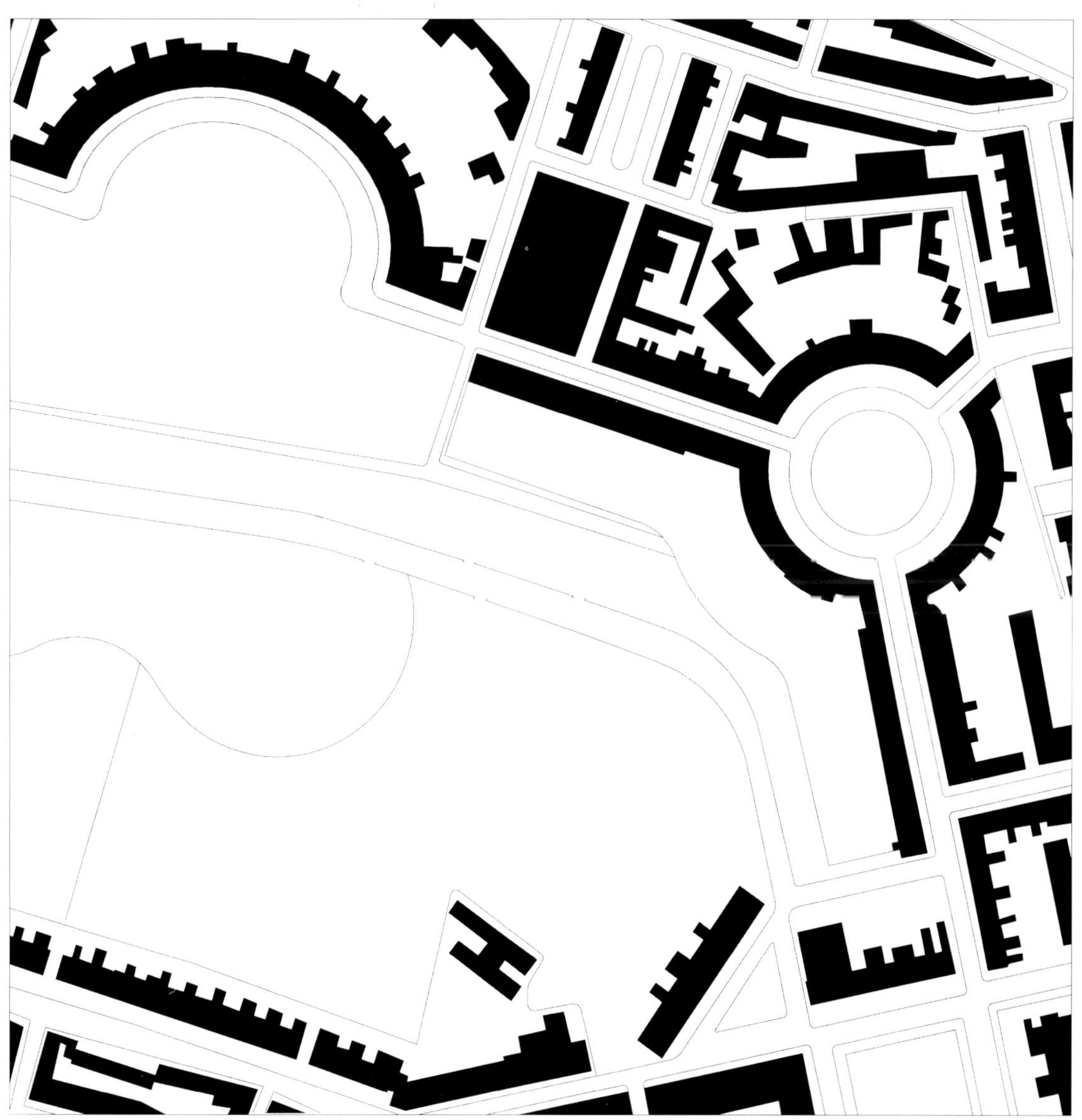

北京（Beijing）

8

天安门广场 (Tiananmen Square)

从紫禁城向南看到的天安门广场

真正让天安门广场闻名天下的不是它的空间和都市特质，而是它在政治舞台上的重要地位。值得探讨的是，它体现了政治思想是如何构建了都市空间，从而充分反映了政治理念。

天安门广场位于北京市的中心，处于紫禁城的正南方，广场得名于通向紫禁城的天安门——它是沿中轴线上一系列城门中的一座。1959 年之前，天安门之前的广场还只是紫禁城前的一个小广场。1959 年，为庆祝中华人民共和国建国 10 周年，扩建了这座广场。广场四周矗立着许多具有文化意义的建筑：东面是中国革命博物馆，西面是人民大会堂，南面则是毛主席纪念堂。人民英雄纪念碑巍然耸立在广场的中央。如今，广场是举行阅兵游行的场所和携家旅游的绝佳目的地。

广场极富中央权威。有趣的是，无论是它的大小还是比例都与当年阿尔伯特・施佩尔（Albert Speer）为新柏林设计的“伟大广场”（Grosseplatz）非常相似。这座广场的规模与中国是相匹配的。在这样一个拥有十三亿人口和强大政治体系的国家，中国必须修建一座规模适当的广场能与它拥有的同样巨大的人口相匹配。如果广场面积不够宽广，既不能容纳庞大的人群，又无法反映政府的实力。

天安门广场并不是中国传统公共广场的延续，而是共产主义政治文化的产物。与西方社会不同的是，传统东方文化里鲜有对外开放的公共广场。严格来说，当时的广场绝大部分隶属于寺院或皇家庭院，一般百姓无法涉足。尽管亚洲国家有一些公共花园和广场，但绝大多数是在 20 世纪 50 年代以后才兴建，或者是由传统的宗教庭院改建而成。

天安门广场

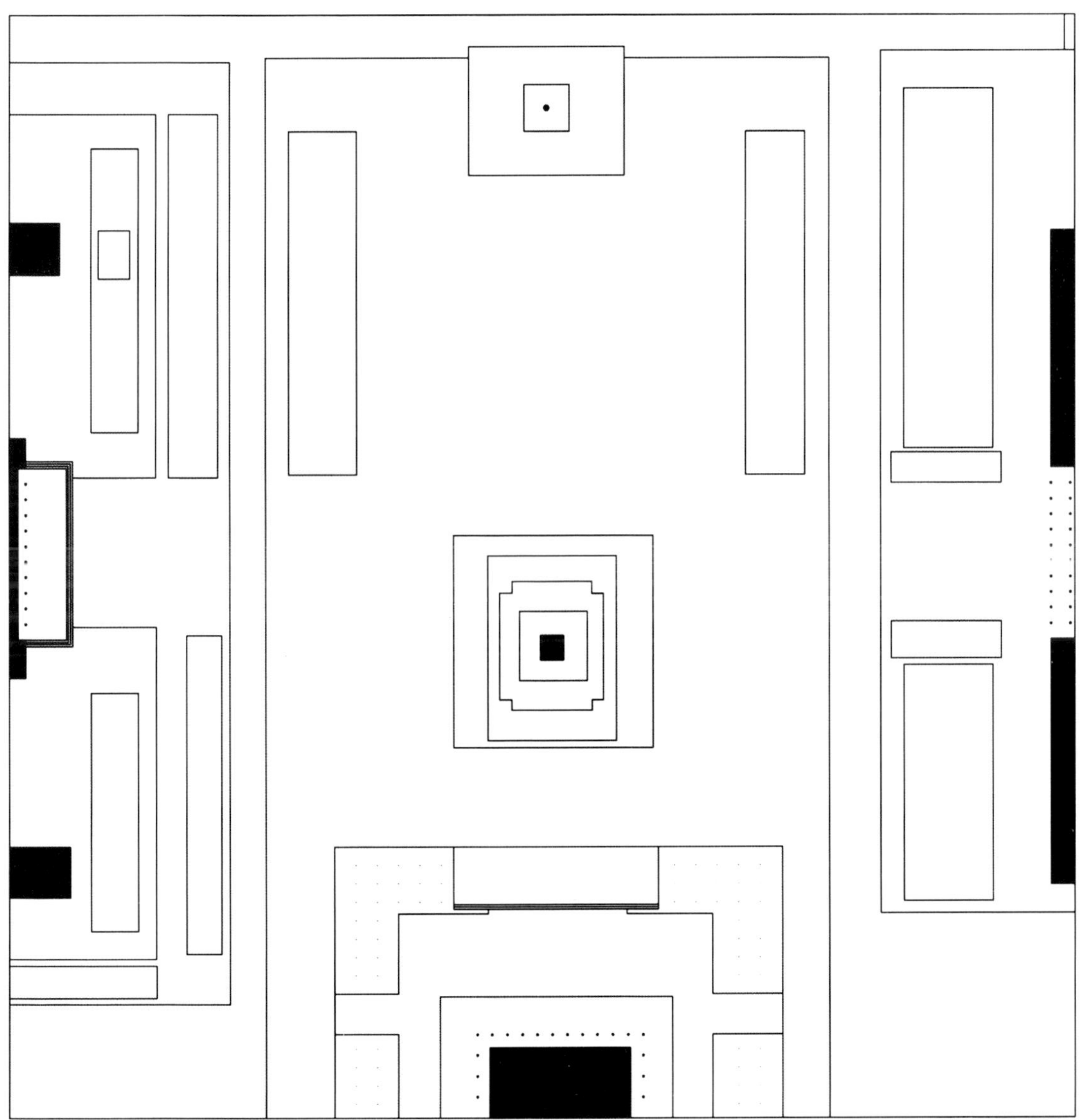

卑尔根（Bergen）

9

渔市和托加曼尼根广场 (Fisketorget and Torgalmenningen)

卑尔根是瓦根湾（Vågen）的中心。瓦根湾是一个面积不大但很深的海港，曾经是连接挪威和欧洲各国以及通达北海渔场的主要海上商路。而现在的瓦根港主要服务于小型渔船和休闲船舶，码头主要供休闲娱乐及旅游观光使用。卑尔根具有它的地形特点与传统的木质建筑，其城市布局是一条条窄小的街道与一系列宽敞的走廊相连，修建这些走廊的目的则是在火灾发生时阻止火势的蔓延。

卑尔根位于北部的弗洛瑞恩山脚（Mount Flϕrien）和南部半岛之间的峡湾之中。卑尔根是17世纪后期挪威国王奥拉夫·希尔（Olav Kyrre）所建，随后这里成为德国商人的基地；从14世纪中期到17世纪，卑尔根成为德国商业联盟——汉萨同盟（German Hanseatic League）的城市。直到19世纪奥斯陆崛起之前，卑尔根一直是重要的贸易港。卑尔根现在的经济支柱是北海的石油工业、旅游业以及高等教育。

卑尔根城沿着瓦根湾两岸呈直线形布置，南边是诺德勒斯半岛（Nordnes peninsula），北边是布里根码头（Bryggen，德语意为"码头"）。北部地域和它的名字一样，是德国商人的聚居地，这里有成排的人字形屋顶的木制房屋。城市的主要街道平行于这些地区，并且在渔市汇集成一点（古特金德，1965: 367）。

除了港口之外，这座城市最具代表性的建筑就是那些垂直的防火走廊。在经过16世纪、18世纪以及20世纪早期的几场毁灭性大火之后，城市拓宽了这些走廊，以此阻止火灾的大面积蔓延。其中最具特色的走廊就是托加曼尼根广场，这是一座位于渔市南边的大型中心广场，1916年的大火以后才成为今天的外形模样。这是一个纯粹的步行广场，广场周围是5层的新古典主义建筑，这些建筑的一层都是商铺，楼上是商务办公或住宅。

20世纪90年代负责卑尔根渔市和托加曼尼根广场改造的建筑师是泰杰·卡尔维（Terje Kalve）和奥尔奈·斯曼迪翁（Arne Smedsvig），他们给我们上了生动的一课。泰杰·卡尔维和奥尔奈·斯曼迪翁逆当时的建筑设计潮流而行，并没有在广场修建一些台地、古老的圆形剧院、喷泉、售票亭、露天咖啡座或是雕塑来充填城市空间。相反地，他们追求"复原和创新，空旷和丰富"之间的平衡点（卡尔维和斯曼迪翁，2002b: 115）。他们认为城市空间中"应该充满行人，而不是一些炫耀突出的建筑。城市广场应该保持空旷，同时符合城市的现实情况"（卡尔维和斯曼迪翁，2002b: 115）。挪威和卑尔根文化可能继续遵守这种原则，这对城市设计师和景观设计师有很好的参考借鉴价值，设计师们不应盲目地规划、描绘并填满城市空间，而是应留给空间充足的发展余地。

从周围的山腰看卑尔根

垂直的防火走廊

渔市和托加曼尼根广场

柏林（Berlin） 10

博物馆岛 (Museumsinsel)

德国柏林的博物馆岛位于斯普雷河（Spree River）与斯普雷运河（Spree canal）之间，许多世纪以来，它已成为城市两边的会合点。它的东边是柏林的“中部”，也是城市中世纪时的起源地；在博物馆岛的西边则是18世纪时弗里德里希城（Friederichstadt）。这样划分产生的影响一直延续了好几个世纪，直到二战后，就算在20世纪90年代东德和西德统一之后直至今天仍有影响。作为连接城市两边的纽带，博物馆岛上有多座代表德国人民、德国文化和德国精神的建筑物。19世纪初到20世纪初，这些宏伟的带有巴洛克或是新文艺复兴风格的建筑渐渐拔地而起。这其中包括了卡尔·弗雷德里希·申克尔（Karl Friedrich Schinkel）的老博物馆（Altes Museum）、阿尔弗雷德·梅塞尔（Alfred Messel）和路德维希·霍夫曼（Ludwig Hoffmann）设计的佩加蒙博物馆（Pergamon Museum）。岛的中心是鲁斯特花园（Lustgarten），它的西北边与老博物馆相连接，东北边是柏林大教堂（Berliner Dom），直到20世纪50年代，周围还有城市城堡（Stadtschloss）。这一建筑群零星分布在岛上，没能实现布局规整的空间，而是出现了很多零碎的空间。

基地的西北侧曾是战后东柏林的中心。二战时期，这个地区遭到了严重破坏，因此对这一地区实施了大规模的重建工程，建成了亚历山大广场（Alexanderplatz），广场上修建有电视塔（Ferneshturm）以及其他一些各式各样的独立建筑。亚历山大广场虽然规模很大，但是布局上缺乏良好的规划。岛的西南边是菩提树下大街（Unter den Linden），一条宽阔的礼仪林荫大道，大道的起点是勃兰登堡大门（Brandenburg Gate）和巴黎广场（Pariserplatz），终点就在这座岛上。作为一条礼仪街道，道路两侧有一些重要的文化建筑和文化空间，例如洪堡大学（Humboldt University）、申克尔设计的德国国家歌剧院（German State Opera House）、新哨所（Neue Wache）以及倍倍尔广场（Bebelplatz）。直到1950年时，菩提树下大街的轴线一直延伸到了柏林城堡，后来东德政府将这座城堡夷为平地，在这里修建了共和国宫（Palast der Republik）。但是宫殿巨大的外形、坐落地点以及立面建筑风格与鲁斯特花园或博物馆岛的公共空间显得格格不入。1989年，东德和西德政府开始推进统一进程，在改善政治和经济结构问题的解决方案尚未出台之前，共和国宫的命运成了未知数（责编注：2003年11月德国议会决议拆除共和国宫，并于2008年底拆毕）。尽管如此，还是恢复了之前的城市城堡规划，毕竟它是原始设计的一个部分，在修建场地确定后，城堡可能以相近于原有的形式出现［沃格尔（Vogel），1996: 142］。

从北面鸟瞰

博物馆岛

柏林（Berlin） 11

波茨坦广场和莱比锡广场 (Potsdamer Platz and Leipziger Platz)

1990 年在历经几十年的国土、社会和精神分隔后，东西德实现了统一，柏林城最主要的复兴重点放在波茨坦广场。波茨坦广场是五条街道的交会点，还坐落有八边形的莱比锡广场，对于很多德国人来说，波茨坦广场代表了德国商业和文化力量的复兴。

第二次世界大战之前，这片区域是柏林繁荣的商业和流行文化的中心。然而，在二战中，整片区域被完全摧毁了，只剩下少数几幢建筑物和不甚明显的街道轮廓。基于上述情况，这里成为了东西柏林的分界线，柏林墙就矗立于此，将波茨坦广场和莱比锡广场分隔开来。因此在将近五十年的时间里，这里一直未被开发，始终是一片杂草丛生的空地。

如今，波茨坦广场和莱比锡广场几乎完全重建，差不多所有涉及柏林墙的部分都被拆除了。除了建设速度之外，人们很难回想起这里在 20 世纪 90 年代中期时的面貌。波茨坦广场和莱比锡广场是基于国际竞标确立的城市规划和建筑原则修建起来的，这项竞标最终由德国建筑师海因茨·赫尔曼（Heinz Hilmer）和克里斯托弗·斯泰勒（Christoph Sattler）赢得。现在这两座广场上已经建造了一批写字楼，其中最主要的是索尼公司和戴姆勒－奔驰公司的大楼。这些大楼之间还混杂着公共的内部与外部空间、娱乐及购物场所。赫尔默特·杨（Helmut Jahn）、矶崎新（Arata Isozaki）、何塞·拉斐尔·莫内欧（José Rafael Moneo）、伦佐·皮亚诺（Renzo Piano）和理查德·罗杰斯（Richard Rogers）等设计师，遵循已确定的关于建筑高度、材料和外形方面的原则，将这片

波茨坦广场上索尼中心（Sony Center）的内庭

施工中的莱比锡广场

面积近 120 英亩（接近 50 公顷）的区域保持为一个统一的建筑整体。

波茨坦广场划分成一些独立的街区，通过一系列的人行空间和道路将它们连接起来。尽管波茨坦广场的大部分采用了 21 世纪的空间结构，但莱比锡广场仍保留着其 19 世纪时八边形的形状。总的说来，这两个广场都将柏林的中心区（Mitte）和战后文化广场（Kulturforum）联系在一起，这些文化区包括由汉斯·夏隆（Hans Scharoun）设计的柏林爱乐乐团音乐厅（Philharmonie）和国家图书馆（State Library）以及由密斯·凡德罗（Mies van der Rohe）设计的国家美术馆（National Gallery of Art）。

这片区域经常由于那些在广场上居于主导地位的企业大楼及其对公共空间的明显控制而成为批判对象。这些评论忽视了一种更加欧化的态度（European attitude），即在私人和公共财产的划分及使用上没有明显界线。

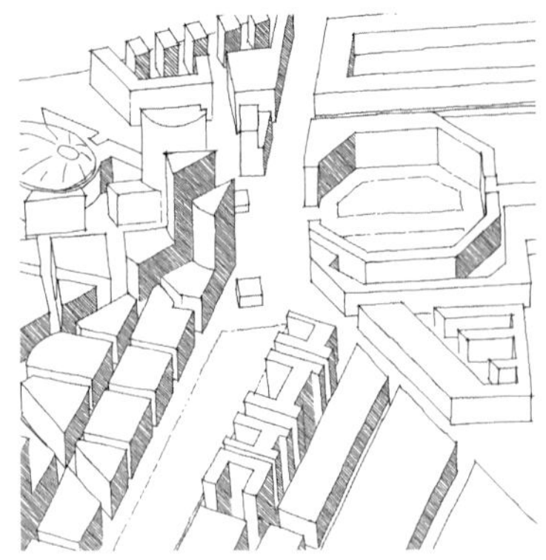

波茨坦广场和莱比锡广场的预期全貌

波茨坦广场和莱比锡广场

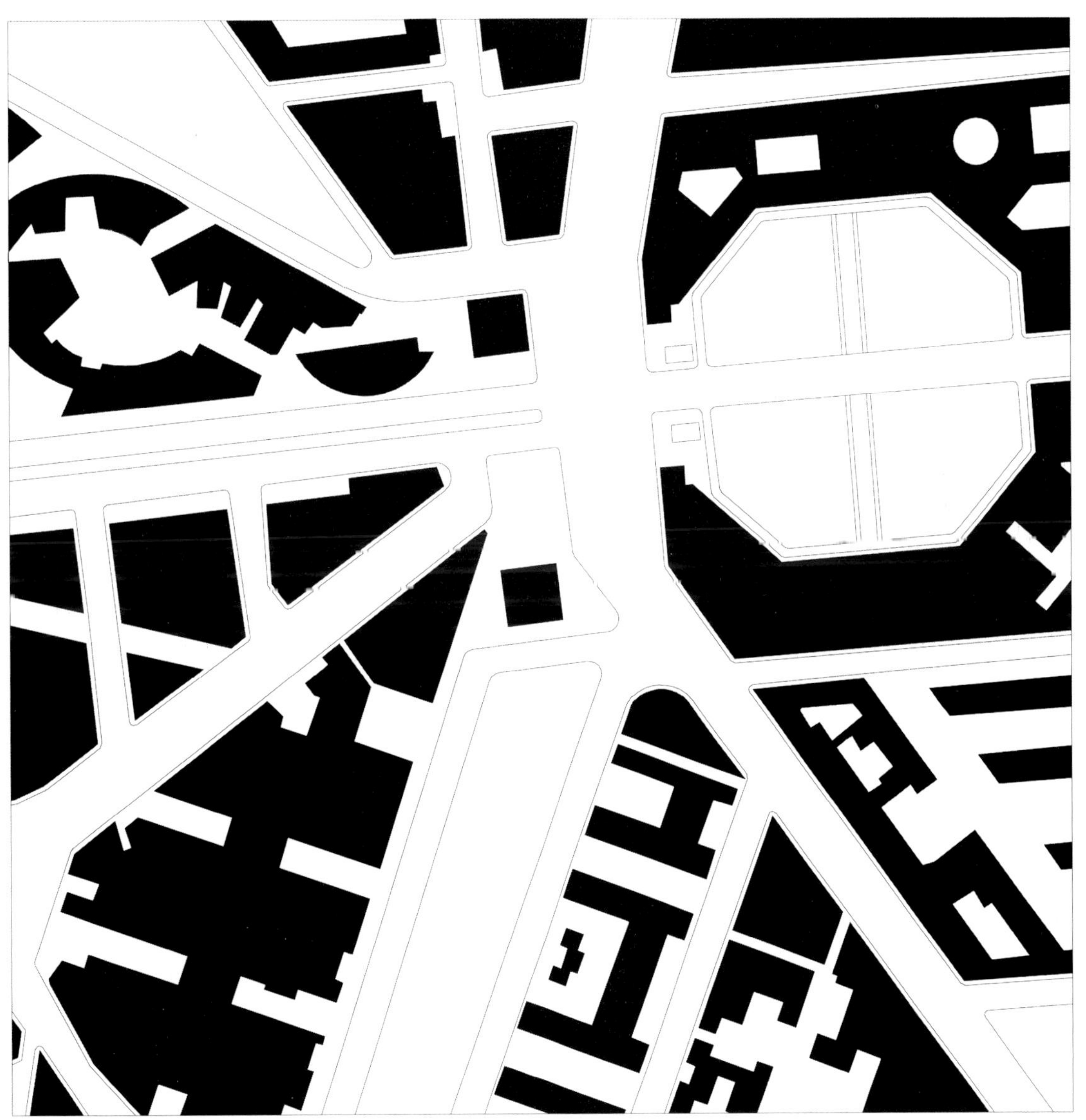

伯尔尼（Bern）

12

老城 (Altstadt)

伯尔尼是瑞士一座重要的中世纪小镇，因为它的结构基本来源于集市的功能。所以，它与集市，甚至于与位于波士顿拥有成排摊位的昆西市场（Quincy Market）相仿并非巧合。伯尔尼于1190年建成，它位于阿勒河（River Aare）近180度的转弯之处，弯曲绵延在山脊之上。这导致城镇呈直线式的外形，三面有天然的护城河环绕，而第四面成为唯一需要进行防护的地方。这种规划方案与由詹姆斯·克雷格（James Craig）设计的爱丁堡新城区（New Town）相似：在那里主轴与山脊平行，两条平行的街道向两侧延伸。与爱丁堡两条开放型的平行街道不同的是，伯尔尼的次级街道（译者注：即对应主要街道的次级道路）是两端封闭的［布朗费尔斯（Braunfels），1988: 74～75］。

伯尔尼是按照1122至1218年期间茨林格尔公爵（Dukes of Zähringer）建造的新城而设计的，如苏黎世和布莱扎赫（Breisach）。这种设计形式包括一条作为购物街的主干道和两条向两侧延伸的平行次级街道。由于城镇主要从事交换活动而不是宗教活动或社交活动，所以公共广场不是重点。实际上，直到15世纪伯尔尼向西发展后，广场才出现在这座城市里。再后来，大型公共广场才出现在民用建筑附近。

为了方便地产的分配和开发，街区划分为具体的规划模块［莫里斯（Morris），1994: 95］。伯尔尼随处可见的带拱廊的街道最初只局限于主街道，然而随着为一楼的商店或市场建造有遮挡的走廊，拱廊也就出现在其他街道的上方了。

鸟瞰伯尔尼

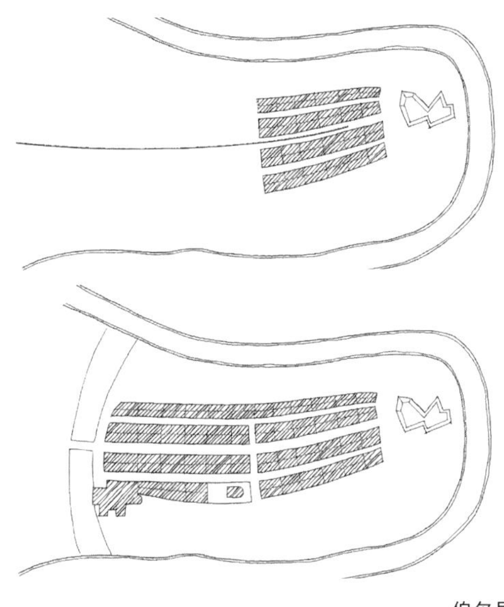

伯尔尼的发展

有着近九百年历史的城市规划原则依然明确，但主要还是由于场地原因而导致了动态空间体验。正如埃尔温·古特金德（Erwin Gutkind）在《阿尔卑斯及斯堪的纳维亚地区国家的城市发展》（*Urban Development in the Alpine and Scandinavian Countries*, 1965）一书的注释中所说：伯尔尼的拱廊是这座美丽城市最典型的特征，伯尔尼是少数能够用成熟的形式语言来表达全部城市发展观点的城市之一。这种形式语言表现为：毫不僵化地有机发展；服从自然特点创造性地适应地形；本能地寻求理论与建筑的和谐；自发地协调人类尺度与自然条件，而不削弱任何一方（古特金德，1965: 199～201）。

老城

博洛尼亚（Bologna） 13

大广场 (Piazza Maggiore)

博洛尼亚随处可见的拱廊增强了空间次序，为街道活动提供了保护。这些拱廊交会于大广场。这座位于博洛尼亚教堂前方的主要公共广场不仅是一个公共集会场所，更是一个政治象征。与意大利其他的广场和城市相似，博洛尼亚的城市规划和广场不只是为商业和社交行为服务，还与市民的政治及社会地位交织在一起（塔特尔，1994: 39；古特金德，1969: 261～262）。一座广场的位置、规模、其周围的政治机构组织及拥有和支持这些政治组织的团体或个人都是城市文化的重要方面。

大广场最初是中世纪的集市，广场周围是地位显赫的博洛尼亚人的宅邸。它是14世纪至16世纪之间博洛尼亚中心区再开发的组成部分，同时也是博洛尼亚修建一座教堂和城市广场以此作为向城市守护神圣•佩托尼奥（Saint Petronio）献礼的一项“政治”工作。正如历史学家理查德•塔特尔（Richard Tuttle）(1994: 42) 指出的那样，为城市守护神献礼“是一种对于自由的公社国家（communal state）历史、威望及自治信仰的表白”。圣•佩托尼奥大教堂和公证人大厦（Palazzo dei Notai）位于广场的南侧。北边是拥有文艺复兴特色拱廊的执政官宫（Palazzo del Podesta），为广场创造了一个整齐而又通透的边界。

北面外观

东面外观

西侧是市政厅（Palazzo Communale），东面是贾科莫•巴罗齐•达•维尼奥拉（Giacomo Barozzi da Vignola）的银行大厅（Palazzo dei Banchi）。维尼奥拉的建筑本质上赋予了广场统一的拱廊，塔特尔（1994: 45）评论说，“(广场有）明确的边界，统一而现代的景象更使其增辉，并且通过掩饰一系列不同特点的私人住宅成功地使其完全变为公共场所。”这种连续拱廊的创意在教堂东面的阿基金纳西奥宫（Pallazo dell' Archiginnasio）得到了延续。通向这座古老城市南部的南北向步行道路都沿着拱廊下的东沿而行。

鸟瞰博洛尼亚

大广场的旁边有一个稍微小些的广场——海神广场（Piazza del Nettuno），广场中心矗立着手握三叉戟的海神尼普顿（Neptune）雕像的大喷泉。这座广场是从博洛尼亚东西向的主干道瑞佐利大街（Via Rizzoli）进入大广场的门户，从北面而来的独立大道（Via della Indipendenza）也通往此处。

大广场

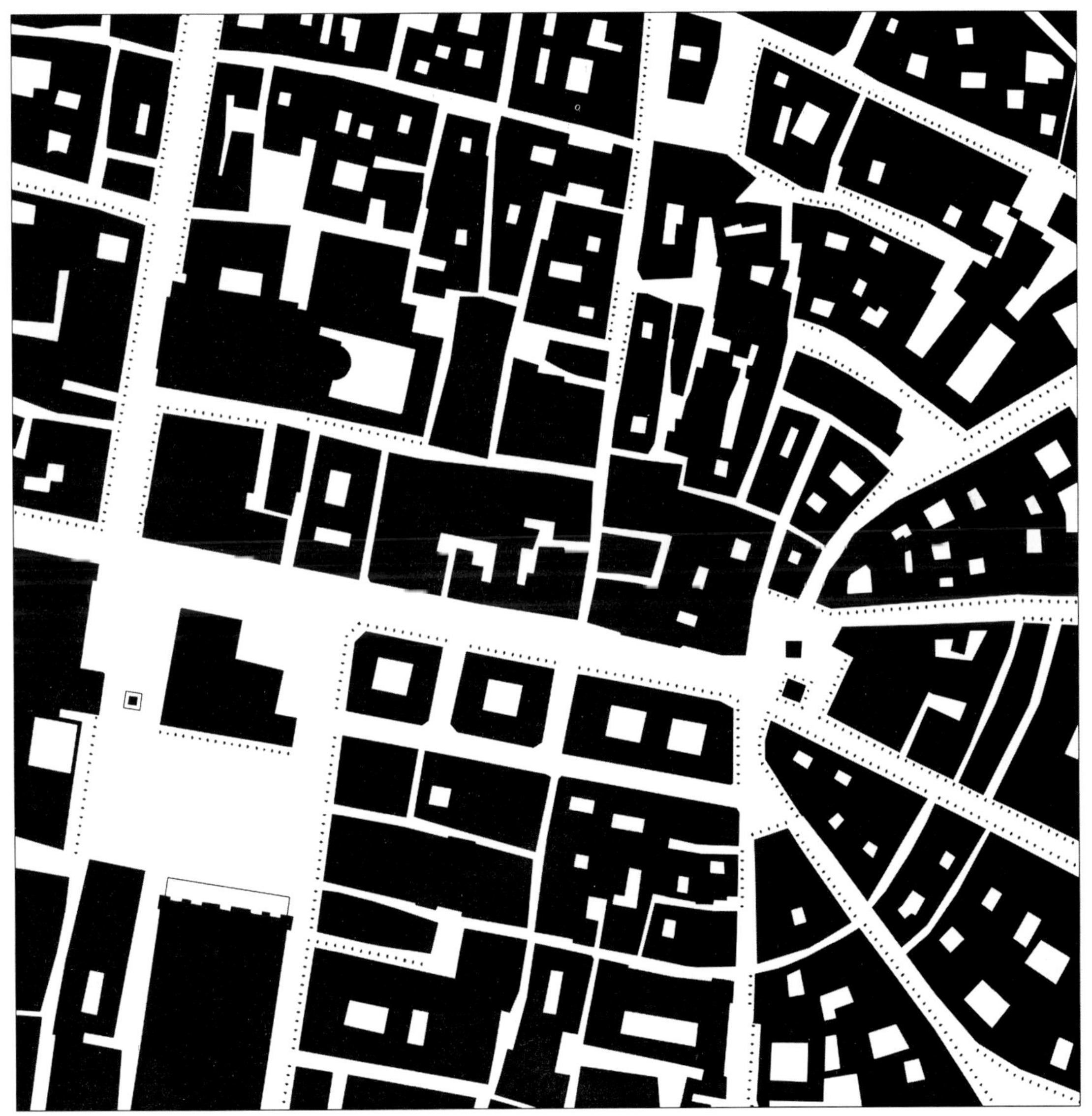

波尔多（Bordeaux） 14

图尔尼道广场 (Allées de Tourny)

图尔尼道广场是波尔多众多林荫大道及城市广场中的一个，它修建于18世纪中后期，那时正是巴洛克城市规划风格在法国盛行的时期，也处于法国大革命的风口浪尖。尽管波尔多的广场还是革命前的样子，但这种形式却对于19世纪的城市设计有着一定的影响，特别在乔治·奥斯曼（Georges Haussmann）对巴黎的重建设计中得到了体现。

波尔多18世纪的城市发展是城市扩展的一个组成部分，而这样的城市扩展是由这里的红酒生产和加农河（Garonne river）沿岸港口贸易所促成的。虽然波尔多这座城市在18世纪前半期曾长期遭受欧洲频繁战争的蹂躏，但在和平时期，波尔多的贸易额不断增长，城市呈现出一派繁荣景象。那一时期，最重要的发展是在1743至1758年间路易-尤尔班·奥贝尔（Louis-Urbain Aubert）担任执政官时取得的。

这些林荫大道穿过了旧城的中心，那里曾经是城市的防御堡垒工事。根据斯坦·埃勒·拉斯姆森（Steen Eiler Rasmussen）的研究，这些防御工事就是“林荫大道”（boulevard）一词的来源（拉斯姆森，1969: 109）。因为在日耳曼语中，称“堡垒”为“bulvirke”。图尔尼道就是这些林荫大道中的一条，18世纪时经由其他林荫道和道路交叉口处的圆形广场，图尔尼道与城市古老的中心相连并直通图尔尼道广场（Place de Tourny）。

鸟瞰波尔多

图尔尼道构成了以圆形市场为中心的伟人区（Grande Hommes）的东北边线，它连接了图尔尼道广场和喜剧广场（Place de la Comédie），喜剧广场曾是罗马帝国殖民地布迪格拉（Burgdigala）的广场所在地。经过几十年的发展，图尔尼道只有一侧种有绿树，它的东北边面向原来的号角城堡（Château Trompette fortress）以及加农河。在1792年的设计竞赛之后，人们修建了“路易十六广场”（Place de Louis XVI）半圆的新月形楼，确定了朝向加农河的开阔的花园。今天，在图尔尼道上人们种植了四行绿树，开有一些时装店以及餐馆。

波尔多的城市结构始终看上去相对有些模糊，这大概是由于它出现的时代恰好是旧体制土崩瓦解的政治大变革时期。城市里那些充满巴洛克风情的林荫大道与腐朽帝国末日前的繁荣及18世纪中后期持续不断的政治风云变幻相一致。和其他那些政治和社会基础设施一样，波尔多的建筑也经历了几个世纪以来的政治以及社会变化。

图尔尼道广场

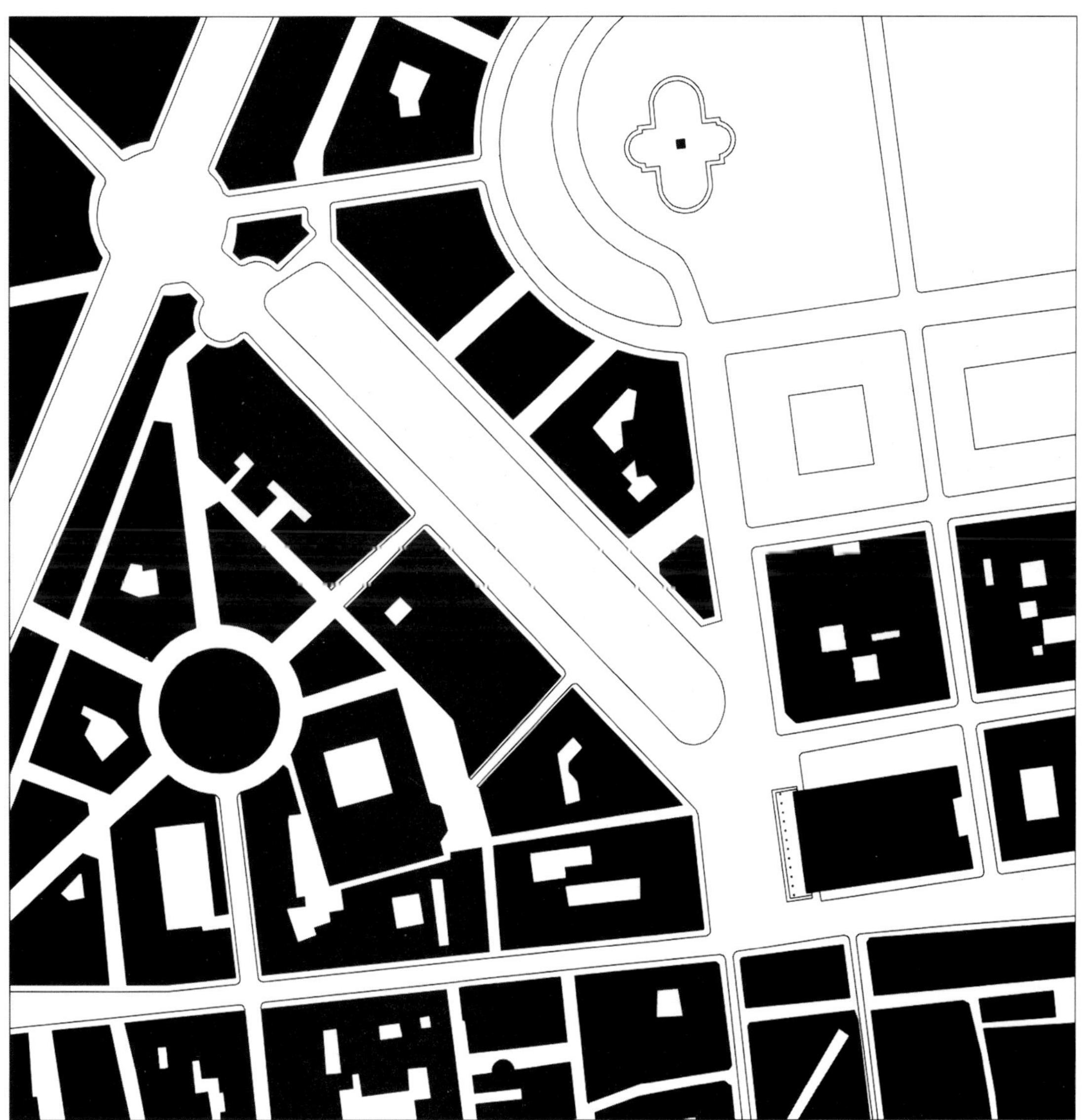

波士顿（Boston）

15

科普利广场 (Copley Square)

科普利广场坐落于波士顿后湾区（Back Bay）的公共绿地（Boston Common）和公共花园（Public Garden）南侧，麦金、米德和怀特事务所（McKim, Meade and White）设计的波士顿公共图书馆（Boston Public Library）、亨利·霍伯桑·理查森（Henry Hobson Richardson）设计的三一教堂（Trinity Church）以及贝聿铭·考伯·弗里德建筑师事务所（Pei Cobb Freed and Partners）设计的约翰·汉考克大厦（John Hancock Tower）等重要建筑物环绕在它周围。

最初的科普利广场并不是一块公共用地，而是一个从未被开发过的空地。当1857至1880年后湾区的开发计划开始实施之后，这块空地成了在新建街道和已有大道交界处的一块裂缝状的残余地块，后湾区的网格状街道与亨廷顿街（Huntington Avenue）的南端在这里交会。虽然地形并不十分复杂，但它足以影响这块地的销售与开发，直到1883年，政府购买了这片空旷、尚未开发的地皮，并将这里规划为公共用地［怀特希尔（Whitehill），1968: 172］。

此后近75年，始终没有确定广场和周围建筑的清晰分界。波士顿公共图书馆那新古典复兴风格的外观为广场的西侧增加了一条优美的边线，三一教堂浪漫的整体使广场东侧呈现一种半闭合的形态，科普利酒店从某种程度上使广场南侧封闭起来。尽管如此，广场与图书馆之间的分界线仍旧不那么明显，广场与图书馆间的区域看上去依旧很混乱。为了勾勒更加明显的分界线，在20世纪50年代中期到60年代中期，清理了广场的南侧区域修建了马萨诸塞州高速公路。

直到1968年之前，广场都没有得到很好的规划和开发。后来由景观设计师佐佐木、道森和迪梅事务所设计（Sasaki, Dawson & DeMay），在广场上修建了喷泉和一个凹陷的广场，为城市无家可归者提供了一处栖身之所。但不幸的是，这个避难所从视觉上和空间上成为了阻碍周围路上行人视线的障碍，于是人们就渐渐地忽视了这块地方，这里也就为毒品贩子提供了一个安全的交易场所。在之后15年里，一群热心的市民自发组成了科普利广场百年纪念委员会（Copley Square Centennial Committee），旨在重新恢复广场往日的活力。为了给广场的重振制定一个发展方向，该组织进行了一次调查，

从波士顿公共图书馆东望科普利广场

调查结果显示：大多数波士顿人都赞成将广场填平与街道整合修建绿地。在获得这一建议之后，委员们随即在1984年举行了一次设计竞赛，希望在竞赛中选出最优的设计方案，最后由迪恩·阿伯特（Dean Abbot）与克拉克和拉普阿诺设计公司（Clarke and Rapuano, Inc.）胜出。他们的设计首先将原先凹陷的广场进行填平改造，使广场与街道处于同一平面，移除了广场和街道间的视觉屏障，合并为一块面积为1英亩的绿地，这片绿地令人回想起绿色的新英格兰城镇［米勒（Miller）和摩根（Morgan），1990: 164～165］。除此之外，设计师们分解了多种现有空间的限定条件，创造出各式各样的灵活空间。同时，广场周围的区域甚至整个波士顿都在发生着变化。到20世纪80年代后期，房地产业兴盛起来，各式各样的高楼逐渐填满了空地。内部的变化和外部的改变相结合，对广场产生了深远的影响，广场渐渐由模糊不清变成愈发鲜明的城市空间。

如同很多城市设计师和景观建筑师所知，美国的广场不仅只是局限在一个开阔的空间，它们还必须为人们提供一个能够吃上一顿安静的午餐，顺便小憩一会儿的休闲之所，除此之外人们还能在这里购物或是举办音乐会。以洛杉矶潘兴广场（Pershing Square）、旧金山联合广场（Union Square）或是辛辛那提喷泉广场（Fountain Square）为例，它们都经历过类似的变迁，这些广场与周围的人行道紧密地联系起来，广场的使用功能更加全面，广场与周围的街道互相融合却也保持着相对独立。

科普利广场

波士顿（Boston） 16

法尼尔大厅集市和昆西市场 (Faneuil Hall Marketplace and Quincy Market)

法尼尔大厅集市和昆西市场一直是来自世界各地的游客以及波士顿本地人向往的旅游胜地，同时也是一个城市重建恢复活力的典范。它使人们认识到城市的基础设施能作为促进城市经济以及文化发展的事物被保护下来。作为城市再开发的一个组成部分，这一地区将波士顿中心区与后面的海港相连接，同时也将波士顿中心区与周围区域的北端相连。

这个地区有五座建筑物，西端是法尼尔大厅，它通向另外三座朝东的、平行且呈直线排列的商业建筑。沿着其中心的就是昆西市场，小贩们在这里进行新鲜的加工食品交易。它的南北两边原来被当作仓库使用，而现在已经是商店和餐馆的聚集地。这三座平行的建筑首建于19世纪早期，由亚历山大•帕里斯（Alexander Parris）于1825年设计，它们与波士顿港的码头排成一行（怀特希尔，1968: 96）。这三座建筑就像三只手指向东边延伸，实际上它们已经成为码头的一个组成部分，延伸至海港。19世纪末至20世纪初，海港的边缘被渐渐填满，并开始向市场的东边扩展，一时间岸边修筑起有拱形前厅的小型建筑，将人行道建成拱廊通向海港。直到最近，这条路都是通向海港的必经之路。事实上，它的终点就在中央大道（Central Artery）的下面。为了修建这条高架公路，在1955至1957年的施工期间拆掉了很多城市建筑，这条主干道从根本上切断了城市与海港之间的联系。幸运的是，在将近50年后，大规模、高成本、耗时长且又复杂的中央大道改造工程结束后，城市与海港重又建立了联系。拆除工程从1991年开工到2005年结束，州政府以及联邦政府组织人力、物力填埋了原来的高速公路，并在高速公路右侧的原址上修建起公园以及公用建筑，这种规划方法与维也纳环城大道（Ringstrasse）拆除中世纪城墙的情形颇为相似。这样的公园系统，使得海港与城市间的交通便利了起来。整个市场的区域通过波士顿形成了一个有序的空间整体：从后湾起始，首先穿过波士顿公共绿地（Boston Common），然后穿过市政厅广场（City Hall plaza），环绕法尼尔大厅，沿着市场最后到达海港。

20世纪70年代，这一地区最初的重建小组由詹姆斯•劳斯（James Rouse）创办的劳斯公司（Rouse Company）与建筑师本杰明•汤普森（Benjamin Thompson）所组成。他们侧重通过功能化将法尼尔大厅、昆西市场以及周围的区域整合改造（米勒和摩根，1990: 68）。虽然劳斯对一个原本很繁华的市场进行清理并使其很商业化的做法招致了很多争议，但是这样的改变，尤其在20世纪60年代末至70年代初之间，应该说是最佳的改造方式。要从市场到达波士顿市政厅只需穿过一条街就可以了。为了改善整座城市，拆除那些陈旧的建筑是十分常见的，也是非常典型的做法。但是昆西市场的命运却与那些旧式建筑的命运截然不同，昆西市场的重建就是保存和利用那些已经存在的建筑，并非是将它们一一拆除。通过这一方式，劳斯寻找到一条更加经济且温和的城市改造途径，那就是保留原有建筑，在其基础上进行重整，将已经存在的系统优化使其更具活力。现在的昆西市场充满活力［汤普森（Thompson）和舒尔茨（Schmertz），2006: 46～51］，它的重建模式对于美国城市的重建产生了深远的影响，这些城市包括纽约、巴尔的摩以及诺福克。

从东侧看到的昆西市场

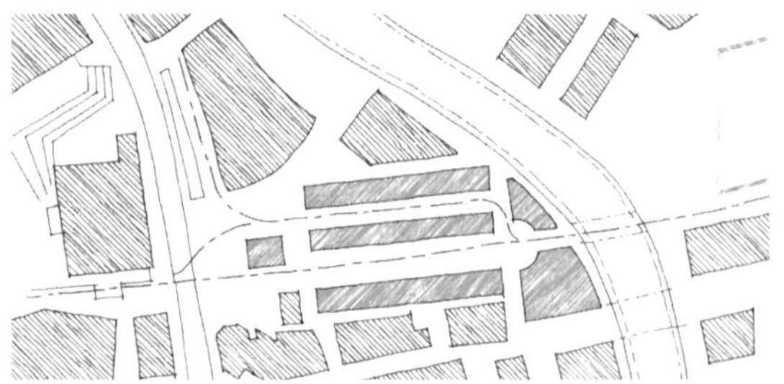

市政厅与波士顿港之间的联系

法尼尔大厅集市和昆西市场

巴西利亚（Brasília） 17

三权广场 (Praça dos Três Poderes)

巴西利亚被设计成为一座首都城市，体现了战后现代建筑和城市规划幼稚的乐观主义倾向。尽管巴西早在1822年就成为一个独立的国家，但却花费了长达130年的时间来建立一个新的首都。从1832年至1936年，首都只是会以将出现在这个国家里的未来城市的名字出现。最终，在1936年，政府划定了巴西中部位于里约热内卢以北600英里处的一片基地。1957年，巴西政府举办了一场首都城市规划国际竞赛并选定了巴西城市设计师卢西奥·科斯塔（Lúcio Costa）制定整体规划，巴西建筑师奥斯卡·尼迈耶（Oscar Niemeyer）来设计政府大楼。尽管从国家独立到举办设计竞赛的速度迟缓，但从获得设计许可到建成政府大楼速度非常迅速。许多政府大楼1960年就投入使用了。

巴西利亚有三方面的意义。首先，它象征了一个现代化的巴西并且促进了国内的发展。与其他新建的首都相似，如华盛顿，新首都不是位于国家地理位置的中心，就是人口中心。作为一个现代化的首都，它包含了现代主义的景观环境、交通和建筑理念。同样，被视为未来独立交通体系的汽车也决定了这座城市的形式与规模。巴西利亚的第二个目标是空间探测，科斯塔和尼迈耶的设计是对20世纪中期城市空间观念的一场检验，是对由国际现代建筑协会（CIAM, Congrès Internationaux d'Architecture Moderne）所描述的"功能主义城市"（Functionalist City）景象与理念的一场检验。对于国际现代建筑大会来说，城市按功能划分为各个独立的区域，理性、科学、甚至雕塑一般地将建筑设置在高架路、高速公路编织的"连续空间"内。最后，正如人类学家詹姆斯·霍尔斯顿（James Holston）所指出的，巴西利亚体现了一项重要社会议程的具体化，在这项议程中，这座城市及其建筑将会通过"平等主义和功能主义的原则"来改善社会不公的状况（霍尔斯顿，1989: 41）。这些良好的意图和崇高的愿望使得人们更容易理解为什么这座城市容易遭到批评，而且批评有时是正当的。

埃德蒙·培根（Edmund Bacon）总结他自己对于这座城市的分析时说到，"巴西利亚的特点不是在于其结构形式或其构成的严格对称，而在于城市的景象形成了一个整体"（培根，1967: 227）。对于任何有关巴西利亚的评论来说，重要的是记住它是被设计成一座更具仪式意义的首都，就像华盛顿、堪培拉或者昌迪加尔一样。就像这些城市具有纪念意义的核心一样，巴西利亚的空间被设计成一种具有象征意义的结构。对于巴西来说，这一结构标志着它步入了二战后的国际政治舞台，而伴随这种国际化的是一座代表着一个20世纪国家的重要首都。同样的，巴西利亚从来就不是一座具有典型意义的城市，而是巴西景观蓝图中的一个象征。它经常遭到城市规划师和建筑师的嘲笑，正如埃德蒙·培根所说的，这些人大多从没有到过巴西利亚（培根，1967: 221）。诚然，20世纪50年代和60年代晚期的城市设计还是有很多令人向往的地方，城市中通常有漫长的道路通向沉寂而又人迹罕至的广场，这些广场被单一用途的建筑所包围。这是一项正确的批评，巴西利亚则是受批评的典型。然而，开始拒绝而后又回归传统的城市结构表明了潜在的悲观主义倾向，甚至一种愤世嫉俗的退却行为，一种向20世纪末、21世纪初城市不现实的景象退却的行为。这会导致一些倾向，这些倾向或拥护前现代城市设计，或将当代的需要掩藏于各种伪装之下。真正需要的是这样一种程式设计，即关注人类活动的需求、街道生活，同时还要关注当代建筑实践、社会结构、经济体系和信息技术等。

巴西利亚

从首都大道（Capital Mall）看国会大厦（Congress Hall）

国会大厦

三权广场

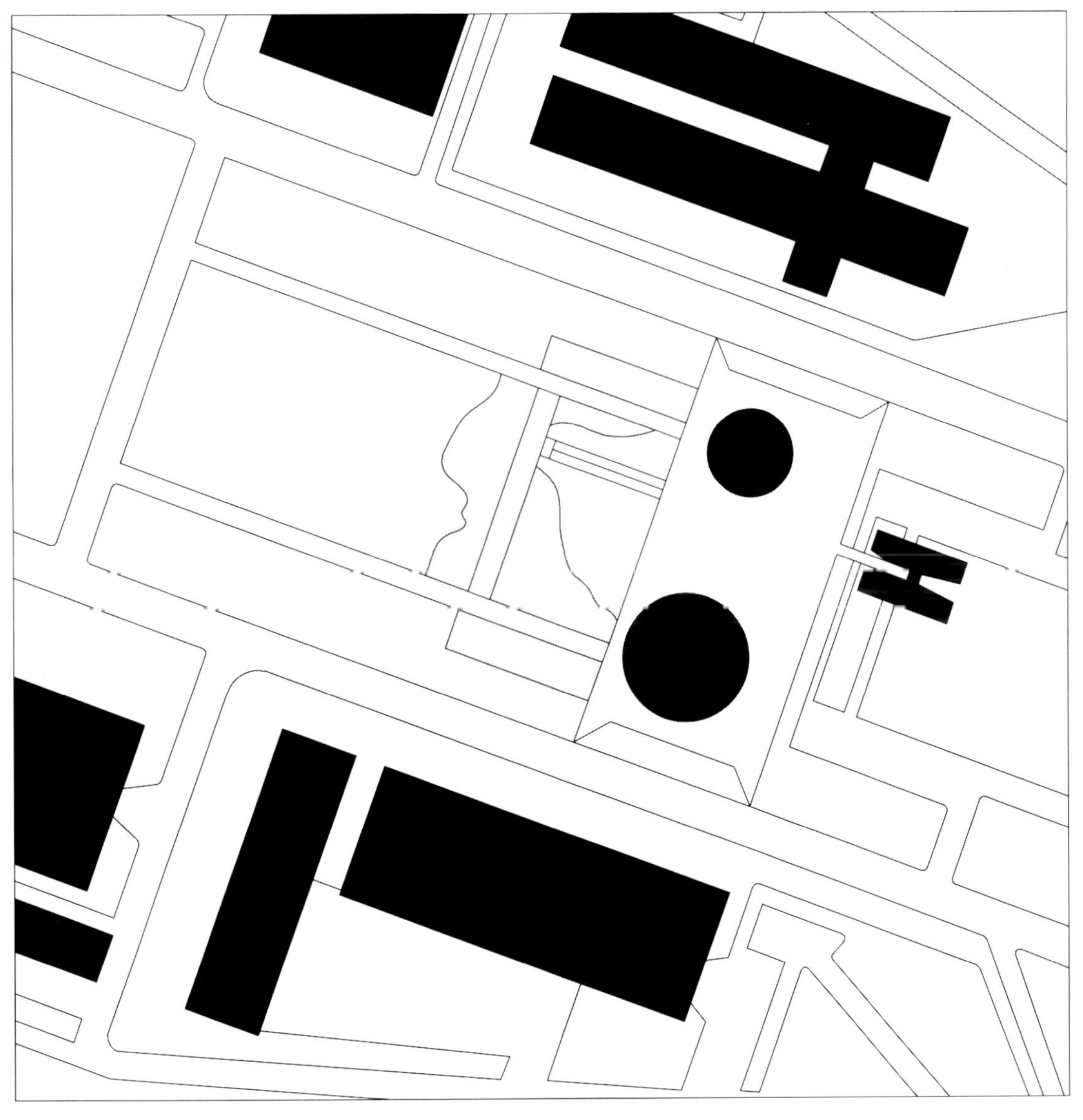

布鲁日（Bruges）

18

大广场和博格广场 (Grand Place and Burg)

布鲁日是比利时一座典型的中世纪古城，整个城市的发展围绕着两座相连的广场，这两座广场在整个城市中扮演着各自不同的角色。教堂、政府以及商业体系的力量动态地影响了广场的设计。这样的现象在布鲁日、阿拉斯（法国北部城市）以及威尼斯表现得十分突出，导致了宗教、政权以及商业空间系统的出现。

布鲁日的城市建筑是由那些小型的广场以及交错期间的街道、运河和小径组成的。城中两座主要的广场分别是博格广场和大广场。曾经在博格广场上占主导地位的建筑是布鲁日大教堂（Bruges' cathedral），现在圣血教堂（Basilica of the Holy Blood）、市政厅以及法院取代了它的位置，成为广场上新的主要建筑。人们也称大广场为“市集广场”（Markt Platz），在它周围是一些17世纪修建的带山墙的房屋、政府办公楼和邮局，广场南边的主体建筑是一座钟楼（Belfry），钟楼的底层是一些市场建筑，这些建筑多为餐馆和商店。由于这样的城市布局，布鲁日成为最早制定关于城市分区和建筑物准则法规的城镇，法规包括防火构造、街道的清洁和修建公共的商业建筑以及基础设施建设（古特金德，1970: 374～384）。

最初，由于城市中那些通向海港深处的河流以及运河，使得布鲁日成为欧洲大陆上富庶且繁荣的商业中心。修建于14世纪后期的广场钟楼、证券交易所、医院、旅馆以及市政厅体现出鲜明的哥特式建筑风格。从15世纪后期到16世纪，由于市场的变化、政治结构以及运河和港口的淤塞等三方面的因素，导致了布鲁日缓慢地衰退下去。虽然17世纪后期，布鲁日仍然有相对的活力，但这已不能保持城市原本的生气，它没有工业，也就无法维系18、19世纪的发展。到了19世纪中期，布鲁日在建筑以及城市发展方面的重要性都得到了体现。在约翰·拉斯金（John Ruskin）和博格（A.W. N. Pugin）的积极推动下，哥特式建筑呈现了复苏趋势，布鲁日居民共同努力将布鲁日改变成为了哥特式建筑的繁荣地，也因此变成了最早的历史性保护城镇之一。到了19世纪，城市里的哥特式砖砌建筑仍保持得十分完整，吸引了大量的学者和建筑师到此采风获得设计的灵感，并且他们还努力保持这里的原貌。

很多人都相信布鲁日是一座“人造”的古城，它被定格在了古世纪。它的建筑、它的街道、它的广场和运河将游客带回了没有疾病、没有宗教迷信的“13世纪”。事实上，布鲁日是依赖于重建与保护的技巧得以维持原貌的。和其他那些竭力维持自身风貌，从而保护自身并发展旅游的城市一样，布鲁日也是为了创造并保持中世纪时的模样。正像历史学家盖文·斯坦普（Gavin Stamp）所指出的那样：“这就是复兴运动，能够看作是一股创造力量。这样的做法也是愚蠢的，通过给建筑强加一些错误、生硬的外形，迫使历史停留在某一个特殊的时间点上，致使整座城市不再出现在时代变迁和社会发展的历史当中。”（斯坦普，1989: 34）今天看来这段话是非常重要的，因为我们简单地将古建保护理解为把建筑僵化地锁定住；在新的城市发展中，建筑设计师只是一味消极地模仿过去的建筑风格，甚至是城市空间，把原来的建筑生搬硬套到现在的城市设计中。

布鲁日

大广场的钟楼

大广场和博格广场

布宜诺斯艾利斯（Buenos Aires） 19

五月广场 (Plaza de Mayo)

在布宜诺斯艾利斯，我们很容易就能看到传统的二维网格状设计布局，这种布局广泛应用在整个美洲新大陆的殖民城市中。16 世纪作为西班牙在南美的殖民地，布宜诺斯艾利斯在建城之时，五月广场就随之诞生了，那时的五月广场就是一个完整的公共广场。布宜诺斯艾利斯最初和新大陆上其他西班牙殖民地一样，都是根据 16 × 9 的理想布局进行规划设计的。《西印度法》（*Laws of the Indies*）[责编注1] 这种布局法则指出了详细的设计方法、尺寸以及殖民地的总体设计规则。布局法则借鉴了欧洲殖民地的其他类似设计规则和方法以及大量的原始资料，其中包括维特鲁威（Vitruvius）的一些建筑理论，这一法则严格规定了将殖民地在主要方向上需规划为方块状格局，必须修建一座中心广场，作为整个城镇的焦点，这个中心广场的大小必须与城镇的最终大小相协调。当地的气候和满足快速集结部队的需要决定了城镇街道的宽度，围绕建筑排列有柱廊提供保护［布罗德本特（Broadbent），1990: 42～48］。

和预期的结果差不多，《西印度法》导致了所有殖民城市的布局几乎都是二维网格状分布，而忽略了城市的地貌以及位置。这个清晰且舒适的布局规则还间接影响到了整个新大陆上的殖民地和城市的形式，因此在南美、中美以及北美的部分地区，城市看上去几乎都是一模一样。

1535 年佩德罗・迪・门多萨（Pedro de Mendoza）设计的布宜诺斯艾利斯的城市布局，保持了将近 3 个世纪。到了 19 世纪早期修建了一座市集柱廊，就是著名的旧市集（Recova），把整个广场划分为两座半独立的广场，一

从东侧看五月广场

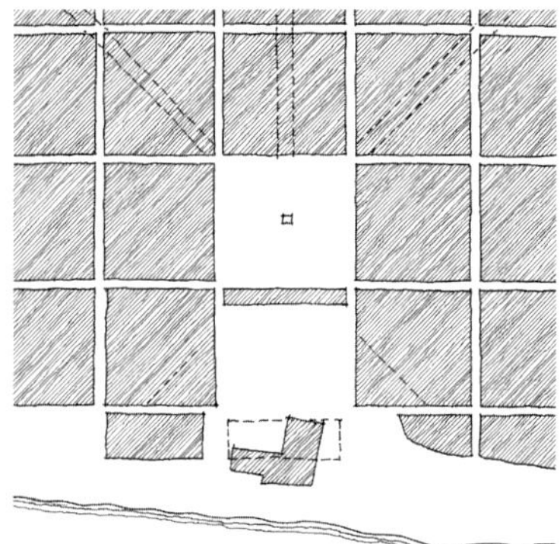

最初的形状由对角线街道构成

座是靠近城市的维多利亚广场（Plaza Victoria），另一座则是靠水的五月广场。旧市集的柱廊和罗马圣彼得广场（St. Peter's Square）周围的柱廊一样，为广场提供一个封闭的围墙，并且也成为两座广场间的连接。正像 1967 年弗里茨・罗斯特恩（Fritz Rothstein）在《美丽的广场》（*Beautiful Squares*）一书指出的那样，旧市集的修建诞生了两个紧密相连的广场（罗斯特恩，1967: 184～185）。在 1883 年的城市改造计划中拆除了旧市集，取而代之的是一条主轴街道，即五月大道（Avenida de Mayo）。这些街道给布宜诺斯艾利斯的市中心带来了宏大的感觉，大道上车辆来来往往，使得原有广场的封闭性有所减弱。

广场周围建着许多宗教建筑、民用建筑以及商业建筑。在五月大道的尽端，就是总统宫——玫瑰宫（Casa Rosada）。这座宫殿成为政治以及社会生活的焦点。就像米歇尔・韦伯（Michael Webb）在《城市广场》（*The City Square*）一书中所指出的，唯一一次有效的抗议阿根廷军事强权政治的运动就是“五月广场母亲”（Mothers of the Plaza de Mayo）[责编注2]，母亲们聚集在五月广场上示威抗议，要求政府对她们亲人的“失踪”给出确切的答复（韦伯，1990: 183）。

［责编注 1］《西印度法》是指16、17 世纪西班牙政府为其殖民地制定的一系列法律规范，用于管理殖民地的政治、经济和社会生活。

［责编注 2］“五月广场母亲”是阿根廷妇女争取人权的组织。1976 至 1983 年军人独裁统治时期，数万无辜者遭政治迫害和杀戮而“失踪”。1977 年 4 月 30 日，14 名母亲聚集在五月广场，要求政府交出她们“失踪”的子女，从此开始了长达 30 多年的争取民主人权的艰苦斗争。

五月广场

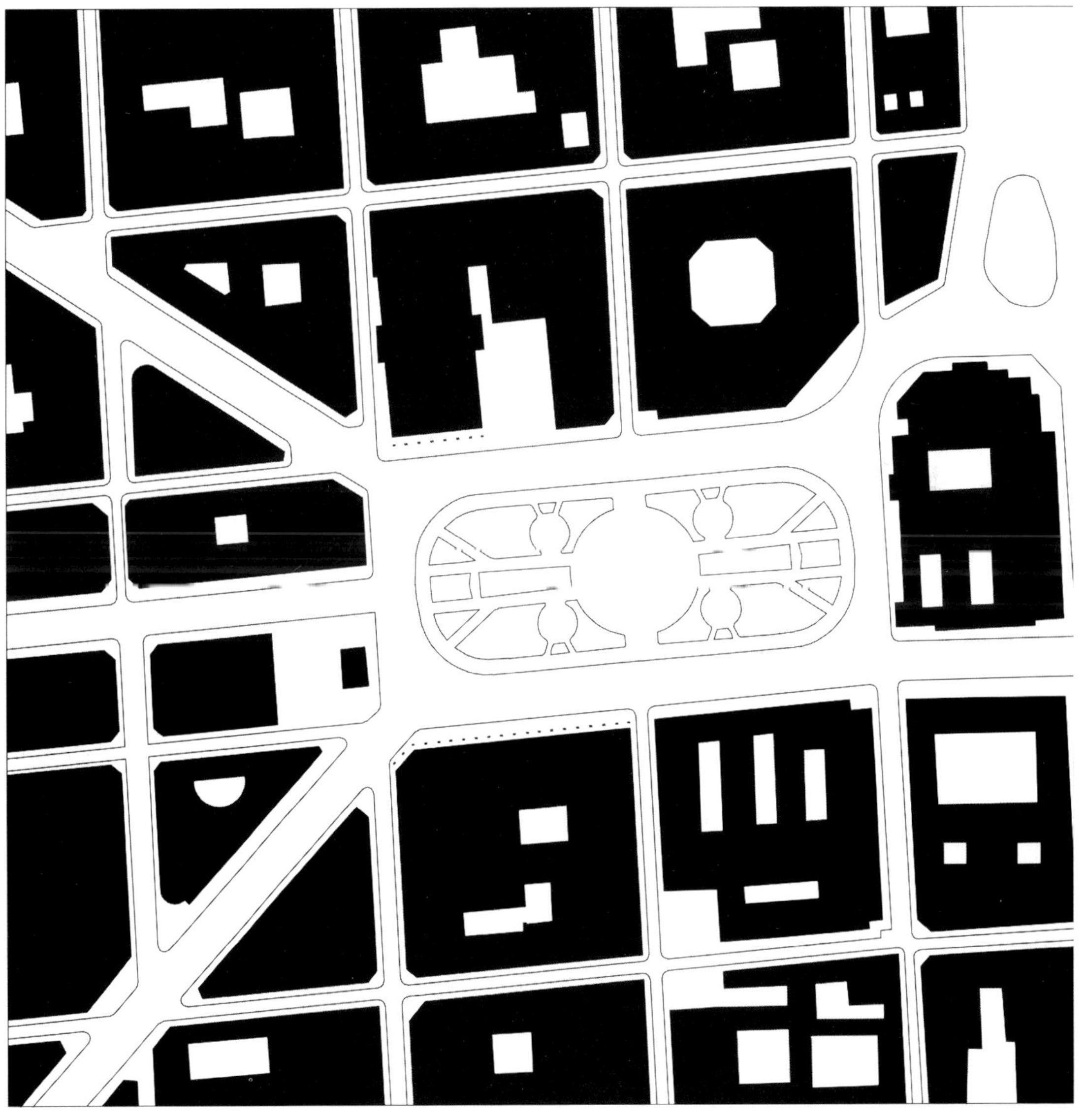

开罗（Cairo） 20

米丹·泰哈尔广场 (Midan al-Tahrir)

米丹·泰哈尔广场，或称“自由广场”，地处开罗的尼罗河商业区和住宅区之间的交叉处。追随巴黎林荫大道风格设计的广场不像一座广场，更像是一条被巨大广告牌环绕的“裂缝”，周围密布金融、文化和行政机构，因此它更是一个政治和引发社会动乱的中心。

从19世纪早期开始，在穆罕默德·阿里·帕夏（Mohammed Ali Pasha）的指挥下，开罗开展了城市振兴计划，改造并拓展这座阿拉伯城市。穆罕默德的孙子赫迪夫·伊斯梅尔·帕夏（Khedive Ismail Pasha）继承并扩大了他的规划。他在1867年的巴黎世界博览会（Paris Universal Exposition）上与乔治·奥斯曼（Georges Haussmann）成为朋友。返回埃及后，为了与苏伊士运河的开通保持协调一致，他迅速展开了开罗的现代化设计。正如奥斯曼对巴黎的规划，在城市现有建筑上穿插林荫大道，围绕市中心设计环路，设计师阿里·穆巴拉克（Ali Mubarak）提议一个城市扩建计划，这项计划不仅能扩大开罗城，并且将复兴繁荣市中心。扩建部分主要是从开罗老城向西穿过每年易受洪水侵袭的低洼地带直抵尼罗河岸［阿布·卢格霍德（Abu-Lughod），1971：100～107］。

伊斯梅尔·帕夏预见到介于老城区和尼罗河之间的新式欧洲特色区将不仅仅刺激房地产，带动经济发展，更会将开罗转型为一个欧洲化城市。这个区的中心，伊斯梅利亚广场（Midan Ismailia）1954年重新命名为“米丹·泰哈尔广场”。这个中心广场类似于巴黎的圆形广场，是辐射状道路的交叉口，连接了从东部、北部、南部而来的街道，把它们引领到向西横跨尼罗河的埃尔奈宫桥（Qasr al-Nil bridge）。

到19世纪末，20世纪初期，这一区域聚集了来自英语和法语国家的人们、政府部门、埃及古代博物馆、开罗的美国大学和艺术博物馆也都在此地。虽然现在还有几座19世纪的建筑屹立于此，但是广场周围的建筑都是公寓、酒店、阿拉伯联盟办公楼、政府办公楼，包括穆加马大厦（Mugamma building，责编注：穆加马大厦是埃及中央政府办公大楼）［贝蒂（Beattie），2005：198］。西方快餐店占据了通向地铁出口的要道和地下走廊。如同埃及其他地方一样，广场上也充斥着造成城市污染的汽车。

虽然修建了地铁和广场西北侧的公园能对污染有所改善，但是这也无法应对迅速增长的城市人口。正如其他发展中国家的城市一样，开罗城市里也有日益迅猛增加的农村人口，并且发展到了难以控制的地步，农村传统和现代城市文化的矛盾也接踵而来。如建筑批评家迈克尔·索金（Michael Sorkin）所述：“埃及是全世界最大的传统与现代的战场。”（索金，2001：84）若果真如此，那么开罗的米丹·泰哈尔广场便是一场小规模的战役，它表现了一个古老帝国建设现代化形象的推动力，同时遇到了几乎令人疯狂的抵触态度。

从米丹·泰哈尔广场向北看

米丹·泰哈尔广场

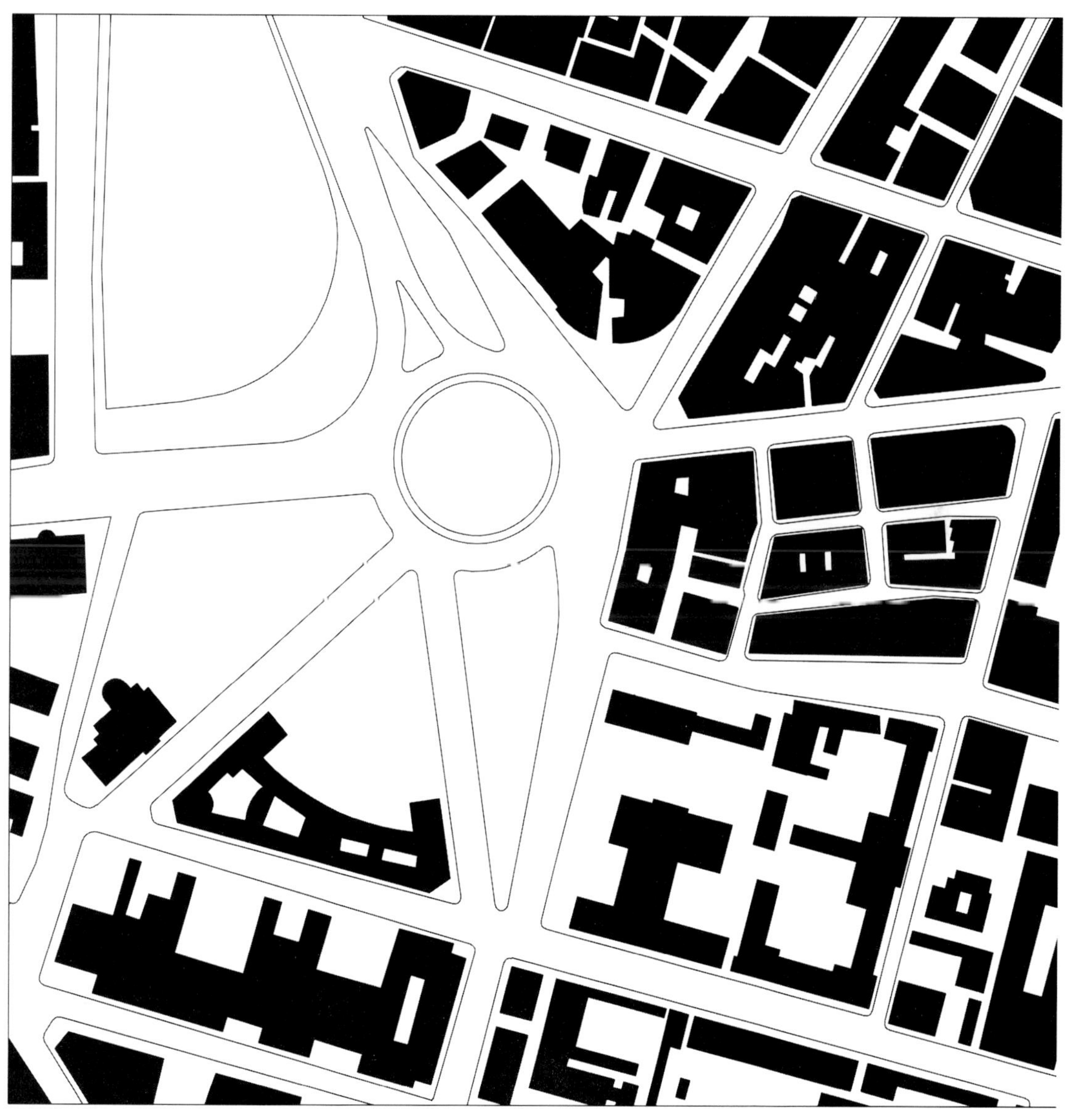

契斯凯·布达札维(České Budějovice) 21

普热米斯尔·奥托卡二世广场 (Ńáměstí Přemysl Otakar II)

契斯凯·布达札维原本是13世纪波希米亚的一个小镇，尽管经历了大火以及政治和经济的变迁，它仍然保留了大量的中世纪风貌。同伯尔尼和卑尔根一样，契斯凯·布达札维镇因曾是地区内商业网和欧洲商业网的一部分，成为现在研究中世纪城镇建造方面很好的样本。契斯凯·布达札维镇地处南波希米亚与奥地利的边界处，建于1265年，当时是作为国王普热米斯尔·奥托卡二世（King Přemysl Otakar Ⅱ）管辖下的皇家殖民地。它成为捷克和奥地利的分界线，并带动了周边地区经济的发展。尽管城镇由捷克人建造，但由于德国商人和手工者逐渐涌入契斯凯·布达札维镇和其他殖民城镇，因此在14世纪时，小城镇已经没有了捷克风格的影子。

契斯凯·布达札维镇紧挨着一座村落，建于马歇尔河（Malse）和流经布拉格的伏尔塔瓦河（Vlatava）的汇合处。与其他波希米亚的殖民城镇相同，它是当时商贸交通重镇，城中心是四周带拱廊的广场。作为建在边界上的殖民城镇，它是一座处于其他文化海洋包围之中的文化孤岛。因此同样的，这个小城镇由军事堡垒重重围住，呈网格状布局，易于划分财产地块，易于施建和规范发展（古特金德，1972a: 227）。虽然小镇以哥特式建筑为主，但是广场四周大部分却是文艺复兴式和巴洛克式的三、四层小楼，一楼长长的拱廊下尽是商铺。尽管近年来这里的旅游者日益增多，旅游服务业也日益繁忙，但是广场仍是市民日常购物和聚会的主要场所。由于捷克斯洛伐克的经济和社会体系将重心放在发展工业区并在城镇中心以外大批建造住宅区，契斯凯·布达札维镇和其他许多捷克城镇一样，在二战和战后现代化建设中都能相对完整地保留下来。小镇的中世纪风格保留完整：像维也纳和克拉科夫（Kraków，责编注：波兰古都）一样，它的军事堡垒已被拆除，空地现已作为旧城和外围拓建城区之间的绿色隔离带。

与其他波希米亚殖民城镇里的广场相比，普热米斯尔·奥托卡二世广场较大一些，但它体现了许多独特的建筑风格元素，具有分层空间感。这些元素包括它的拱廊、地面和入口。拱廊为单层结构，拱顶很浅，在天气糟糕时能为行人提供基本的庇护，也使行人与广场四周的商铺有了更紧密的接触，因为这些商铺并没有与广场的开放公共区域完全隔离。相应地，广场的地面一直延伸进拱廊。这种地面的整体性让拱廊内外的空间相互交融。最后，入口处——与阿拉斯市的那些广场群、布拉格旧城广场（Staroměstské Náměsti）或是佛罗伦萨领主广场（Piazza della Signoria）一样，都位于广场的侧面。通往广场的路径在广场的四个角落，除非快要走进广场，否则看不到广场的全貌。这些位于侧面的入口使行人可以沿着广场的边沿，漫步于拱廊下，而不用完全走进广场里。这些元素汇集在一起，为广场内外都赋予了动态空间体验。

从南侧看广场

普热米斯尔·奥托卡二世广场

昌迪加尔（Chandigarh） 22

政府建筑群 (Capitol Complex)

在昌迪加尔，你可以同时发现蕴藏在其中的超凡乐观精神和战后城市设计的缺陷性。位于印度旁遮普邦的昌迪加尔政府建筑群由勒・柯布西耶、皮埃尔・让纳雷（Pierre Jeanneret）以及埃德温・马克斯韦尔・弗赖（Edwin Maxwell Fry）与简・德鲁（Jane Drew）夫妇在1951年至1964年设计。在那个现代建筑师、城市设计师和政治家们急于尝试着为新兴国家建立新型首府的时代，它成为最典型的代表。昌迪加尔的设计者们想方设法地让建造出来的首府能够彰显其作为一个经历了后殖民地时代和二战的新兴国家重新走上政治舞台的形象。这种设计观念与路易・康设计的达卡以及由卢西奥・科斯塔和奥斯卡・尼迈耶设计建造的巴西利亚一脉相承。因此，这些设计尽管独特，但是有些空泛，而且有的时候太过于空想，有自尊自大的嫌疑。然而，人们期待的是，要把昌迪加尔设计成一座与众不同、独一无二的现代城市[艾文森（Evenson），1966: 6～7]。

昌迪加尔建于印巴分治后，它的兴建是为了标志着一个20世纪新兴佛教国家的兴起。建筑历史学家维克拉马迪雅・普兰喀什（Vikramaditya Prakash）曾在《昌迪加尔的勒・柯布西耶：追逐现代特色的后殖民时代的印度》（*Chandigarh's Le Corbusier: The Struggle for Modernity in Postcolonial India*）一书中写道：印度首位总理贾瓦哈拉尔・尼赫鲁（Jawaharlal Nehru）所希望的不是改造一座旧城市来适应新时代，而是建造“一座全新的城市，能摆脱旧传统的束缚，作为国家未来信念的标志”（普兰喀什，2002: 9）。因此，昌迪加尔同时综合了现代和西方建筑学的特点，也融合了东方的佛教文化。这座城市的名字来源于当地一个供奉昌迪（Chandi）的神殿，昌迪在印度佛教里是力量女神的化身。普兰喀什指出，神殿在社会生活中占有重要地位，因为昌迪具有特殊的意义，

“昌迪代表着变革的力量。她以任何方式的参与，都肯定拥有重大的意义。佛教高级僧侣当初选择这里作为昌迪的神殿，正是因为她的出现就是吉祥如意的代称。”

（普兰喀什，2002: 8）

尽管勒・柯布西耶并不是城市的最初设计者，但是他却被任命为主设计师。这是因为他是战后现代主义建筑师的代表人物，最有可能将尼赫鲁的梦想变为现实。勒・柯布西耶的设计主要是通过运用模数网格来划分景观。

从参议院向北眺望

这样的设计，从本质上讲，并不是要将昌迪加尔设计成一个城市，而是要将其转化为一个开放型的具有礼仪特色的景观。网格结构建立在勒・柯布西耶的模数比例系统上，主要建筑都沿主干道分布。它的政府建筑群主要由议会大厦、政府办公楼、邦首长官邸、高等法院组成。整座城市，特别是政府建筑群，建在位于喜马拉雅山脉以南风景优美宜人的高原上。同巴西利亚一样，汽车是这座现代化的城市里最基本的交通工具。

昌迪加尔原本是要设计成为一座具有现代特点的景观城市，使其完全从过去脱离出来。它体现了一个对于新兴国家而言全新的设计理念，象征着印度从传统守旧的殖民地阴霾中走向了20世纪的繁荣发展。它体现了一种精神。毋庸置疑的，昌迪加尔由于表现了一个全新的、未经实践检验的景观城市化观念，必定成为各种批评的靶子。许多评论家认为，它过于开放，甚至有些离群索居。一些评论家利用它掀起一场城市究竟应该以楼房为主，还是以行人道路为主的争论。然而，这种争论就好比是为了能看懂詹姆斯・乔依斯（James Joyce）的《尤利西斯》（*Ulysses*），而将其重写一样，并不是问题的关键所在。诚然，昌迪加尔不是一本你不喜欢就能不看的书，但是它的设计终究是对现代建筑的一种探索。

议会大厦与地平线上的喜马拉雅山的关系

政府建筑群

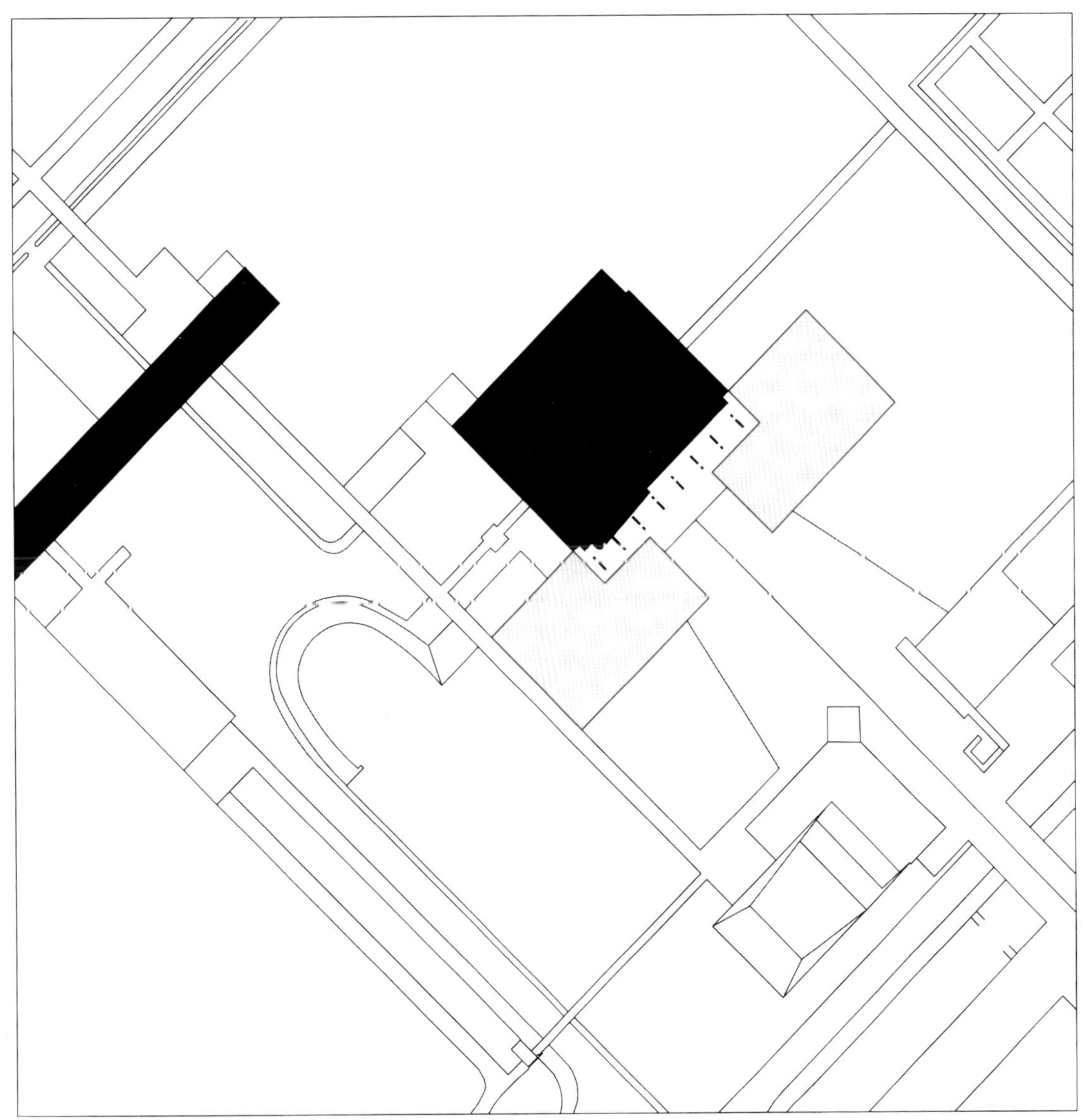

芝加哥（Chicago） 23

联邦中心 (Federal Center)

空间内的组成由多个实体组成——这是芝加哥联邦中心（1964—1974年）的空间设计概念，这一概念正是20世纪中期现代城市设计空间概念中重要的一条，也是芝加哥闹市区中开放式广场的设计指导思想。尽管这样的城市设计理念在现在仍然遭到质疑，但它的过人之处就是在于这种设计概念。

联邦中心由密斯·凡德罗（Mies van der Rohe）进行设计，整座中心是在两块基地上由三栋独立的建筑物——邮局、办公楼以及法院所组成。一栋42层的联邦办公楼和一座只有一层楼的邮局共同占据了一个街区，街区的北侧是西亚当斯街（West Adams Street），南侧是西杰克逊街（West Jackson Street），东侧是南克拉克街（South Clark Street），西侧是南迪尔伯恩街（South Dearborn Street）。在这里你能看到亚历山大·考尔德（Alexander Calder）的雕塑作品——亮红色的火烈鸟，这座雕塑明艳的颜色与那些色彩灰暗单调的建筑物形成了鲜明的对比。30层高的联邦法院横跨了迪尔伯恩街并且占据了半个街区。这三座建筑矗立在城市的中间地带，成为一个独立的整体。由于各自高度、宽度和长度的差异，也正好形成了中心似有似无且不对称的“围墙”。有时你会觉得自己身处一个易于识别的空间，如果变换位置，这种感觉也会随之改变。因此你就会觉得时而处于一个封闭空间，时而又会进入一个开阔的空间。

与依靠明确的围墙来勾勒空间轮廓相比，这种通过建筑物与建筑物之间形成的连贯空间轮廓可谓是更胜一筹。这样的空间体验并非静态的，而是处于变化中的动态空间感。当你漫步在芝加哥进入这一空间时，你会感觉这里不仅仅是一个目标地点，而是一座城市标志。在这里你总能看到重叠的、相互贯通的风景。设计师构思的空间流的拓展反映在密斯的立面上。建筑大师密斯的学生、建筑师高山正实（Masami Takayama）曾说过，如果一座建筑物的“外观是‘无限’这一概念的自然表现，那么根据相同的概念，建筑物的第一层就是空间的表达。总而言之，建筑的第一层是一个开放、透明的空间，功能是建筑物的入口”［巴索（Blaser），2004: 14］。

联邦中心造型设计成功的关键在于，联邦中心的每一个元素就好似一座纪念碑，同样，它们就像是一座座精心安排布局的雕塑，当人行走于此的时候，就好像在参观一座座的巨型石雕，这给行人留下了令人回味的体验。在芝加哥闹市区单调乏味的高大建筑群中，出现了这一雕塑式的建筑，与周围环境形成了对比，这是它的成功之处。如果将这一设计理念机械地运用在并没有高密度建筑群围绕的整条大街、整座城市，或者采用多种建筑类型，则会导致无差别的、混乱的空间。多年来这种例证屡见不鲜。正如托马斯·舒马赫（Thoams Schumacher）在《文脉主义：理想都市和畸形》（*Contextualism: Urban Ideals and Deformations*）中所写道的：建筑师坚持“这种设计形式适用于所有建筑类型，而不是某些特别重要的建筑用途”（舒马赫，1971: 80）。

目光穿越联邦中心的景象

在芝加哥网格式城市布局中出现的独立式雕塑元素

联邦中心

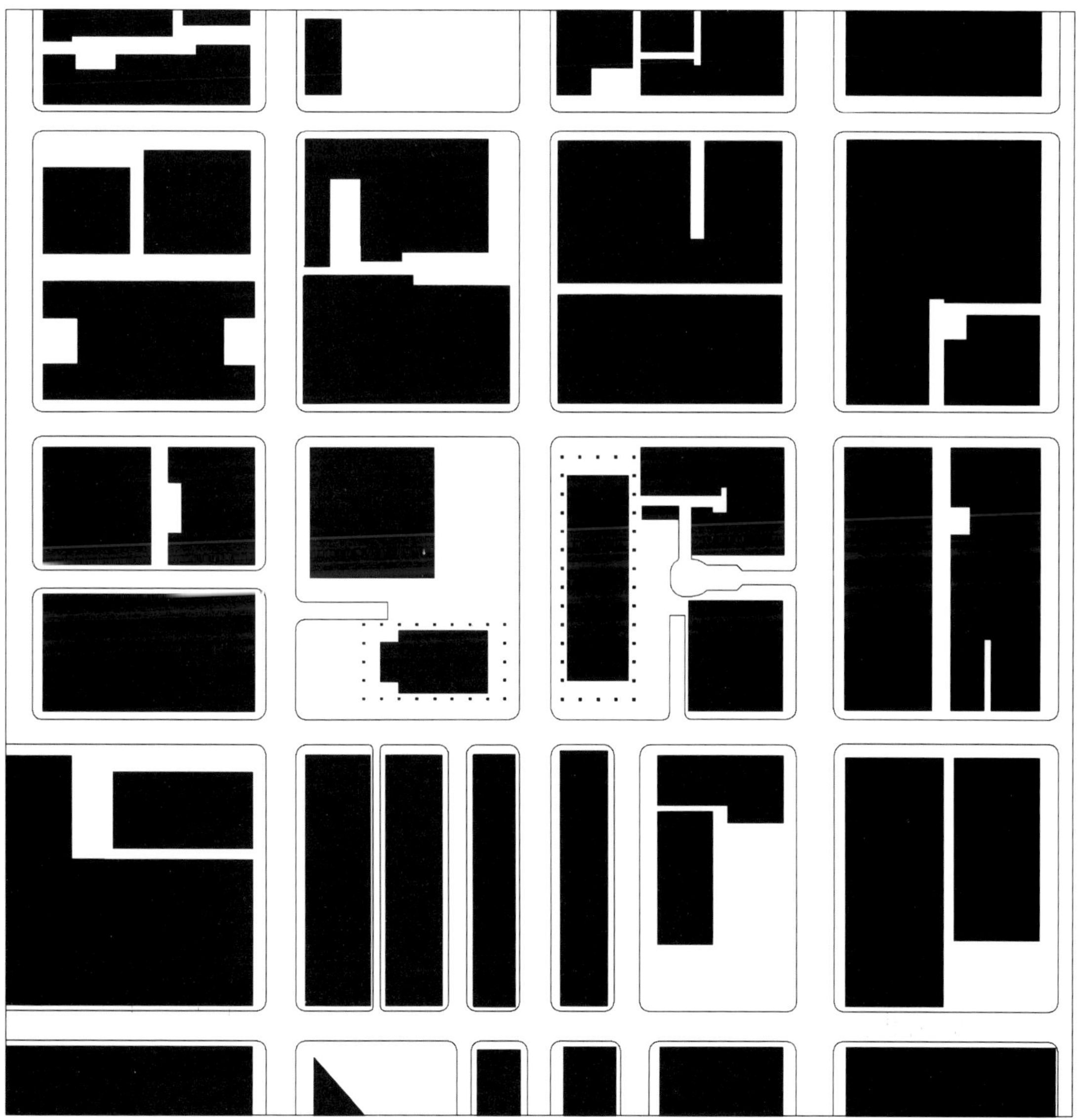

辛辛那提（Cincinnati）

24

喷泉广场 (Fountain Square)

几乎每隔20年，许多美国城市都要对它们的广场进行翻修，以适应文化潮流和大众口味的改变。但最主要的目的可能是要完善那些曾经以为独具创新，实质上却是考虑欠佳的设计。由于喷泉广场是辛辛那提市市民活动的中心，它在城市规划中占有重要的地位。20世纪60年代末，喷泉广场为促进市区商业繁荣发挥了极大的作用。即便是在今天，这种作用依然存在。由于商业日渐繁茂以及人口日益增长，狭小的出入口成为了广场最突出的弊端。2006年的广场改造工程，主要就是解决这个问题。

广场南面是第五大街（5th Street），西面是葡萄街（Vine Street），正中央是泰勒·戴维森喷泉（Tyler Davidson fountain）。广场东面竖立着建于1970年的杜伯斯塔（Dubois Tower），北边是一家银行和商场区。直到最近，那里还建有人行天桥（Skywalk system）[多希（Dorsey）和罗斯（Roth），1987: 17～18]。

1788年，约翰·费尔森（John Filson）和伊萨列·卢德洛（Israel Ludlow）开始对辛辛那提市进行网格状城市规划建设；1827年，威廉姆·汀斯里（William Tinsley）又提出在市中心修建喷泉广场的构想。当时，喷泉广场位于葡萄街和主干大街（Main Street）之间的第五大街上，是一块两个街区大小、供市民休闲散步的空地。如今，空地已经成为了一个抬高了的步行广场，广场的下面是市中心的地下停车场。这个结构是在20世纪70年代进行城市改建中形成的，同时也满足了地下停车的需要。广场在1970年由RTKL事务所设计，随后，1985年又在巴克斯特（Baxter）、何德尔（Hodell）、多纳利与普雷斯顿（Donnelly & Preston）的指导下进行翻修。为了形成现有基本结构，在第五大街的右侧建造了杜伯斯塔。广场如此切入第五大街，使第五大街的东面显得有些孤立，不怎么协调。尽管这个区域当初计划用于修建亭子、种植树木等一系列美化设施，但现在仍未被合理规划，目前是公交车车站的政府广场终点站（Government Square Terminal）。在第五大街的南面，建有第一国家银行中心（First National Bank Center）和威斯汀宾馆（Westin Hotel）。建筑的下面三层突出在街道边缘，上面的楼层则向后退，使阳光可以射进广场（多希和罗斯，1987: 22）。

2006年的翻修方案

2006年的翻修解决了许多在1970年和1985年修建时产生的问题。这次翻修规模不大但意义重大。广场上的许多要素，比如大型水泥拱形舞台和通往停车场的楼梯塔都被拆除，使广场四面都变得很开阔。在广场的西南角新开了一家露天咖啡店。以前位于第五大街附近、坐东朝西的喷泉被向北移动到空间的正中心，坐北朝南。这次重建工作中还拆除了人行天桥，使通往广场北侧商场的通道更加宽阔。但此次翻修最大的变化却是将广场和人行道相连，因为在最开始的时候，广场与人行道之间有一片景观台地，它无论从实质上还是感官心理上都将两者分离开，给人以不和谐的感觉。

就算是20世纪70至80年代独具匠心的设计也会随着时间的流逝被新的设计取代，这是常事。即使是洛杉矶的潘兴广场（Pershing Square）、波士顿的科普利广场和旧金山的联合广场（Union Square）也不例外。设计者们通常不会将一个广场简单地设计成同时拥有多种功能（比如：一块草坪可以同时用作操场、市场和表演场所），而是将其规划成拥有某种特定用途。因此，一旦用途改变，广场将不能适应新的变化。一座杰出的广场需要多年才能得到大家的认同，因此，许多欧洲重建的广场，例如在巴塞罗那的广场，为避免上述情况的出现，被划分成不同的区域，以适用于多种用途。

喷泉广场

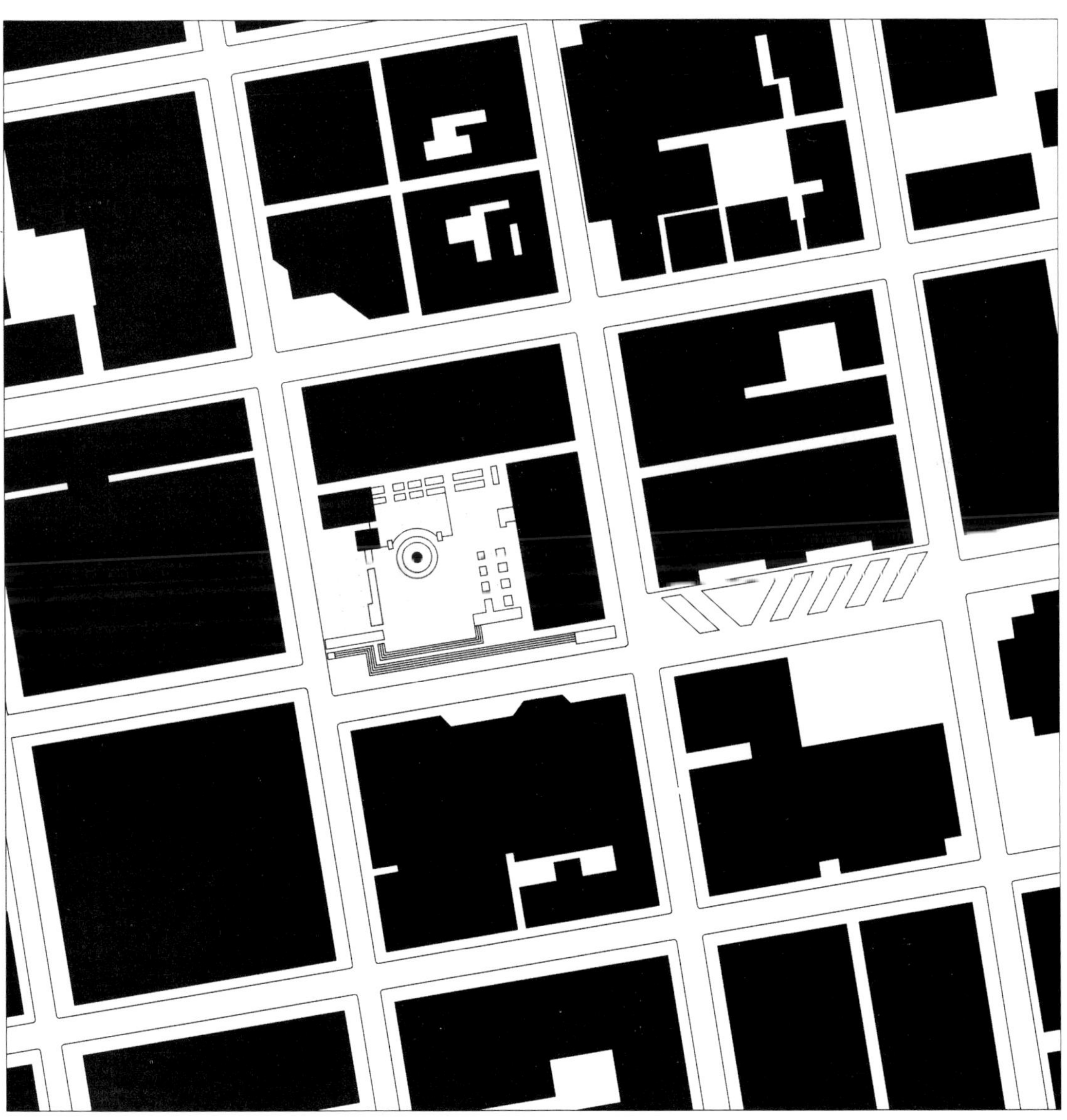

克利夫兰（Cleveland）

公众广场 (Public Square)

18 世纪，许多美国边疆城市的规划受美国东部城市设计的影响。与其他边疆城市一样，克利夫兰在 19 世纪崭露头角，在 20 世纪初期繁荣发展，但是在 20 世纪中期却开始走下坡路，如今又开始复兴。这些年中，多数城市将许多建筑夷为平地，使市区非常空旷。

包括克利夫兰在内的许多早期俄亥俄州的城镇都与曾成为英国殖民地的新英格兰有着紧密的联系。像其他 13 个最早的英属殖民地一样，英国皇室将康涅狄格也划为其殖民地。这片土地东起东海岸线，西至太平洋，南及北纬 41 度线，北面是马萨诸塞。它恰好在宾夕法尼亚的西面，因此叫作“西部保留地”（Western Reserve）。在 1795 年，政府将 300 万英亩土地卖给康涅狄格土地公司（Connecticut Land Company）。尽管联邦政府声称具有西部保留地的所有权，但是从新英格兰流传下来的影响在俄亥俄州根深蒂固，19 世纪时就显而易见了［瑞普斯（Reps），1965: 230］。

1796 年，摩西·克利夫兰将军（General Moses Cleaveland）制定了克利夫兰市的规划，其规划设计与新英格兰城市的规划极其相似。当然，这也可能是清教徒的理想模式。同纽黑文（New Haven）一样，克利夫兰留出了一块约有 10 英亩大小的正方形土地作为公共广场之用。但是，纽黑文的绿地广场在广场所处位置上与克利夫兰的广场又有所不同。纽黑文将一块方形土地横三纵三地划分成九块小正方形土地，绿地广场就位于正中央的那块方形土地中；而克利夫兰的广场却建在两条大路的十字路口处。这样的设计为广场的用途作了铺垫，并延续到今天克利夫兰的公众广场。在当初规划构思时，就这两条通往广场的大路，克利夫兰将军有两种设计方案。他可以选择将两条大路修建在广场外周，这样来往车辆通行时就不用横穿广场；或者相反，让两条大路在广场内相交，穿过广场的中心。可惜的是，他选了后者，这使公众广场被两条大路划分成四个既小又孤立的公园。

当主要的交通工具还是马车的时代，这种设计的缺陷一度并没有十分显著。在 19 世纪末之前，树木成荫的街道和公众广场被许多人认为是“美国维多利亚式城市艺术的最佳体现”。（朱克尔，1966: 252）但是，随着工业的进步、机动车数量的增长和其他交通工具的发展，加之四周建筑如雨后春笋地建起，整个广场以及分割后的四个部分更加显得狭小孤立。

现在，公众广场的四周是一些地面停车场，北面是丹尼尔·伯汉姆（Daniel Burnham）和克利夫兰集团（Cleveland Group）的城市商业区（Civic Mall）。这个商业区有三个街区长，建有包括市政厅、公共礼堂、会议中心、公共图书馆和法院在内的许多重要市政建筑。由于其面积较大，易于市民接近，使公众广场不再独一无二。如果克利夫兰想要恢复市中心的繁荣景象，这将成为极大的阻碍。如今，公众广场上最主要的建筑是火车站大楼（Terminal Tower Building），1930 年车站开始运营时，其中建有商场、一家宾馆和办公楼。这有助于使市民把注意力从城市商业区返回到市中心上。希望这种在市中心为市民提供住宿和其他用途的努力能使公众广场再次成为瞩目的焦点。

在北侧，公众广场与城市商业区的关系

公众广场

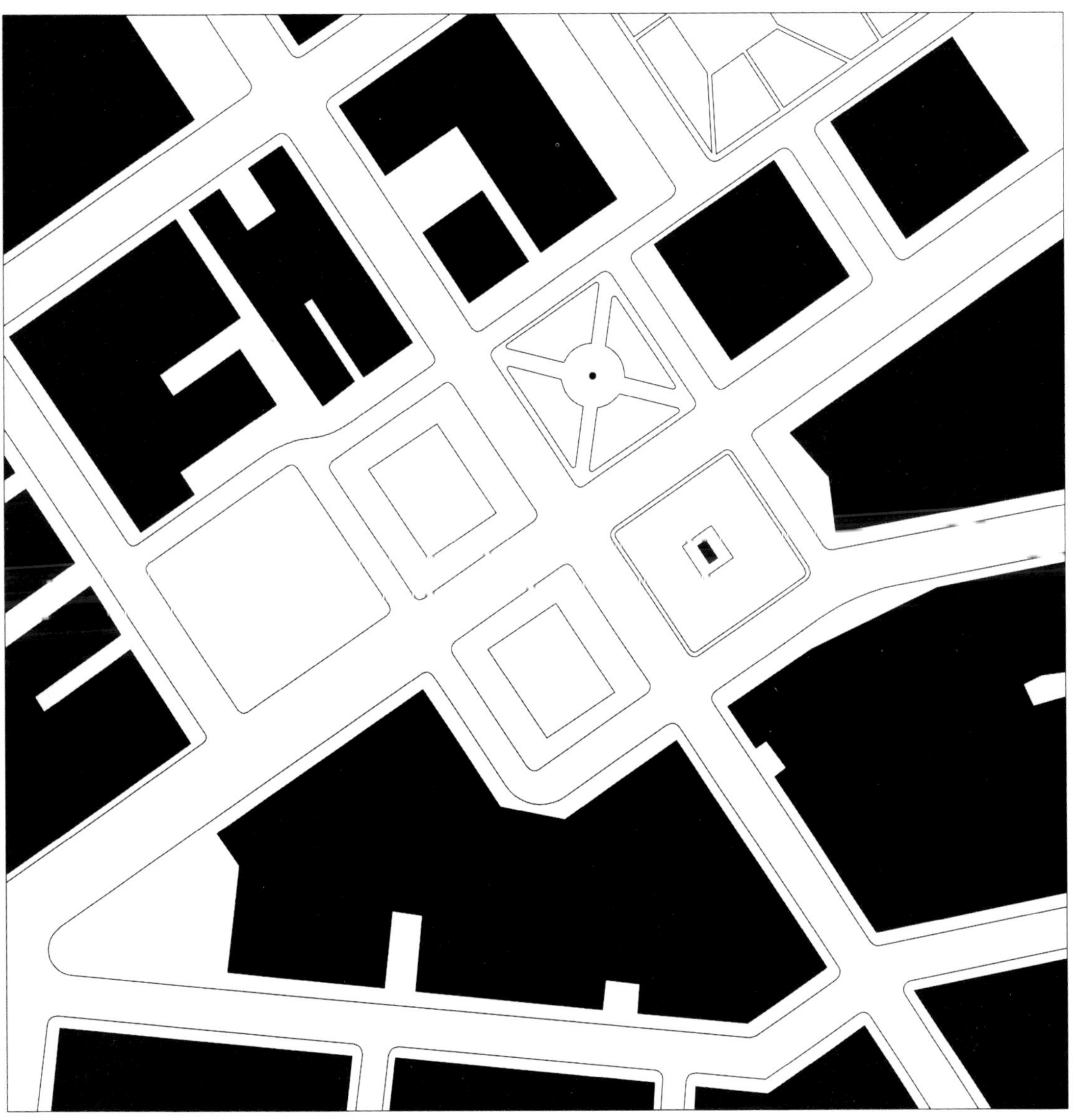

哥本哈根（Copenhagen）

阿美琳堡王宫 (Amalienborg Slotsplads)

阿美琳堡王宫位于哥本哈根的腓特烈区（Frederiksstad district）中心地带，它的广场呈八边形。它成功展示了好的城市规划是如何带动发展，同时也展现了如何将各种元素巧妙地融入一个建筑整体之中。

1749年，在丹麦国王腓特烈五世（King Frederik V）以及总管亚当•莫特凯恩（Adam Moltkein）的指挥下，尼古拉•伊格维（Nikolai Eigtved）设计修建了阿美琳堡广场和呈直线形的腓特烈广场，意在重建皇家用地。这片重建区域中的核心是两座广场，它们通过腓特烈大街西北至东南的中轴线连接，沟通了水岸和腓特烈教堂，这条中轴线如今延伸至河对岸的新歌剧院。八边形的阿美琳堡王宫广场就在它们中间，广场正中心还塑有腓特烈五世的骑马雕像（拉斯姆森，1969: 128～129）。四座宫殿最早供贵族居住，但在18世纪末，它们成了皇家居住之所。如今，它们是丹麦皇室的冬宫，其中有两个宫殿被开辟成博物馆，供民众参观。

尽管它与巴黎的旺多姆宫（Place Vendôme）十分相似，但是阿美琳堡王宫广场的外墙并没有如此规整，而是由四座面面相对的三层宫殿围成。四个宫殿的对角线恰好相交于中轴线上。两层高的游廊将这四座宫殿连成一片，在腓特烈教堂和阿美琳堡王宫广场入口两侧还分别建有亭子。这种不规律的内墙为广场内部增添了几分匀称，而且，这如埃德蒙•培根指出的一样，“这四座建筑提供了不断变换的相互关系”，创造了动态空间（培根，1967: 157）。

最初，广场的内部空间与现在有很大的区别。现在的两层游廊原先只有一层，以突出宫殿的高大，位于入口两侧的亭子看起来像是一个个独立的建筑，而不是像现在与宫殿连成一个整体。另外，在南入口处，还有一座横跨南北轴线、木质结构的小亭，好似要将广场封闭。有一点它与巴黎广场完全不同——巴黎广场的建筑立面一成不变，而阿美琳堡王宫广场却同时融合了主要、次要、再次要的各种元素。

从海港边的花园开始，通往广场的小路稍稍有些变窄。这条小路的尽端有两个亭子，标志着阿美琳堡王宫广场的入口。穿过广场，路变得更窄，穿过小路便是一个四边形广场，广场正中心就是腓特烈教堂。腓特烈教堂又叫“大理石教堂”，它占据了这座广场大部分的空间，广场四周是住宅区。最初，这座80米高的教堂因为比四周建筑高了三倍，成为了整个空间的制高点。但是随着它的大小日益见绌，阿美琳堡王宫广场看起来更像是整个空间层次的高潮部分。

阿美琳堡王宫体现了一个优秀的城市空间可以同时拥有整齐规范的一面，也有变化多端的一面。巴黎的旺多姆宫过于强调统一性，其实一致性可以通过将不同元素进行有规律的组合实现。这种成功的关键就是让这个层次结构中的每一个元素都扮演一定的角色。这与杰弗逊的弗吉尼亚大学有些相似，后者就是用许多相似的小亭去装点一个更为规整、尺度更小的柱廊。

从阿美琳堡王宫看腓特烈教堂

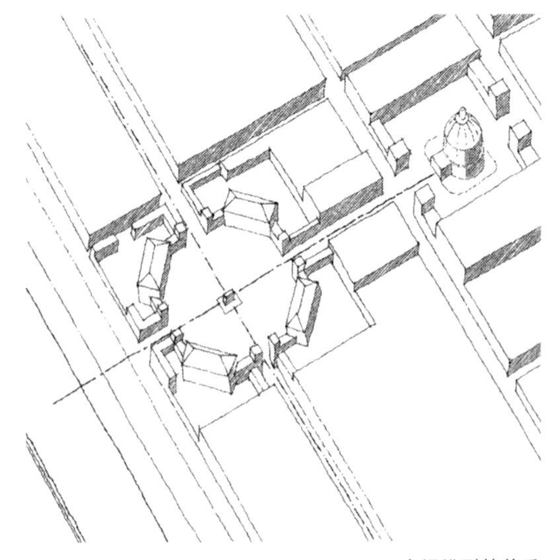

广场排列的关系

阿美琳堡王宫

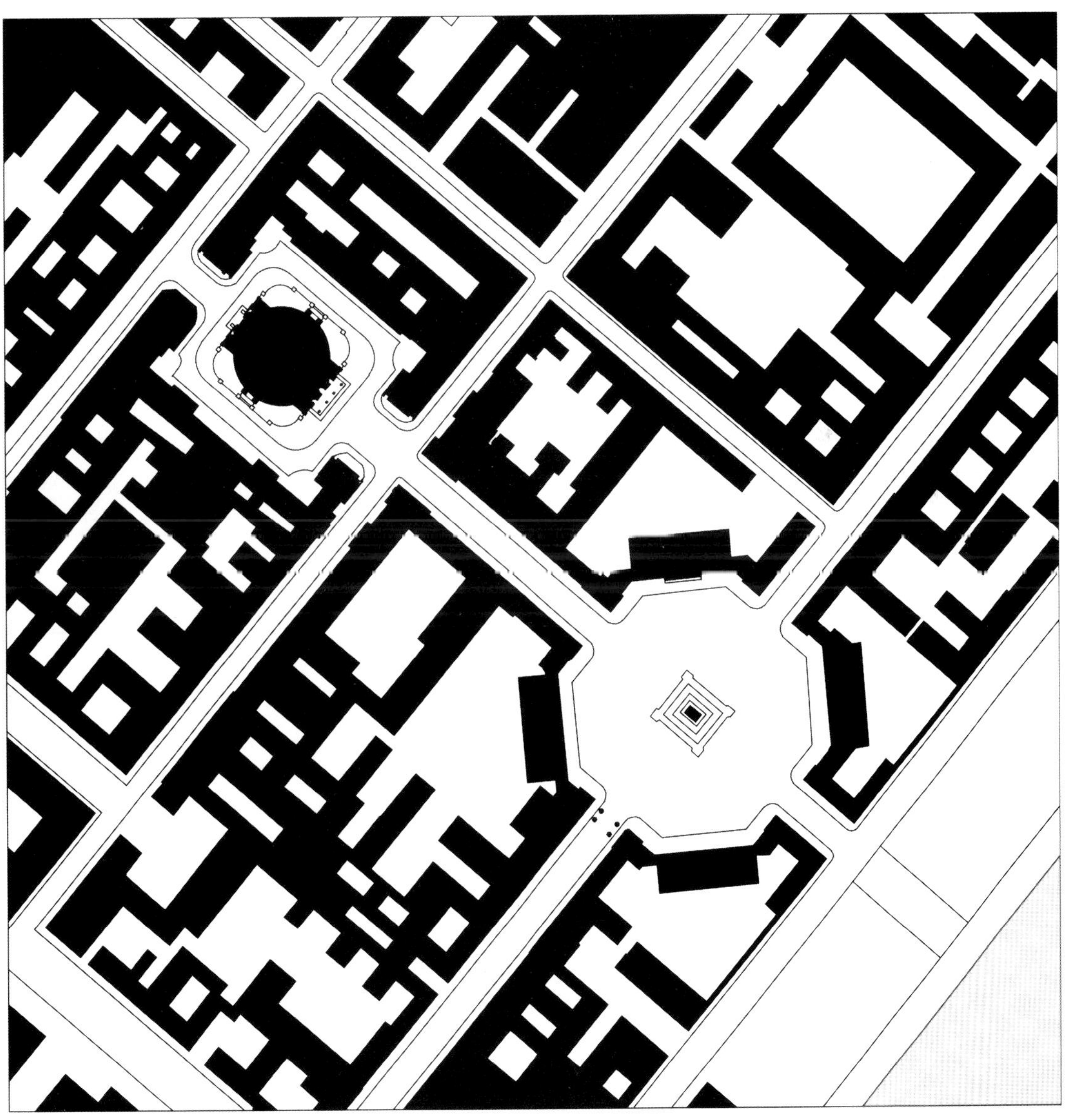

库斯科（Cuzco） 27

武器广场 (Plaza de Armas)

库斯科是南美洲最古老的城市。在南美印第安人克丘亚族（Quecha）语中，库斯科的意思为："世界的肚脐"。这个"世界的肚脐"建于15世纪，是当时拥有4 000公里太平洋海岸线的印加帝国的政治、权力和宗教中心。库斯科位于安第斯山脉，地处图鲁玛尤河（Tullumayo）与胡坦雅河（Huatanay）两河的交汇处，海拔3 400多米。它可能是16世纪欧洲人到达美洲时最大的城市。城中心原先是太阳王广场（Hawkayapata Square），面积是现在武器广场的4倍。

这座城市最初的设计可能十分倾向于运用各种各样的标志。建筑师让-皮埃尔·波尔岑（Jeanne-Pierre Protzen）和人类学家约翰·霍兰德·罗维（John Howland Rowe）指出，其最初设计酷似美洲豹的侧面，并具有正交的网格形式。另外，整个城市的纪念性建筑都在城中呈放射状形式分布。这种放射状形式使神圣的纪念性建筑有规律地排列，更重要的是，如波尔岑和罗维所述"让居民们更好地感受和理解城市里的空间安排，并渗透到他们的日常生活"。

由于16世纪末至17世纪初期，西班牙侵略者对太阳王广场进行毁灭性的破坏和改建，我们已经无法获知巨大的太阳王广场的真实构造及其用途。我们现在所能知道的都来自于像让-皮埃尔·波尔岑和约翰·霍兰德·罗维这样的历史学家对西班牙文献进行的分析研究。通过这些分析研究，我们可以推测出这个广场大约是一个边长为200米的正方形，很可能与整座城市的政治和巨大规模有着密不可分的联系。广场看似应该被分成两个部分，一个部分是用于宗教仪式，另一部分则是用于军队演练。

不幸的是，这座印加城市作为印加帝国首都的时间仅仅只有一百多年。公元1535年，在弗朗西斯科·皮萨罗（Francisco Pizarro）的率领下，西班牙军队占领了库斯科，并摧毁了城市里大部分的建筑，然后又按照西班牙殖民地的规范重新修建。许多印加石墙却在这场浩劫中神奇地保留下来，成为库斯科印加文化的最好见证。现在，武器广场中最引人注目的是两座巴洛克式建筑。其中，大教堂于1654年完工；而以前的神学院拉·康帕尼亚教堂（La Compañia）现在是一个教区教堂。现在，它虽然是一个露天广场，通往广场的道路却被沿途的建筑所遮蔽。沿着这些街道向广场走去，望着两侧拥挤的建筑，仰头望不见蓝天，心情有些压抑；但一旦走进广场，视野豁然开阔，心情也自然而然地舒畅。尽管它是一个步行广场，但部分区域仍对车辆开放。拱廊围绕在四周建筑的底层，这里是发展旅游业的一个亮点。离广场不远处，就是大片的居民区。

从东南看武器广场

从一旁的街道看向广场

武器广场

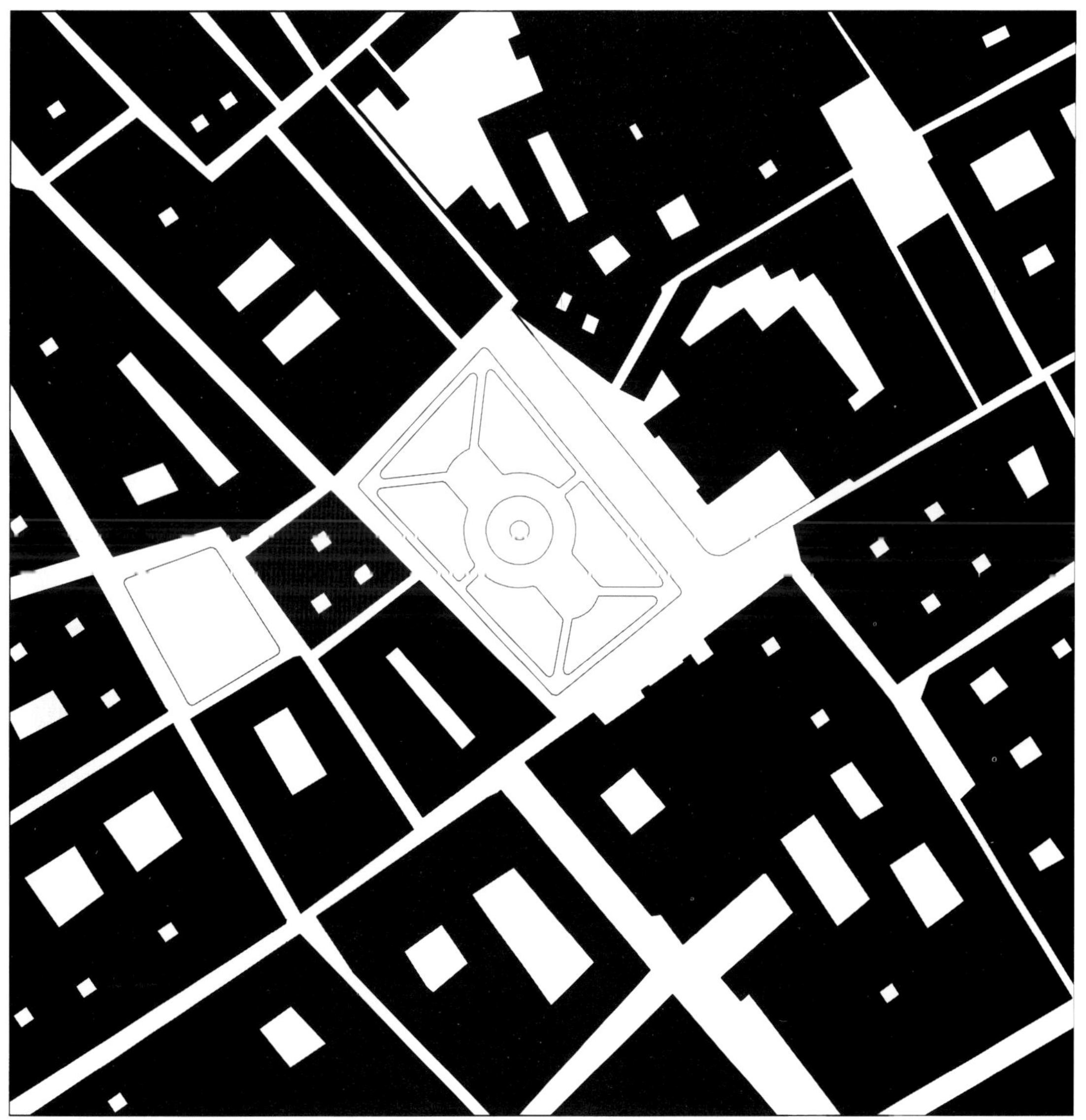

丹佛（Denver）

28

市民中心广场 (Civic Center)

在20世纪初的城市美化运动（City Beautiful Movement）中，丹佛市的市民中心广场成为其中典型的代表。广场位于州议会大厦（State Capitol buliding）和市县办公楼（City and County Building）的中轴线上，四周矗立着各式各样的政府办公楼、商业和文化建筑。它的修建代表了丹佛从兴旺之城到一州之府的转变。

地处洛基山脚下的丹佛在19世纪50年代伴随着淘金热很快发展起来，形成一个大都市。随着人口的不断增加，科罗拉多在1876年成为美国的一个州；1883年，丹佛被确立为首府；一座新的州议会大厦拔地而起。但是，这座城市毕竟是从淘金热中发展而来，以此为基础设计规划的城市并不能提供合适的公共休闲场所，无法匹配其首府的地位。

1893年在芝加哥举行的世界博览会（World's Columbian Exposition）给予了丹佛城市建设以激励和启发。市长罗伯特·斯比尔（Bobert Speer）提议，在州议会大厦正前方修建一片大型商业区、新的市政大厅和其他公共建筑。他希望这样既能美化城市环境，增加城市魅力，合并市州政府机构，还能让市民在绿色环境中享受健康和舒适[雷纳德（Leonard）和诺艾尔（Noel），1990: 146～149]。许多设计师参与了此次设计，包括阿诺德·W. 布鲁纳（Arnold W. Brunner）和弗雷德里克·奥姆斯泰德（Frederick Olmstead Jr.），但是，今天我们所见到的城市主要是由爱德华·赫伯特·本尼特（Edward Herbert Bennett）设计的。

市民中心广场的东侧是1908年竣工的州议会大厦，西侧是1932年竣工的市县办公楼。中心绿地的周边布满了极富新古典主义风格的亭子，一个个小巧玲珑，惹人喜爱。北面建有带拱廊的沃里斯纪念门（Voorhies Memorial Gateway）；南面则是露天希腊剧场（Greek Theater）。在二战前，市民中心广场和公园便已基本竣工，并一直保持原状到20世纪末[丹佛建筑基金（Denver Foundation for Architecture），2001: 99～117]。但是从80年代起，这片区域开始焕发出新的活力。由迈克·格瑞斯（Michael Graves）重新设计修建的丹佛市中心图书馆（Denver Central Library）焕然一新地出现在广场的南面，图书馆的西面则是丹佛市艺术博物馆（Denver Art Museum），丹尼尔·里伯斯金德（Daniel Libeskind）为其设计修建了一座侧厅。

丹佛市民中心广场不仅表现出了世界博览会的巨大影响力，还成为城市美化运动的最佳成果，而后者在20世纪末美国城市建设中功不可没。这场城市美化潮流由建筑师丹尼尔·伯纳姆（Daniel Burnham）和乔治·麦基姆（George McKim）发起，旨在通过让古典建筑包围空间的方式改善美国城市环境。那些在这场潮流中建成的广场和建筑雄伟壮丽，尤其以克利夫兰和华盛顿的建筑为盛。这一趋势对于许多美国城市来说是十分必要的，以芝加哥为例，它建立在发达的商业基础之上，缺乏城市的美感，需要修建此类建筑。然而，在城市美化运动中所建成的广场过于正式，密集的城市空间产生了令人难以接近的空间和学术性的活动，无法满足人们日常生活以及城市未来的需要。由此看来，丹佛市民中心广场还是过于政府化。但是，现在广场周边地区已迅速发展，居民区日益增多，这将有助于增强市中心的活力。

从东侧看广场

市民中心广场

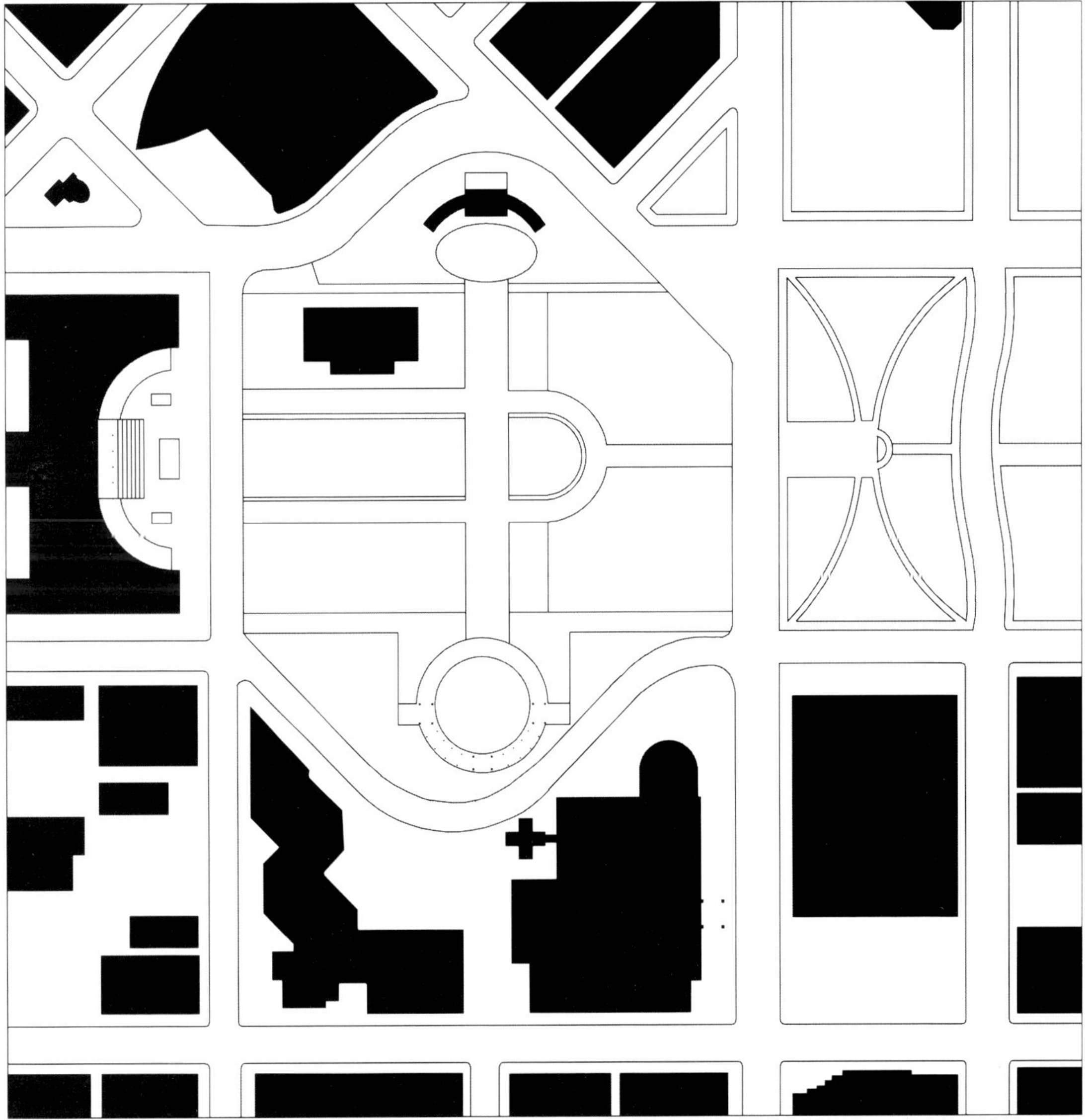

底特律（Detroit）

29

马斯广场 (Campus Martius)

自1788年起，马斯广场就一直是底特律市的公众广场。尽管它和周围的建筑在19世纪和20世纪经历了许多变迁，但它仍旧是城市具有标志性的中心，在21世纪继续推动城市发展。底特律与印第安纳州的加雷（Gary）和俄亥俄州的托莱多（Toledo）等工业城市一样，自20世纪50年代中期开始，在郊区迅速发展的过程中开始衰退，这导致减少了将近40%的人口，城市很多地方荒废。自80年代中期起，许多大工厂消失或搬出底特律市，一些考虑不周、设计不佳的重建工程毁坏了很多公园和大道。幸运的是，底特律与其他城市一样，开始步入发展的正轨，重新成为人们生活和工作的绝佳之地。

底特律市由安东尼·德·拉·门斯·卡迪拉克（Antoine de la Mothe Cadillac）于1701年建立，当时是作为法国的一个前哨基地。1805年，它成为当时密歇根州的首府，由州长威廉姆·胡（Williams Hull）和三位法官弗雷德里克·贝兹（Frederick Bates）、乔·格里芬（John Griffin）与奥古斯特斯·布雷福特·伍德华德（Agustus Brevoort Woodward）共同执掌管理大权。其中伍德华德对城市的发展留下了不可磨灭的贡献。1805年6月初，底特律发生了一起大火，几乎摧毁了整个城市，而伍德华德恰巧也是在这个时候来到这里的。他到不久，就被任命为城市重建的总负责人。他与汤姆斯·杰弗逊和华盛顿特区的设计者皮埃尔·朗方（Pierre L'Enfant）结成好友，因此，他非常熟悉华盛顿的设计方案。约翰·雷布斯（John Reps）指出，"在他带到底特律的随身物品中，有一个小本子，上面贴着华盛顿的地图"（雷布斯，1965: 264）。但是，华盛顿特区和底特律市的建造又有很多不同。华盛顿的设计只是单纯地将一些呈放射状的街道建立在街道构成的网格中。而伍德华德请设计师亚比雅·胡（Abijah Hull）设计的规划方案颠倒了这个层次。这个方案像是一个广阔的大网，那些呈放射状的大街相交于二十多个主要和次要的道路交会点上，只有很有限的一部分街道是垂直相交分布的（雷布斯，1965: 264～266）。

底特律市中心设计是整个规划的一部分，其中最主要的一个交会点是北边的大圆形广场（Grand Circus），有数条道路从那里呈放射状设置，向南延伸至底特律河。马斯广场几乎就在大圆形广场和河的中间，那里也是伍德华德计划中所谓的"起源点"（Point of Origin）的地方。曾作为民兵训练场的马斯广场现在是六条街的交叉口，西北—东南走向的街道是密歇根大街（Michigan Avenue），现在成为卡迪拉克广场（Cadillac Square），位于马斯广场的东南面。在马斯广场北面的是伍德华德大街（Woodward Avenue），通向大圆形广场，向南是河边。

马斯广场的规划图

从南侧看马斯广场

1997年，市长丹尼斯·阿切（Dennis Archer）和一些企业家构想修建新的马斯广场公园，并将其作为底特律市中心再发展计划的重心。这个建议由民间组织"底特律300"（Detroit 300）提出，旨在庆祝建城三百周年时能让这个广场重新焕发勃勃生机。2003年，市政府批准了伦德尔·恩斯特伯格公司（Rundell Ernstberger Associates）的设计，2004年年末，公园竣工。这个有1. 5英亩大小的公园地处繁忙交通的中心，类似于华盛顿的杜邦圆环（Dupont Circle）因为它庞大的城市背景环境和相对简明的设计而显得十分成功。马斯广场上的两块草坪、喷泉、咖啡厅和密歇根士兵纪念碑（Michigan Soldier's and Sailor's Monument）并没有使这片公园看起来过于繁杂。自从它开始对外开放，这座公园就是底特律活力焕发的市中心焦点，在这里举办音乐会、放电影、滑冰等，冬天还摆放市里的圣诞树。

马斯广场

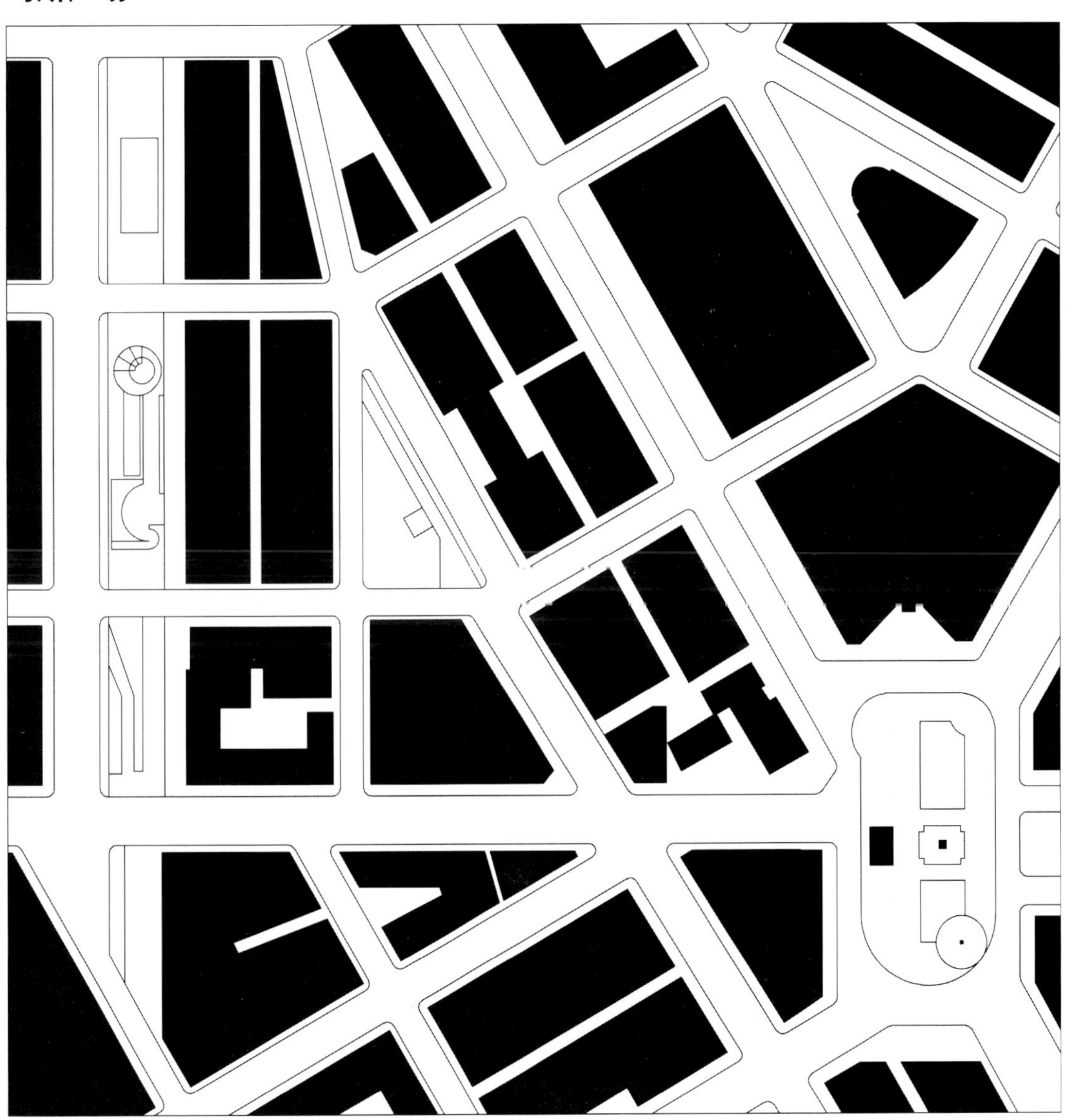

德累斯顿（Dresden）

茨温格宫与剧院广场 (Zwinger and Theaterplatz)

茨温格宫与剧院广场被认为是德国晚期巴洛克建筑的佳作，长期以来，它们不仅仅是德累斯顿城市建筑的一部分，更是一幅由剧院空间和一系列建筑勾勒出的风景画。它们位于易北河（Elbe river）南岸，第一部分是由建筑师马图斯·丹尼尔·柏培尔曼（Matthäus Daniel Pöppelmann）设计、1711至1722年修建的茨温格宫。另外一部分就是剧院广场，设计师是戈特弗里德·森佩尔（Gottfried Semper），他在19世纪初期被委以重任，修建皇家广场［罗斯坦（Rothstein），1967: 160～163］。广场的东南一侧建有宫廷教堂和宫殿。尽管设计的初衷是将这里作为一座皇家私人行宫，但是在19世纪末，它已经成为德累斯顿城市生活不可分割的一部分。

茨温格宫修建在已有宫殿城堡的旁边，名字从德语单词“bezwingen”演变而来，表示“征服的土地”。这些已有城堡的壕沟现在成了它南面的边界。这座建筑最早是准备用作举行皇家庆典、比赛和表演的花园。因此，它边缘的栏杆雕刻精美，却华而不实，失去它最初保护内花园的作用。在茨温格广场花园的侧面有两个平台，还有一个两层高的亭子。

起先，柏培尔曼是要将茨温格宫的庭院延伸至河边。森佩尔也曾采纳了这个构思，试图在通往河畔的中轴线两侧修建两个走廊，其中北侧的走廊将直切入新的歌剧院（朱克尔，1966: 220～221）。但是，这个构想从来没有付诸实现。成为现实的，只有森佩尔的歌剧院。与其说这个歌剧院保持与外部城市设计一致的模式，还不如说它更注重内部的功能结构。与此同时，森佩尔用一条新的绘画长廊将茨温格宫围合起来，为剧院创造了坚固的立面，将茨温格宫公园与易北河分割开来。

在东北角易北河一侧有一座“意大利村庄”，那里本是意大利工匠们曾经的居所。易北河也在德累斯顿扮演着有趣的角色。许多欧洲城市，如罗马、伦敦和巴黎，在河的两岸修筑围墙或是沟渠，为河流和陆地划分清晰的界限。但是德累斯顿从来都没有这样做过。易北河岸有时是松散的沙石，有时是松软的泥土，也有时长满青草，是德累斯顿居民们闲暇时散心的好去处。在罗马和巴黎，河流只是短暂的体验，而易北河河岸在都市体验中发挥着更大的作用。

茨温格宫与剧院广场上演了一场在都市设计中主导物由空间到建筑的转变。这种设计表现了森佩尔的原始功能主义建筑观的另一面。森佩尔的建筑精致华美，他还探索出了一条新的道路，即将建筑设计建立在表现建筑内在功能之上。他设计的建筑并没有寻求表现外部形态与内在功能的契合点，或是一味追求外部形式与公共空间的融合，而是着重表现其内在功能。因此，这些建筑在都市空间中占有首要的地位，在一定地域内成为客体。当然，其他一些建筑也曾引领过这种潮流，但是森佩尔却能在此恰如其分地运用功能理论。森佩尔的剧院就像其他20世纪现代主义建筑一样，在其所占用的空间中扮演着更为突出的角色，而不是去构成空间。

茨温格宫庭院

茨温格宫入口亭子

茨温格宫与剧院广场

都柏林（Dublin）

31

圣殿酒吧区 (Temple Bar)

圣殿酒吧区是一片充满活力的区域，它北起丽菲河（River Liffey），南至达姆街（Dame Street），西面紧邻议会大街（Parliament Street）、爱尔兰银行（Bank of Ireland）和三一学院（Trinity College），东面则是广阔的议会广场（Parliament Square）。圣殿酒吧的名字取自原三一学院教务长威廉·坦普尔（William Temple）。他与克拉姆顿斯（Cramptons）、尤斯特斯（Eustaces）和福恩斯（Fownes）等人的地产共同组成了整个地区。这些17世纪修建的街道就以这些贵族的名字命名，其后，又融合了花园的设计。从18世纪至20世纪，这片地区既是居民区，又成为了像印刷业、装订业及镀金业之类的手工业聚居地。同时，还建有剧院、会议厅和仓库［林肯（Lincoln），1992: 143］。

但是到了20世纪70年代，这片地区日渐衰败，建筑年久失修，部分被弃置，区块纳入了政府的城市拆除项目中。幸运的是，在80年代，一座公共汽车终点站的兴建计划使这里重新面临生机。原国家运输公司（Coras Iompair Eireann, CIE）为了在都柏林市中心发展大规模的运输枢纽，购买了圣殿酒吧绝大部分的土地。国家运输公司不仅着手规划、建设车站，还将破旧不堪的房屋以低廉的价格租给艺术家、手工业者以及其他生活豪放不羁的落魄艺人们。本地的酒吧和餐馆也随之快速发展。许多建筑师和保护主义者开始发现这片土地的价值，意图推迟或中断国家运输公司的车站计划。尽管经济还比较困难，但在新兴的街道生活背景下，这片土地数年内又恢复了勃勃生机［皮尔森（Pearson），2000: 35～39］。

建筑物组合的改变形成的市民空间

曲线的街道

集市广场

如今，这里尽管已经成为旅游胜地，但同时也付出了代价。随着圣殿酒吧越来越受欢迎，它的房价和租金也随之升高，许多艺术家不得不搬离这里。另外，部分人们希望加以保留的历史建筑在复兴改造过程中并没有保留下来。但总的来说，圣殿酒吧是在不用采纳新的传统设计方向就能复兴的典型例子。这里的转变将特点鲜明的现代多种混合用途的建筑结合进入城市建筑当中。像分别由91组建筑设计公司（Group 91 Architects）和詹姆斯·凯利建筑设计公司（James Kelly architects）设计的议事厅广场（Meeting House Square）和圣殿酒吧广场（Temple Bar Square）就为整个地区构造出新的空间［奥勒根（O'Regan）和戴瑞（Dearey），1997: 59～61］。

圣殿酒吧区成功地例证了20世纪90年代出现的现代建筑不仅适应城市的发展规模，还在城市设计中扮演极其重要的角色。柯林·罗（Colin Rowe）和弗瑞德·科特（Fred Koetter）在《大学城》（*College City*）一书中指出，许多这样的建筑都是“综合性建筑”，通过“改造和引导四周环境”来塑造空间形态（罗和科特，1978: 168）。都柏林圣殿酒吧的建筑和城市建筑结构是同步的。这一点十分值得称道，因为它并没有改变成为怀旧性的建筑语言。与其他大多数受新城市主义影响的建筑不同，这个都柏林当代建筑师的作品并没有丧失创意或紧随潮流，从而使它成为21世纪城市设计的典范。

圣殿酒吧区

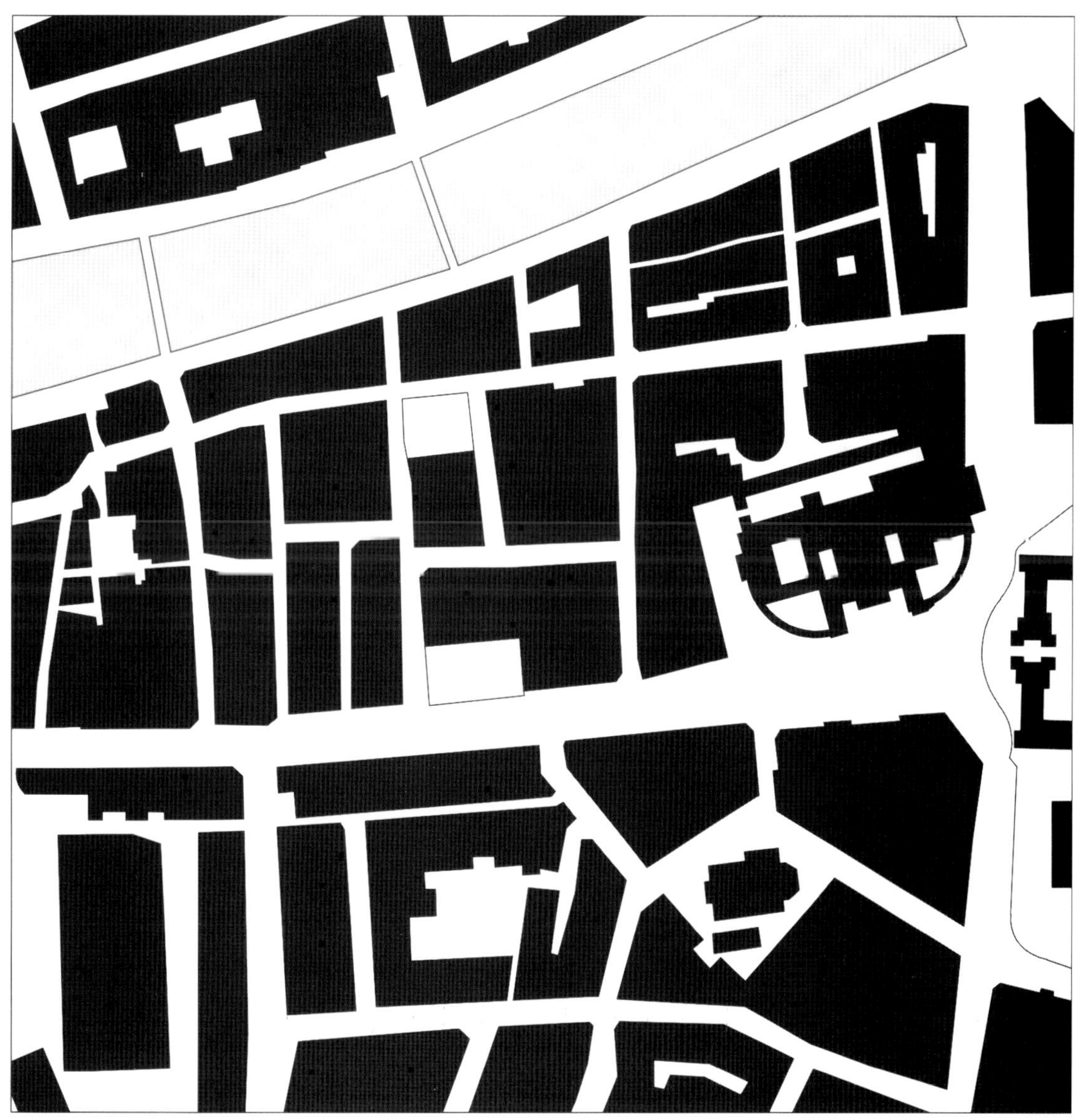

杜布罗夫尼克（Dubrovnik） 32

普兰卡大街 (Placa)

在杜布罗夫尼克匆匆一瞥，你会发现这座城市里并没有可以称得上是广场的地方。但值得注意的是一条东西走向的狭长街道——普兰卡大街，它连接了城市的西侧入口和东边的海港。尽管从传统意义上来说，这条路并不能叫作广场，但是它却拥有广场的功能，为市民提供购物、社交和其他公众活动的场所。

杜布罗夫尼克曾是达尔马提亚海岸（Dalmatian Coast）上的贸易中心。在公元6世纪左右，人们开始在这个平行于东西走向海岸的小岛生活，并将这块全是岩石的小岛称为“劳斯”（Laus，德语意为“虱子”），后来又叫做“拉古萨”（Ragusa）。12世纪时，那条分隔两岸的海沟被填平，形成杜布罗夫尼克现在的结构。四周环境并没有受到影响，部分原因是同期开始修建城市堡垒。现在，在这片地区以外更多地修建了居民区。

普兰卡大街成了小岛和海岸的接合处。这片填平的土地十分引人注目，因为许多规则的南北走向的小路与普兰卡大街垂直交叉。这些小路在城市南半部的尽头划分出了这片新开拓的土地范围（罗斯坦，1967: 56）。普兰卡大街也是城市地形变化的标志。城市南半部山地的地形较为规则，保持与原小岛的地形一致（由北至南，先是向上的斜坡，再是向下的斜坡）。而城市北半部的却是至北城墙的一个向上的陡坡。那些小路与普兰卡大街垂直相交后，北侧的部分是一段阶梯式道路，在坡度上大约有30米的改变。与沿着等高线东西走向的道路相比，这些南北走向的狭长小路与等高线相交，创造了一个奇特的空间体验。因此，它们的大小都是经过细心斟酌的。阶梯路尽管为数众多，但是过于狭小，不能容纳来往于普兰卡大街和周边区域的大量人群。而那些与普兰卡大街平行、东西走向的道路，尽管数目相对较少，但更加宽广，可以容纳车辆通行。

普兰卡大街是杜布罗夫尼克一个十分重要的空间场所。它的成功并不是建立在法律、法规之上，而是植根于城市、历史、文化和社会背景下。无论从视觉上还是从空间上，它都是连接城市西部入口和东部海港最主要的道路。它较为靠东，紧邻海港，是城市宗教和政治中心。普兰卡大街的两端各有一座塔，一座在城市的西大门，一座在东面的海港，成为城市最好的路标，清晰地划分了整座城市的轮廓。正如凯文·林奇（Kevin Lynch）在《城市意象》（*The Image of the City*）一书中所说的那样，这两个路标让你随时随地都知道自己身处何方。同两座塔一样在普兰卡大街两端还有两个小广场，它们扮演着普兰卡大街前院的角色。从西向东，人们可以由圣方济修道院（Franciscan monastery）前的小广场开始漫步在逐渐狭窄的路上，仿佛置身于由各种建筑构成的峡谷之中。随后普兰卡大街越往东越来越宽敞，一直到市政厅和教堂广场（Cathedral Square）。过了这里，这条路又突然变窄，穿过东门，通往海港流域。

整座城市的设计清晰又简单，但是其空间层次感又十分微妙。这种微妙性只有在它们消失后才发觉它们的妙处。比如说，如果将普兰卡大街本身微微的弯曲度去掉，改造成一条笔直的大道，普兰卡大街就会失去它的动态层次感。如果将路边的墙壁排成两条直线，那么普兰卡大街也会丧失许多空间趣味性。可以看出，一味地追求规则性会丧失产生微妙的机会，这一点在城市设计中十分重要。

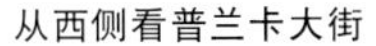

从西侧看普兰卡大街

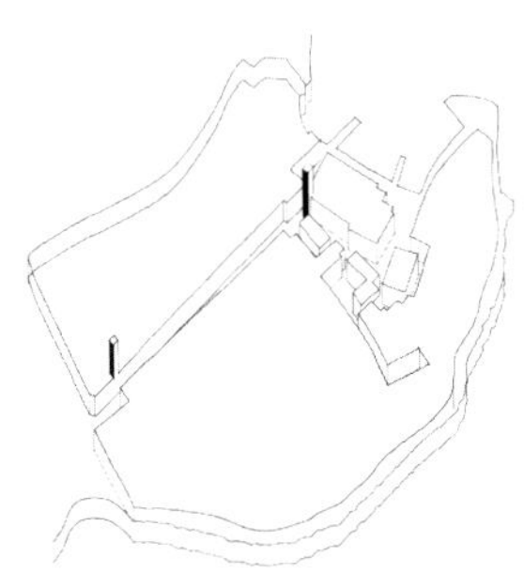

标志着普兰卡大街东西两端的地标

普兰卡大街

爱丁堡（Edinburgh）

33

圣 · 安德鲁广场 (St Andrew Square)

圣 • 安德鲁广场的四周区域，属于詹姆斯 • 克雷格（James Craig）设计的18世纪爱丁堡城的一部分。这个城市设计是乔治时代（Georgian）城市设计的巅峰之作，它不仅坦爽明朗，又微微融合了被历史学家A. J. 杨森（A. J. Youngson）在《经典爱丁堡的建造》（*The Making of Classical Edinburgh*）中所说的“完全明智，几乎正统”的设计，这一点深受褒奖（杨森，1966: 71）。克雷格1766年赢得设计竞赛的获奖作品便是由爱丁堡城市委员会（Edinburgh City Council）资助的“新城”（New Town）。名如其物，它正是保持中世纪风貌的城市中心北部地区发展的一部分。

这个设计由三部分组成，分为主道、次道、支路等一系列互相垂直的街道。主道是三条东西走向的街道：乔治大街（George Street）在正中，王子大街（Princes Street）和女王大街（Queen Street）分别在南侧和北侧。在乔治大街东边的尽头是圣 • 安德鲁广场，西边的尽头则是夏洛特广场（Charlotte Square）。七条南北走向的次道将整个开发地块分为八个部分。与主道平行的街区内部街道进一步将街区分割为小街和小巷。

尽管这三条主道看起来十分相似，但是它们在地貌、方向和与舒适愉悦感上都有所不同。新城所建立的这片区域是一条长长的东西走向的山脊，克雷格便将乔治大街设置在这条山脊上，地势向北倾斜，直到北湖（North Loch）和一座新建的公园。而王子大街和女王大街都是倾斜的，在临大街的一面建有房屋，而另一面则是建在斜坡上的自然景观公园。

爱丁堡新城和与它同时期的乔治时代城市巴斯（Bath）在城市设计上有很多相似之处。它们都属于简约空间组合。两座城市设计的指导性思想都是有效运用地形，设定街道等级，增加空间层次感。它们的设计都不是一个正规的平面组织，而是巧妙运用地形增加城市功能，十分微妙。但是，在爱丁堡之后，乔治时代的城市设计日渐有了模式，地形和空间感退出了设计主导思想。新城北部地区的开发恰如保罗 • 朱克尔（Paul Zucker）所描述的：是建立在形式上的，并没有融合任何关于地貌、空间层次感和等级街道的设计（朱克尔，1966: 205～206）。

爱丁堡有一个清晰简明的设计，为了避免城市设计的单调性，将街道的种类和街边环境设计得各不相同，以此增加城市设计的复杂性。这种没有广场的城市设计于19世纪和20世纪初在美国得到广泛的应用。比如，在19世纪末、20世纪初，马里兰州巴尔的摩的设计者们运用了相似的街道等级体系，房屋的定价根据街道等级不同而不同，以适用于不同收入的人群。开发商认识到可以在同一开发区域内提供多种不同大小和价位的住宅。主干大街旁是又大又贵的住宅和商业开发，次道上的房屋价格适中，支路上的房屋用于满足收入低者的住宅需求。这种设计在20世纪初逐渐消失了，但是却在20世纪末期城市再开发中重新焕发出勃勃生机。

从北侧沿着乔治大街看圣 · 安德鲁广场

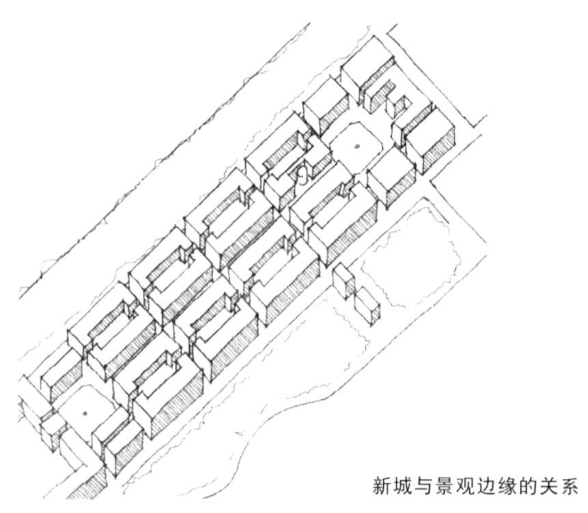

新城与景观边缘的关系

圣·安德鲁广场

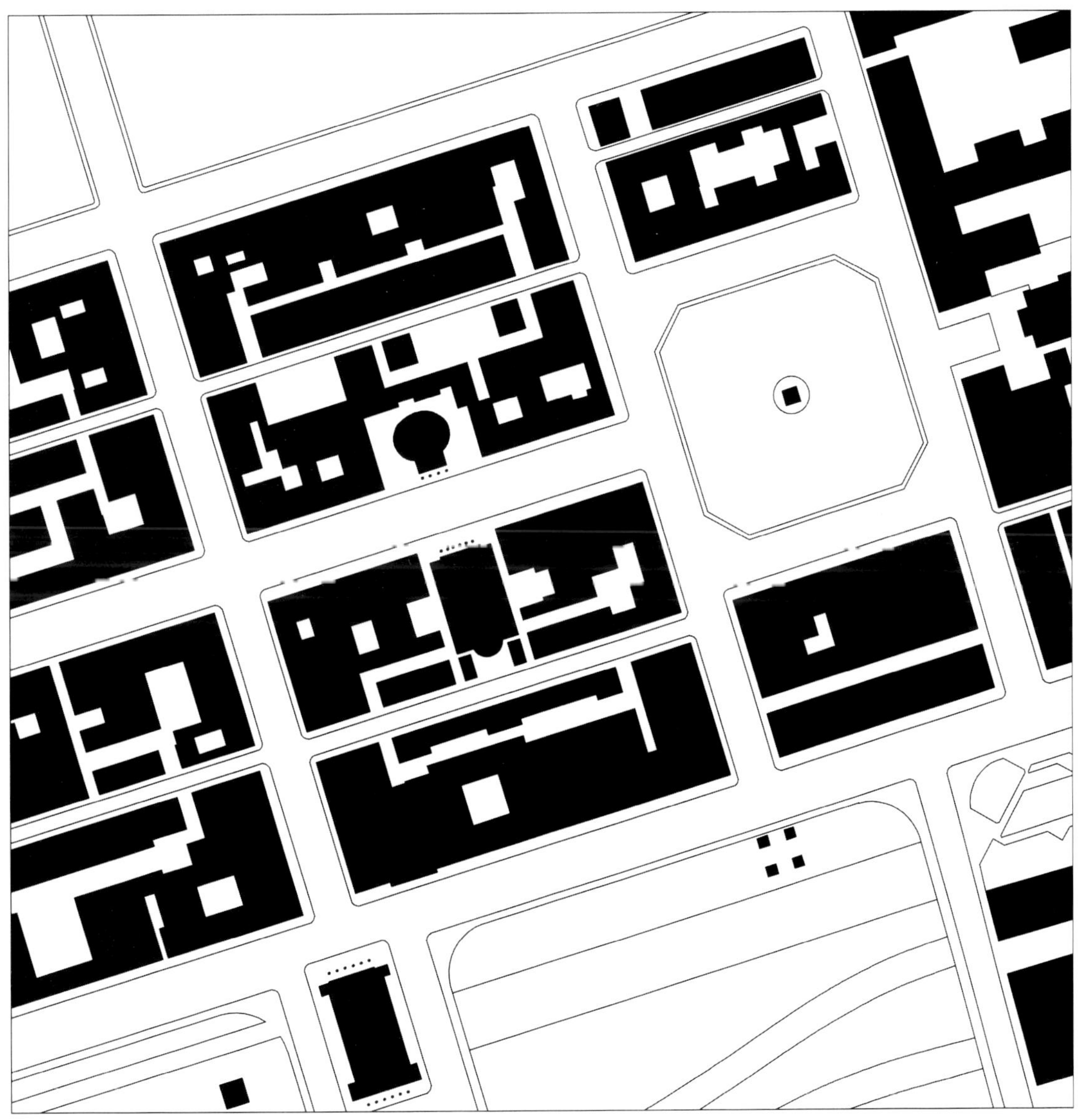

佛罗伦萨（Florence） 34

领主广场与乌菲齐宫美术馆 (Piazza della Signoria and Palazzo Uffizi)

领主广场与乌菲齐宫美术馆区域的设计经过了深思熟虑，它脱离了城市设计单纯组合性的模式，成为一件大型三维立体空间艺术品。领主广场主要是由一系列宫殿式住宅相围而成。它们是中世纪时的维奇奥宫（Palazzo Vecchio, 1288—1314）、佣兵凉廊（Loggia dei Lanzi, 1376）和紧邻阿尔诺河（Arno river）的乌菲齐宫美术馆［乔治•瓦萨里（Giorgio Vasari），1560—1574年设计建造］。领主广场可以看作是一个四边形的广场，维奇奥宫将广场分成一大一小两个部分。围绕由此划分出来较小的部分排列了一组雕像，其中有乔凡尼•达•波洛尼亚（Giovanni da Bologna）塑造的“科西摩（Cosimo）”的骑马像、巴齐奥•班迪内利（Baccio Badinelli）的“海克力斯及卡科斯”（Hercules and Cacus）、多纳太罗（Donatello）的“朱迪斯和霍洛芬斯”（Judith and Holofernes）、巴托罗密欧•阿玛纳提（Bartolomeo Ammanati）的海神喷泉（Neptune Fountain）以及米开朗琪罗的“大卫像”（David）。

这些建筑物巧妙地构造了一种空间层次感。正如埃德蒙•培根指出那样，“从视觉上将维奇奥宫、教堂的穹拱以及领主广场上的雕像这些古代具有代表性的建筑联系在一起，将广场上的直角运动移入阿尔诺河的流向”（培根，1967: 85）。广场、四周建筑和雕像布局奇特，它们成为了从佛罗伦萨中心和百花大教堂（Piazza del Duomo）到阿尔诺河，再到维奇奥宫，最后到阿尔诺河南岸的博盖斯宫（Borgesse palace）这一精心设计的空间顺序的一部分。

从南侧望乌菲齐宫美术馆

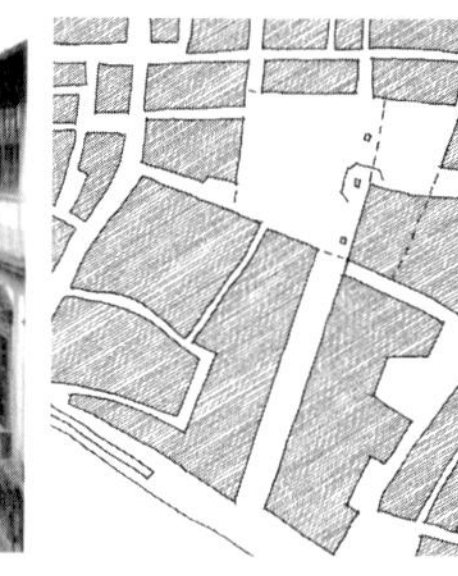
雕塑元素所扮演的角色是连接和引导穿过广场的运动

通向广场的每一步都会给与行人新鲜感，仿佛是在一步步撩开广场神秘的面纱，因为两旁的每一个元素好似在为下一步做铺垫，也为行人指明方向。通往广场的正常路线是从位于阿尔诺河北面、佛罗伦萨市中心的百花大教堂广场开始的。行人从教堂出发，沿着一条相对笔直的街道漫步，前面宽广的区域时隐时现，却无论如何也看不见广场的中心。这是由于广场的入口在广场的角落处，只要一走进去，眼前豁然开朗，广场美景一览无遗。这种将入口处建在侧面的方法曾被19世纪的城市设计理论家卡米洛•西特（Camillo Sitte）编进《修建城市的艺术》（*On the Art of Building Cities*）一书中。他指出，杰出的城市空间即使是在封闭的空间里也不会给人以拘束和压抑感。这里没有中规中矩的运动，只有自然的流动感（西特，1945: 22～23）。在这个精心设计的结构里，每一个元素都将游人的思维和眼球一点点地吸引到乌菲齐宫美术馆。

通过运用雕塑元素将视线和道路引导到乌菲齐宫美术馆

即使身处领主广场，游人也不能一睹乌菲齐宫两旁修建有连廊的街道的全貌。只有快到米开朗琪罗的“大卫像”时，才能看到这条装饰着阿尔诺河的拱廊的尽头。乌菲齐宫美术馆的立面好像一个巨大的面具，掩藏着后面不规则的建筑，使它们成为一个整体。这与威尼斯圣马可广场（Piazza San Marco）的立面非常相像。与之类似的设计精巧的空间还有老约翰•伍德（John Wood Sr.）、小巴斯（Jr.'s Bath）和南茜（Nancy）的作品，从某种意义上来说，从波士顿的市政大厅、经过昆西市场到码头的那条路与之也有几分相似。

领主广场与乌菲齐宫美术馆

热那亚（Genoa）

35

法拉利广场 (Piazza de Ferrari)

建筑师埃利尔·沙里宁（Eliel Saarinen）在《城市的兴盛、衰退和未来》（*The City: Its Growth, Its Decay, Its Future*）一书中写道："城市就像是一本翻开的书，你从中可以读到它的目标和雄心。"（沙里宁，1965: ix）意大利、法国、日本、美国和其他国家城市的基本框架均体现了各自的社会、文化和政治体系。而巴黎、伦敦、东京和突尼斯，这些城市独特的广场和住宅特点则蕴涵了每座城市特有的哲学思想。

在编写这本书的时候，我的学生和同事们经常问一个问题："为什么意大利有这么多的城市和广场？"一个根本的原因是意大利的文化、社会和政治特征十分独特，并往往与城市形态相联系。正如埃尔温·古特金德指出的一样，同其他国家相比，城市和广场在意大利过去扮演着——将来也会继续扮演着——更加重要的角色。这是因为意大利长久以来有一个传统，它并没有把城市仅仅当作是一个字面上的解释，而是将其与社会和法律地位联系在一起（古特金德，1969: 261～262）。

古特金德指出："热那亚是一个具有指导性意义的典型例子。它将社会因素作为建造城市社区的重要手段，这与阿尔卑斯山脉以北的国家形成了鲜明的对比。它被入侵者看作是一个独一无二的地方，因为它就像是一个容器，以墙为容器的边缘，墙内区域对墙外农村区域有着至高无上的法律地位。无论是物质上，还是思想上，这些围墙都是城市的象征。所以，如果一个征服者想要摧毁阻挡在他面前的城墙，这将不仅仅只是一个攻城之策，而且还是蓄意的也是正式的降级行为，将一个城市的地位降级为村庄。这无疑是一个具有重大意义的羞辱行为。"（古特金德，1969: 261）

因为热那亚具有这种地位，所以它也保证它的居民具有各项合法权利。相应地，任何一个想要拥有政治领导、经济领导或其他责任和权利的人都必须拥有城市的居住权。这种将法律与居住地紧密联系的传统直到今天还影响着社会，特别在政治上。但是，未经公共选举任命的官员和具有执照的专业技术人士也常常被要求住在这一地区。

意大利的广场现在仍是意大利社会和文化的一部分。但是，同世界上其他重要的广场一样，它们的重心逐渐向国外游客和旅游业偏移。因此，它们并不是理想化的、浪漫的、真正"意大利"广场了。塑造广场的不再是文化，而是新的用途和意义。一个广场所体现的本地区特有文化不再那么准确。这一点在那些出现在游客旅行日程表上的广场表现得特别明显。更多时候，它们代表的是过去的文化。可能只有一些新建的广场才体现了当代文化，或者可能因为科技的发展，当代文化已经不再使用广场作为表现手段了。

法拉利广场的景象

法拉利广场

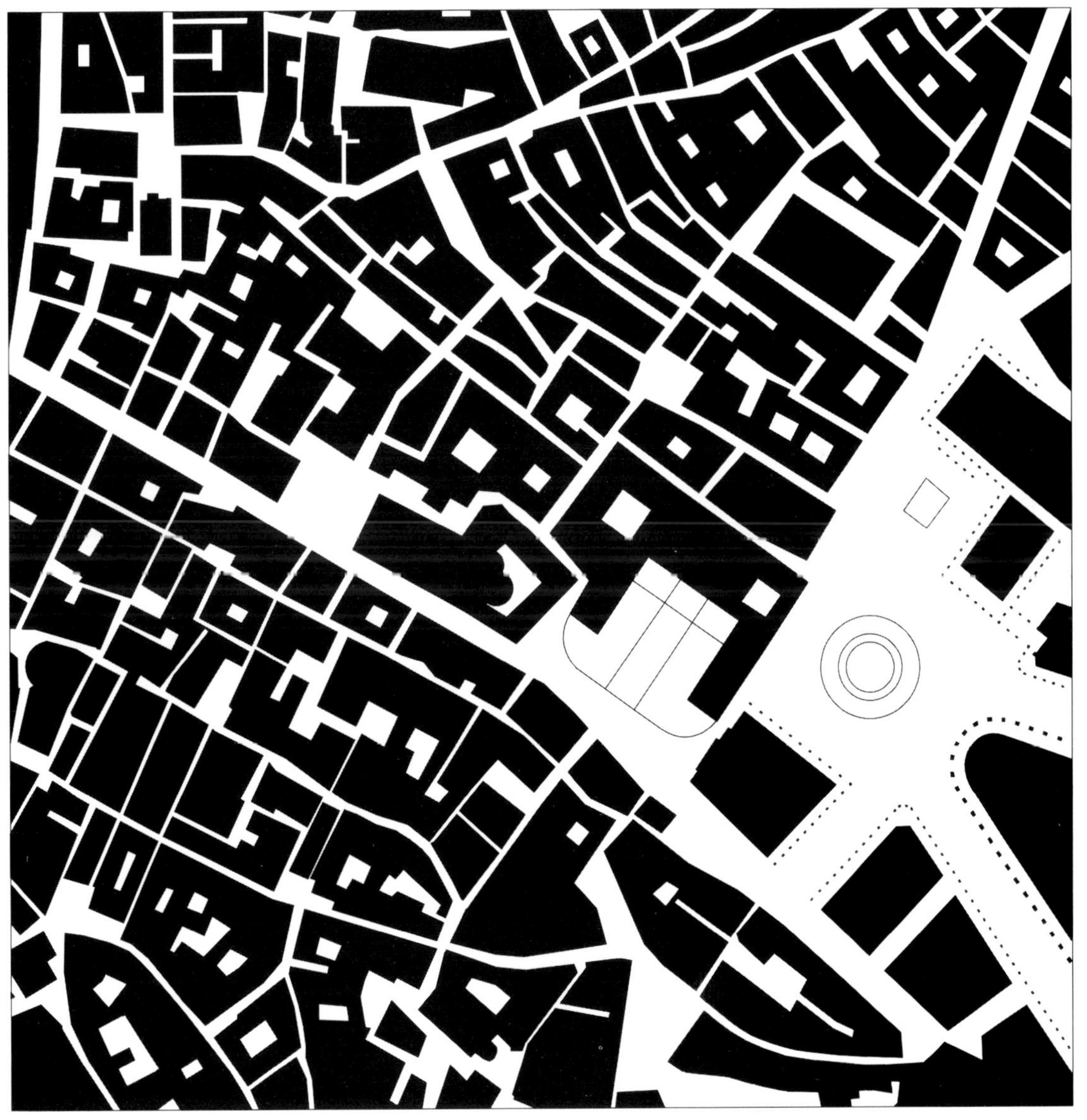

印第安纳波利斯（Indianapolis）

纪念碑圆形广场 (Monument Circle)

1821 年，在设计师亚历山大・拉斯顿（Alexander Ralston）和伊利亚斯・福德汉姆（Elias Fordham）的设计下，印第安纳州的新首府——印第安纳波利斯像克利夫兰和底特律一样，有了一个适用于东部沿海城市的设计规划。由于拉斯顿曾于 1791 年在皮埃尔・朗方手下参与过华盛顿特区的设计，所以他设计的印第安纳波利斯与华盛顿特区有许多相似之处［莱里（Leary），1971: 12］。

这个设计最主要的特色是在市中心修建一座圆形广场，在广场一英里长的街道网格上还有四条对角线交叉的街道，它们以广场为中心，呈放射状向城中四个方向延伸。其中有三条街的尽头建有供修建教堂使用的小型广场。这个中心圆形地区原先是准备用来修建州长府邸，周围地区设计成州长广场。尽管这座府邸建成了，但却从来没有用作州长的住所，在 19 世纪中期被拆除了。到了 19 世纪末，这片地区成为圆形公园（Circle Park）；1902 年，一座 300 英尺高的军人纪念碑拔地而起，这里正式更名为“纪念碑圆形广场”（瑞普斯，1965: 272）。

很多时候，这种设置网格系统，并修建对外呈放射状的道路很容易造成建筑群和城市广场与街道的不协调。但是印第安纳波利斯却在一定程度上避免了这种问题的出现。历史学家约翰・瑞普斯（John Reps）指出：“拉斯顿很明智地并没有让对角线在广场中心相交，而是让它们在外圈就停下了。”（瑞普斯，1965: 272）这种“明智”使圆形广场周边并不是八条道路，而是只有四条街，东西走向的是市场大街（Market Street），南北走向的是梅丽蒂安大街（Meridian Street）。这样就要求广场周边需要修建更多的建筑来充当广场“围墙”的角色，给予其更强的封闭感。如今，在广场四周的是一楼带底商的办公楼、一家剧院和天主教堂［戴维森－鲍尔斯（Davidson-Powers），1987: 34～39］。

拉斯顿还在圆形广场的东西两个方向设计了两片开阔区域。距广场西侧两个街区左右的地方曾准备用来修建州议会（State House），而在向东两个街区左右的地方准备修建法院。这两个地区都留有作为市场的空间。这些地区至今还延续着当初的功能。州议会现在位于市场大街的西轴线上，而市场和法院则分别位于市场

鸟瞰纪念碑圆形广场

从纪念碑圆形广场内侧眺望

大街的北边和南边。最近，又在市场大街的东侧修建了一座市场广场竞技场（Market Square Arena）。距圆形广场几个街区以外，梅丽蒂安大街的东侧是大学广场（University Plaza）以及四个街区长的、广阔的纪念广场（Memorial Plaza），广场上最醒目的是印第安纳战争纪念碑（Indiana War Memorial）。

同美国其他城市一样，印第安纳波利斯从二战到 20 世纪 70 年代，以制造业为基础的经济在不断衰退，而郊区却在飞速发展。印第安纳波利斯成为了“不夜城”（India-no-place）［坦厄斯（Tenuth），2004: 136］。到了 80 年代，这座城市改变了发展战略，致力于将印第安纳波利斯建设成为专业运动和生命科学的中心。它将大笔资金投放在几个市中心的体育馆、博物馆、会议中心以及圆形广场中心商场在内的商业发展建设中。纪念碑圆形广场现在仍是印第安纳波利斯市市民生活的焦点，也是城市重新蓬勃发展的中心［坦厄斯，2004: 148～149］。

纪念碑圆形广场

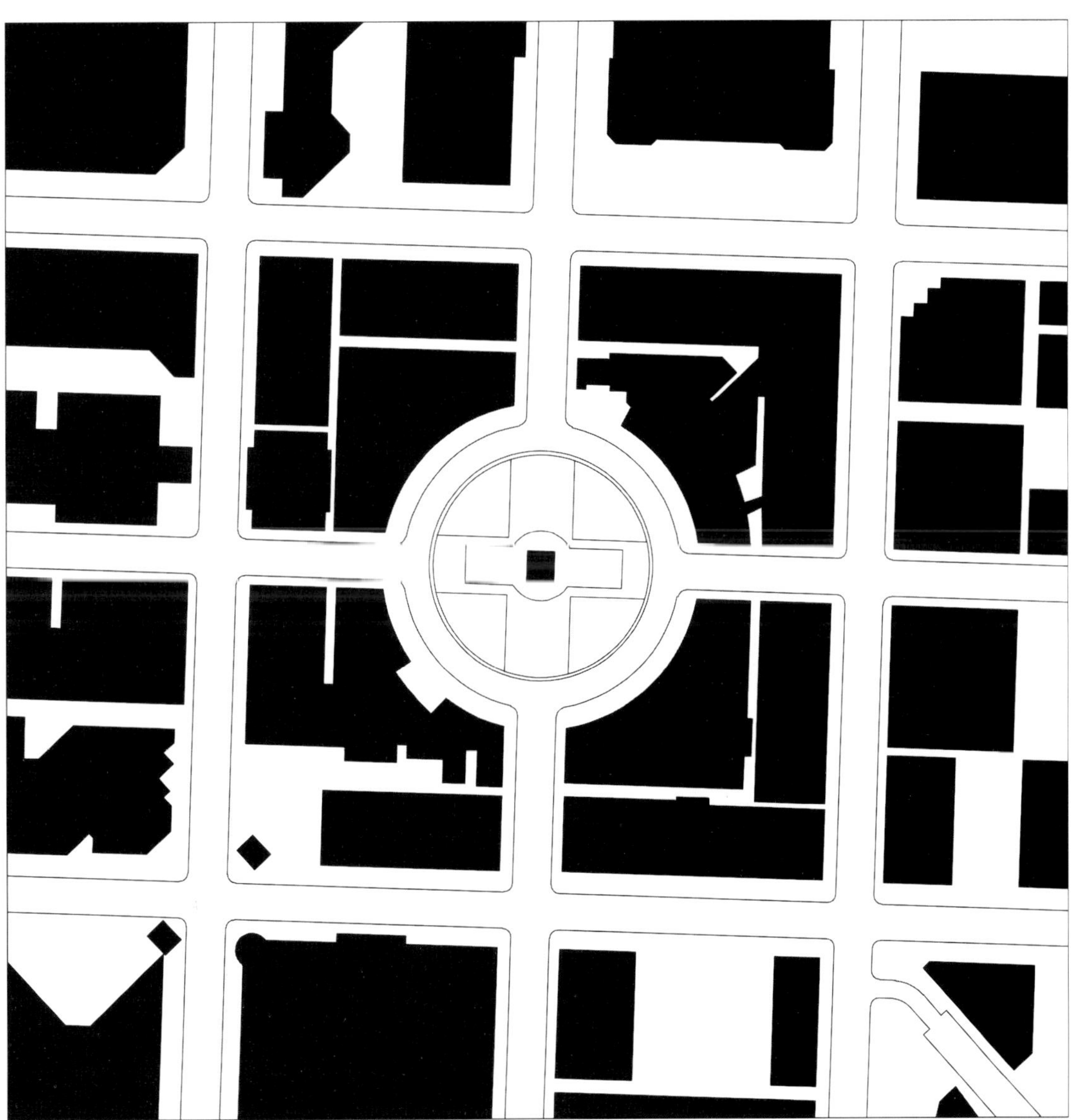

伊斯法罕（Isfahan） 37

伊玛姆广场(Maidan-i-Shah)

伊玛姆广场于1599年至1627年由波斯国王阿巴斯一世（Shah Abbas Ⅰ of Persia）建造，它被认为是伊斯兰建筑和城市设计中最壮丽宏伟的典例。它能有如此地位，是因为整个建筑群不仅融合了各种功能，而且面积巨大，建筑语言气势恢弘，空间结构简约明了［赫吉（Herdeg），1991：13］。尽管表面上是一个皇家马球场，但它也将清真寺、街市、花园和宫殿融合成一个独特的整体。同时，它还将通往伊斯法罕各个部分的大街小巷汇聚在一起。马球场的南面坐落着霍梅尼清真寺（Majid-i-Sah mosque），北面则是通往伊斯法罕大清真寺的街市，东面是洛弗拉教长清真寺（Sheik Lutfullah mosque），它的穹拱状亭子标志着通往皇宫和花园的入口。广场的对面则坐落着阿里卡普宫（Ali Qapu）。

广场超越了波斯砌墙花园的传统，令人联想到伊甸园或者天堂。这种概念在广场最独特的设计中得到了最佳的体现：一个规则的两层拱廊在广场上扮演着清真寺和市场的参照面。同时，第二层拱廊是一个个单独的窗口，而第一层的拱廊与现在其他拱廊一样，开设了许多商店和咖啡屋［布朗特（Blunt），1966：63］。拱廊顶部矮墙的高度似乎超过了它的结构立面高度。身处在广场上，我们无法看见清真寺的顶部和地平线上的山脉轮廓。这可能并不是一种巧合，因为拱廊顶部上其实是一排女儿墙，高于四周的建筑。即使身处广场正中，这些墙也会让你联想到外面的世界。

这种结构里的所有元素都是拱廊的辅助物。清真寺的入口和前往街市的通道都被归于拱廊的一部分。这在带拱廊的伊斯兰庭院中非常常见，因为这样可使庭院保持视觉上的统一和完整。广场上的唯一例外——也是伊斯法罕独一无二的地方——阿里卡普宫延伸到广场上。

把拱廊正立面和清真寺正立面相并置产生了人界与神界的对立态势。因为清真寺的布局根据朝拜方向设置，那些主要以圆顶为代表的清真寺看起来与广场失去了连接性。建筑师克劳斯·赫吉（Klaus Herdeg）曾将这种并置认为是波斯艺术中最正式的结构，“其巧妙利用了两维平面和三维体量和空间之间的相互作用”（赫吉，1991：18）。这种相互作用在不对称布局里更加明显。尽管广场最主要的、与经线平行的中轴线是左右对称的，但是它的交叉中轴线却将广场分成了两个大小不一的部分。

对广场最大的希望是它能恢复到原来的形态，或者至少是像花园一样被精心照料。例如，在20世纪40年代，一条大路直穿过围墙，许多汽车都驶进了广场，广场成了一个停车场。希望伊玛姆广场能像欧洲那些曾多年被作为停车场处理的广场一样，能重新恢复成为人类的珍品。

从南侧看伊玛姆广场

从北侧看伊玛姆广场

沿广场中轴线的景象

伊玛姆广场

伊斯坦布尔（Istanbul）

耶尼清真寺和埃及市场 (Yeni Cami and Misir Çarsisi)

耶尼清真寺又叫“新清真寺”；埃及市场呈L形，也叫“香料市场”，它们最初在1603年由达格卡·阿麦特·卡乌斯（Dalgiç Ahmet Çavus）设计，并于1663年在穆斯塔法·阿迦（Mustafa Aga）的指挥下竣工。它们和其周围区域的繁荣发展说明，一个城市设计规划是否成功，很大程度上取决于行人是否经常来往，或是周边是否经常开展重要的活动［萨姆纳-伯伊德（Sumner-Boyd）和弗莱理（Freely），1987: 21～22］。

耶尼清真寺和埃及市场地处连接斯坦布尔（Stamboul）和加拉塔地区（Galata）的加拉塔桥（Galata Bridge）下，紧邻金角湾（Golden Horn），那里渡船繁多，渔舟涌动。耶尼清真寺建筑群是伊斯坦布尔的活动中心。主要建筑有市场楼、清真寺和陵墓。室内市场以卖香料为主，而室外市场则销售其他一系列商品，有蔬菜和家畜，还有像医用水蛭之类的特产。

这种室外公众空间在伊斯坦布尔相对而言十分特殊。这座城市的确有些公共空间，但是它们基本上来说无非就是清真寺的庭院、封闭型街市和街道。城里还有一些建于19世纪晚期和20世纪的公园，比如说那些沿着博斯普鲁斯海峡的花园，还有的在大学校园和花园里，比如说那些在圣·索菲亚教堂（Hagia Sophia）和蓝色清真寺（Blue Mosque）的花园。尽管清真寺建筑群十分独特，但是它仍旧保持了伊斯兰公共设施的传统形式（külliye）。一般来讲，一个完整的公共设施包括一座清真寺、学校、浴室、喷泉、陵墓、市场和其他满足市民生活需求的公共设施。修建它的目的出于伊斯兰教社会的本质特点。伊斯兰文化不存在西方社会那种与各种政府、宗教和经济实体明确联系的城市空间，它很少将宗教排除在外，所以也不存在非宗教性的广场。对于穆斯林而言，清真寺是他们生活的全部，是政治和文化的中心，是法院、市场和学校［宾卡（Bianca），2000: 100］。因此，公共设施就是城市生活的节点。尽管耶尼清真寺的浴场、学校和其他相关建筑都在流逝的岁月中被拆除了，但是市场、陵墓和清真寺这三座建筑却依然存在至今，并为外部非宗教空间勾勒出新的色彩。

这个设计中最著名的是建筑群北部的金角湾水岸地带，自20世纪80年代起它经历了一系列的翻修工程。与许多城市水岸地带一样，它的岸边被清理干净，以供拓建道路之用。艾米诺努（Eminönü）是加拉塔桥和斯坦布尔水岸（Stamboul waterfront）相交地区，那里长期以来都是一个生机勃勃但也十分混乱的码头，但在过去一百年间它一直是交通管理、修建桥梁、美化水岸以及城市建筑结构等方面的一个大难题。从20世纪80年代末开始，这个码头开始发生戏剧性的转变。整个周边地区都被清空，用于扩宽道路，修建水上公园和步行街之类的闲暇之所。但是设计者在试图促进城市发展时在那里修建了一条高速公路，这在伊斯坦布尔市中心和金角湾之间制造了一个大障碍。

从耶尼清真寺和香料市场间的缝隙看去

面向广场的耶尼清真寺忏悔墙

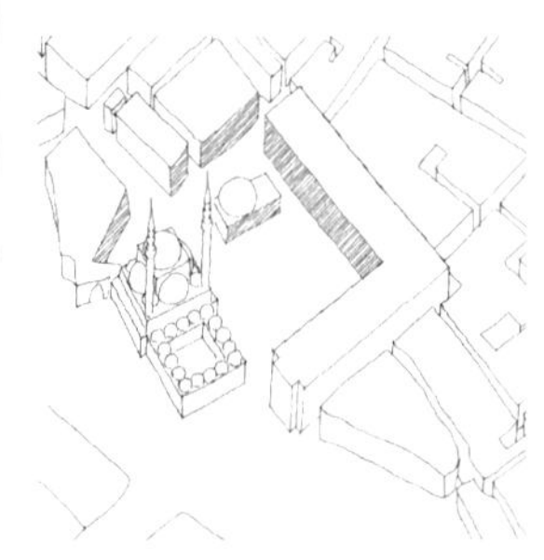

耶尼清真寺建筑群

耶尼清真寺和埃及市场

耶路撒冷（Jerusalem）

西墙广场和圣殿山 (Western Wall Plaza and the Temple Mount)

西墙又名“哭墙”，它和圣殿山可能是世界上最受人崇敬、最具争议，也是离圣地最近的地方。犹太教、伊斯兰教和基督教（可能相对没有那么高的热情）将此地视为十分神圣的地方，因此，每当参观此地，威武庄严之感油然而生，人们瞬间察觉自己有多么渺小。

圣殿山拥有宏伟巨大的笔直体量。围绕圣殿山是耶路撒冷紧凑的老城，建有耶路撒冷的第一和第二圣殿。这些庙宇大部分都在公元前586年至公元70年左右被摧毁，唯一幸存的是巨大的石头基础墙和坐落有圆顶清真寺（Dome of the Rock）和阿克萨清真寺（Al-Aqsa mosque）的平台。

西墙前的开阔区域是犹太人祈祷的地方。每当他们回想起圣殿被焚，往往大哭一场表达悲伤，所以西墙得名“哭墙”。在20世纪60年代以前，这里同耶路撒冷老城一样，主要还是一个阿拉伯城市，到处都是迷宫般错落交织的道路和带有花园的住宅。要想前往西墙，只能由一条又窄又旧的小巷蜿蜒而去，才能到达西墙的底部。1967年阿拉伯与以色列的战争爆发后不久，以色列便占领了耶路撒冷。以色列政府将这片区域夷为平地，以便更多的犹太教信徒前往西墙。

但是，这个广场完全不合比例。老城余下的地方混合着罗马式、早期基督教式和伊斯兰教式的建筑，就连一块磨损的石头都散发着历史的味道。正如米歇尔·韦伯（Michael Webb）在他的《城市广场》(*The City Square*）一书中所评述的这个“区域一年没有几天能‘合眼’休息”（韦伯，1990: 28）。从黑暗的东耶路撒冷来到广场的经历太具有冲击力。带有斜坡的广场就像是一个面向西墙的露天圆形广场，上面的古石墙就是其中的焦点。由建筑师摩西·萨夫迪（Moshe Safdie）为代表提出规范和整修广场的建议一直都没有得到实施，因为人们一直还在争论这种整修是否可能玷污圣地，另外，还有一些政治和社会关系紧张的原因［费舍尔等（Fisher et al.），1978: 106］。

西墙广场

在西墙的正上方就是圣殿山。它是伊斯兰教中第三神圣的地方。建于7世纪的圆顶清真寺位于圣殿山的中心，建在一个略微抬高的平台上，平台的南端是阿克萨清真寺。由于这块台地高于老城中的所有建筑，这些建筑处于亭台楼阁、绿树喷泉之间，在紧张的环境中显露出一股超凡的祥宁之气。

审视耶路撒冷的这片神圣之地，并不是要教授如何规划城市的方法，而是要学会理解城市空间、精神和政治因素是怎样相互作用的。整座城市散发着各种文明相互重叠的氛围，但是只有在西墙和圣殿山才能最清晰地感受这种重叠感，才能发觉自己与圣地竟能如此近距离地接触。

照片反映了圣殿山和西墙广场的毗邻关系

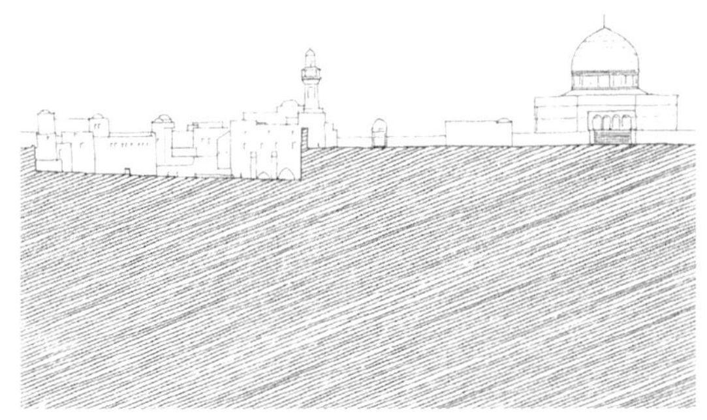

圣殿山和西墙广场在剖面上的关系

西墙广场和圣殿山

克拉科夫（Kraków）

40

中央广场 (Rynek Glówny)

克拉科夫，曾经是波兰的首都，在经历了几个世纪的岁月后，风貌依旧。它在13世纪设计规划之初，只是一个殖民城镇。今天，尽管还有政治和经济的动荡，它仍然保持着作为历史核心的地位，美丽的公园和林荫大道环绕四周。

克拉科夫位于波兰与捷克共和国边界线以北，是中欧主要贸易道路的十字路口，是主要的贸易中心，后来也成为波兰重要的教育中心。这座城市建于1257年，在沃尔维尔山城堡（Walwel Hill castle）以北。城市以网格状布局，周围是防御堡垒，这与德国《马德堡法令》（*Law of Magdeburg*）[责编注] 的规定一致。这个法令既规定了政府的结构又影响了城市的规划［戴泽冯斯基（Dziewonski），1943: 29～30］。

在中央广场（或“市集广场”）的中心，是带有拱廊的中世纪纺织大厦（Cloth Hall）。在19世纪，它被重新设计风格，改建为商业宫殿（Palace of Commerce）。现在这栋建筑主要销售一些纪念品和其他小饰品。在19世纪以前，广场上还有一座市政厅和食品市场。全部主要道路，除了一条外，其他道路都像中世纪的广场一样从侧面进入广场，这样交通运行就不会干扰广场上举行的活动。

克拉科夫的城市规划和随后的发展可以说是13世纪至20世纪独特的三地区发展模式（three-zone pattern）。这三个地区分为内区（或者老城区）、绿色环形区以及混合着城市建筑和绿色景观的城郊区。这种形式的形成要归因于城镇最早的宪章和政治发展因素。城市最早的宪章允许在环绕城市的军事堡垒以外的土地上进行农业耕作，这一措施在几个世纪里都限制了城镇的扩展。

对这座城市进行的第一次大规模扩建是在14世纪。当时，国王拉西斯拉斯·洛基德克（King Lasislas Lokietek）和他的儿子卡斯米尔大帝（Casimir the Great）刻意在紧邻克拉科夫老城的周边建造许多非常有竞争性的城镇，意图从政治上和经济上排挤克拉科夫。但是实际上，这些城镇最终演变成为城市中心周边的区县。

从1822年开始，中世纪修建的军事堡垒设施被拆除，取而代之的是一个绿地公园。这个至今保存良好的环状绿色公园是比较完整的中世纪城市建筑和19世纪中期建筑之间的缓冲地带。像维也纳一样，一些公共建筑，包括一些大学建筑、一家剧院就与公园相邻［鲍拉斯（Balus），2001: 25～27］。尽管1846年在公园外修建了围墙，但是1906年就被拆除了，而且还为克拉科夫以后的扩建扫清了道路。1910年，政府计划将克拉科夫建成一个仍将保持着一定田园气息的独特地区。

中央广场的景象

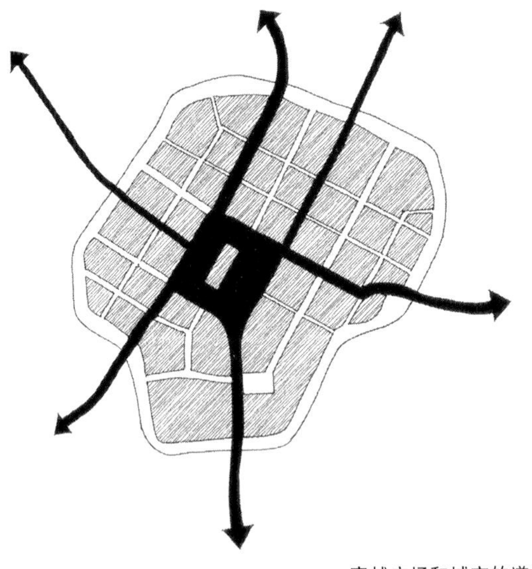

穿越广场和城市的道路

［责编注］《马德堡法令》是13、14世纪德国制定的一系列城镇法令，规定了封建贵族管辖下城市和村庄的自治地位、自治程度。这一法律体系是中世纪最先进的城市法律，被中、东欧大批君主国所采用，促进了都市化进程，推动了城市和村庄的发展。

中央广场

里斯本（Lisbon）

41

商业广场 (Praça do Comércio)

位于里斯本市中心区（Baxia district）的商业广场是一个高度有秩序、直角的广场，它是里斯本的海上大门，是连接里斯本与海上贸易的重要环节。商业广场的布局设计揭示了一座城市广场是如何扮演城市形象代言人这一重要角色的，同时它也向我们展示了独裁专制是如何影响城市空间、建筑风格以及生活状况的。作为市中心区的重点建筑，由尤吉尼奥·多斯·桑托斯（Eugénio dos Santos）负责设计，总设计师是曼努埃尔·德·迈亚（Manuel da Maia）和塞巴斯提奥·若泽·德·卡尔瓦奥·梅洛（Sabastiao José de Carvalho e Melo）。广场的三个边被统一的拱廊式三层建筑所环绕，这些建筑由政府各个机构来使用；第四边则面向塔克斯河（Tejo river）。几个世纪以来，人们都是习惯乘船到此。游客向北穿过广场便来到了凯旋拱门，奥古斯塔街（Rua Augusta）就是这个拱门的轴线所在。这条街道穿过市中心区，街道的尽头就在佩德罗四世广场（Praça dem Dom Pedro Ⅳ），人们对于它的另外一个名字也许更加熟知——“罗西欧广场”（Rossio）[布鲁克曼（Brückelmann），1996: 32～33]。

在1755年的万圣节地震之后，市中心区成为了重建工程的核心部分。在灾后的设计中，规划在两山与河岸之间建造一个规则的街道网，其中包括三条南北走向的街道，奥古斯塔街位于中心，银街（Rua da Prata）和金街（Rua Aurea）分别位于它的东西两边。这三条南北走向的街道起始于河岸边，一直延伸进入城市的北部，一系列东西走向的街道和小巷将它们切分开来。商业广场以及罗西欧广场都是很早就已存在的广场了，但是它们非常整齐规范地与道路网相联系。

商业广场

与其他的那些重建项目一样，里斯本利用这次重建的机会，把排水系统引入城市，改善交通状况，提升了街道的采光和通风条件。此外，政府还制定了关于重建广场的特别规定，规定规范了街区以及住宅建筑的种类，划出了专门的贸易区，限制对建筑物外观的装修以此使整座城市看上去更加整齐规范。正如历史学家鲁兹·布鲁克曼（Lutz Brückelmann）所述“城市规划追求的目标是：个体建筑附属于整体城市规划”，“明显的实用主义特色成为意识观念”（布鲁克曼，1996: 38）。这种建筑和城市的均匀性确保了城市能够迅速重建，并保证了城市的长久性，同时这也是政府向世人证明它们权威的绝佳途径。

市中心区的侧面和轴线上的街道

商业广场

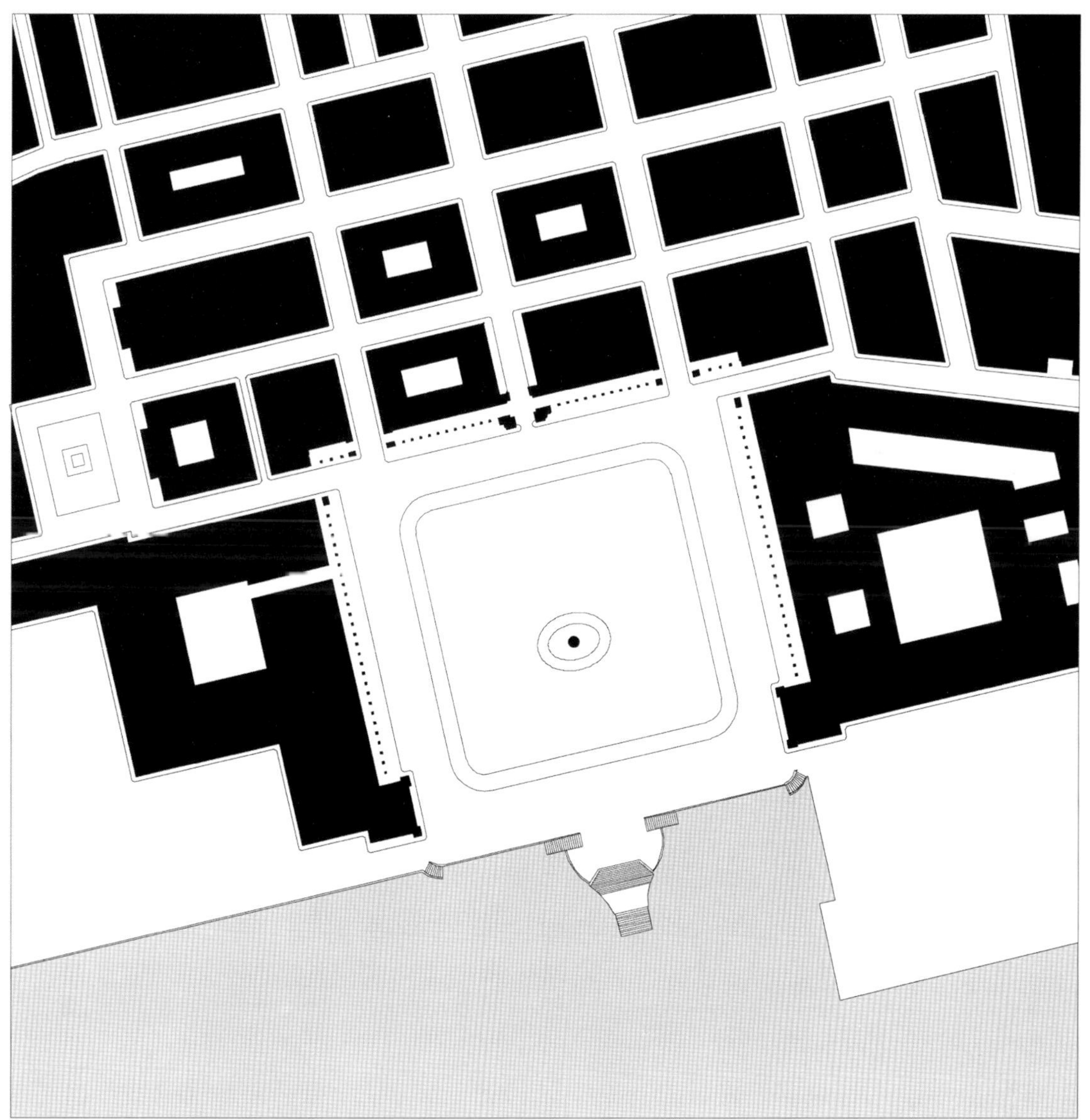

伦敦（London）

贝尔格雷弗广场和威尔顿新月楼 (Belgrave Square and Wilton Crescent)

伦敦西区是18到19世纪英国社会和政治结构特点的缩影，那个时代的建筑风格偏好于小型、独栋式的建筑，并且明显围绕广场实施开发。就如伦敦人所说，伦敦并不是一座面积很大的城市，它是由很多的小村落和庄园融合的产物。几个世纪以来，这些村落和庄园渐渐地连接融合，但继续保持其原本独特的风貌，它们这些鲜明的小群体个性，在英国的文化中占据了很大的比重，体现为，每一个小的群体都喜欢拥有自己私密的内部空间［普里特切特（Pritchett），1962: 23］。这一特色在英国的一些城镇或大学得到了充分的体现，拿牛津大学和剑桥大学为例，它们下属的每一个学院都会为该学院的成员提供专属于教师或是学生的庭院，只能是这个学院的成员才能进出其中。

相对而言，照此推理土地的开发也是如此，每一地块被划分为一块块自主的居住区，而在这些居住区的中心都有经过精心设计修建的社区广场。威尔顿新月楼便体现了这一建筑形式，该建筑1825至1860年间由乔治·巴斯维（George Basevi）设计、托马斯·丘毕特（Thomas Cubitt）建造［本森特（Besant），1909: 225］。社区广场是完全针对社区的住户专属开放的，只有小区的住户才能进出其中。虽然今天这样的现象有所改变，但是它们始终保留着独有性。

为了阐明这个共同点，建筑师斯坦·埃勒·拉斯姆森1969年在他名为《城市与建筑》（*Towns and Buildings*）的书中将伦敦的公共广场与巴黎的公共广场做了比较。他这样写到，不同于英国的城市，法国的城市发展都局限在其防御堡垒之中，当城市变得拥挤不堪时，就会马上颁布相应的法令开始进行扩建工程。由于通常是以法令的形式来执行扩建工程，因此就使得所有广场和街道都是经过精心设计后而修建的。通常，工程的规模也是相当的大，这样也就使得建成后的建筑外观立面都比较统一（拉斯姆森，1969: 103）。于是巴黎的房屋建筑形式，就反映了当时那种密集的扩建方式以及社会条件。这种建筑形式体现为，房屋主要为密集的公寓，而非那些带露台的独栋住宅或是联排楼房。历史学家罗伊·波特（Roy Porter）1995年在《伦敦：一部社会的历史》（*London: A Social History*）书中提到，伦敦不存在“审美上的绝对主义”，“建筑尺度体现了不存在与之对立的力量”（波特，1995: 96）。整个伦敦，尤其伦敦西区，“并非一个高度统一的整体，事实上，这个地区的发展是分块进行的，每一块由王公贵族拥有的土地，最后都形成了独立的建筑群。这种建筑组合一致性产生的原因并不在于它支配了人们的视觉，而是在于共有的价值，而且由于贵族间的姻亲关系更增强了这种组合。”（波特，1995: 96）

威尔顿新月楼

伦敦的城市形态向我们提供了这样的经验，那就是城市的形成高度依赖着社会的结构。一座意大利的或是一座法国的皇家广场都不同于伦敦的广场。这样的广场不仅不会产生，而且那些可以帮助它们产生的建筑也不会被使用，并且政府当局也很难对其进行保护。同样，伦敦的内部社区广场是一个个独立的个体，在这些广场周围没有正式的建筑物。而结果就是，英国的经济和政治力量证明了其社会和政治结构。这样的结构也在英国的殖民地有所体现，比如说萨凡纳、费城以及纽黑文［奥尔森（Olsen），1964: 4-7］。

贝尔格雷弗广场和威尔顿新月楼

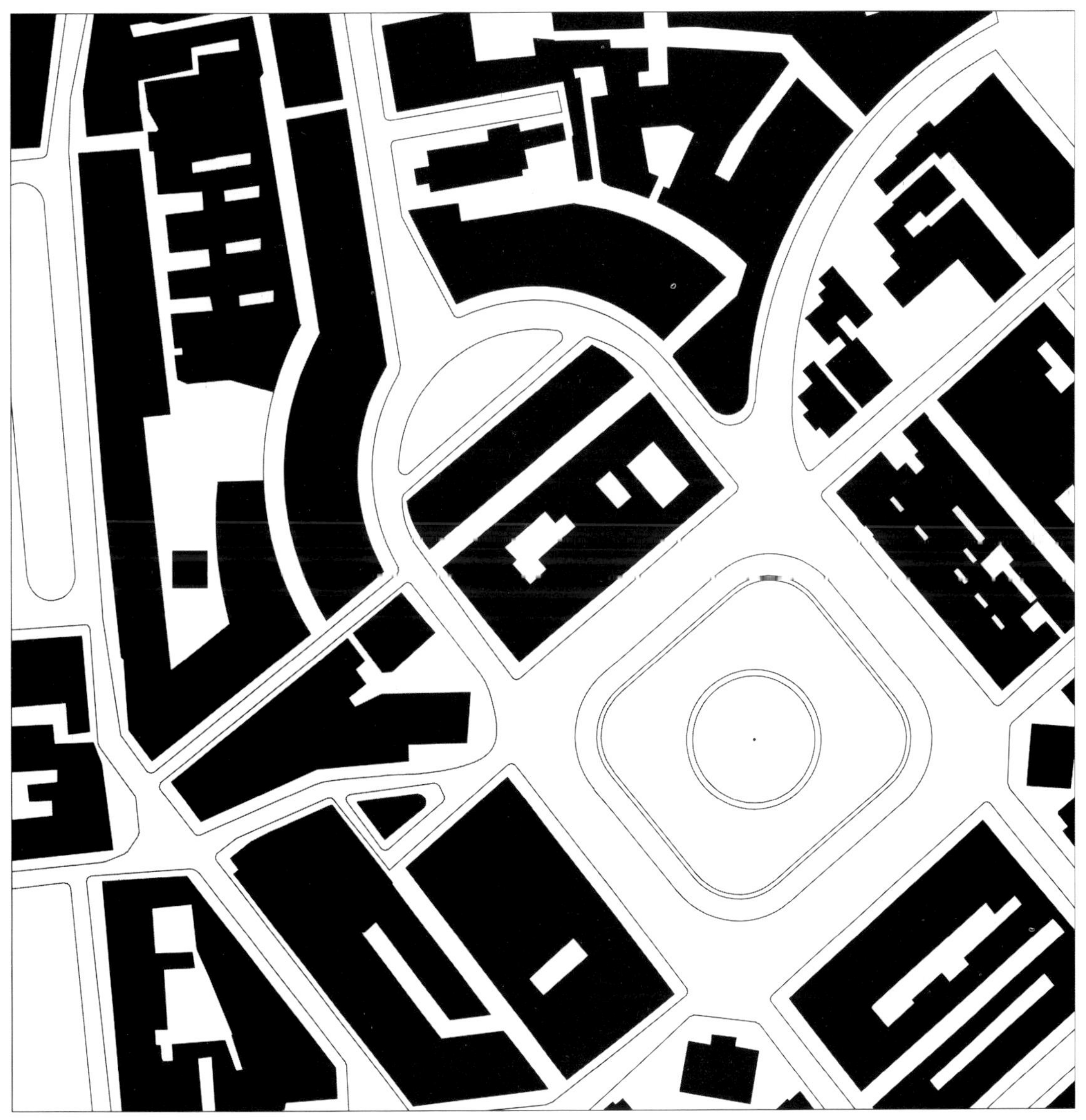

伦敦（London）

43

凯文迪什广场和汉诺威广场 (Cavendish Square and Hanover Square)

和今天很多的成功开发商一样，伦敦17至19世纪间的房地产投资者们认识到了品质、身份和配套设施对于销售的作用。同样地，随着城市向西部发展和皇室庄园成为住宅飞地，开发商和设计师们开始以高级的社区广场作为楼盘销售的首要卖点（拉斯姆森，1967: 177）。随着飞地在伦敦不断扩大，对于大面积、高品质、独特设计的社区广场的需求也在不断增加。这是较早修建的广场，如1714年的汉诺威广场和1717年的凯文迪什广场与后期修建的广场，如1815年的公园新月楼（Park Crescent）和1825年的贝尔格雷弗广场相比较的明显区别（本森特，1909: 219～226）。

凯文迪什广场

凯文迪什广场

独立的、带露台的住宅和联排住宅包围着整个广场，虽然这些房屋非常整齐，排列紧凑，但是每栋房屋之间还是留有相应的空间，而且每栋房屋都有独立的门廊、大门和数目不等的房间（拉斯姆森，1967: 186～187）。这不同于巴黎的广场；也与巴斯的房屋有所不同，在巴斯，住宅房屋的外立面都是一致的，最常见的住宅类型都拥有独立的界墙，但是巴黎的公寓则是共用一个中央楼梯间。

随着社区广场周围的建筑成本越来越高，伦敦的社区广场已经渐渐由私人住宅变成了公共性质的。这些社区广场成为了大机构或是富有组织的总部，例如出版社、酒店、商铺以及外国使馆。那些用于居住的楼房依然存在，但它们的功能早已改变，在那些有露台的房屋后面是布满改建房屋的街道。

伦敦社区广场给我们的启示在于，城市的基础配套设施有助于提升土地的价值，为开发商赚取更多的利润。如果在开发过程中不考虑增加这些设施，尽管可以提高土地的使用率，但是从长远来看这样的做法是不明智的。有意识地在开发中加入一些配套设施是极具升值空间的，一个极其典型的例子就是纽约洛克菲勒中心（Rockefeller Center）。发展商从中增加了租售的空间，使空间利用率实现最大化。开发商和设计师选择在其中修建一个广场以缩短中央电梯与窗户间的距离，以求获得更好的办公室空间。就是因为这些因素，还使得洛克菲勒中心在曼哈顿始终是一个炙手可热、受人欢迎的楼盘。

凯文迪什广场和汉诺威广场

伦敦（London）

44

公园新月楼和公园广场 (Park Crescent and Park Square)

伦敦城中相互联系的公园便是城市与风景间联系的开端。同样地，这些使得城市的广场公园和建筑物间的变换更加柔和，而不十分突兀。在摄政街（Regent Street）的尽头，公园新月楼和公园广场这样在城市原有建筑上进行修建的城市设计引起了大家的争议。

公园新月楼和公园广场起始于摄政街，摄政街是一条长约2公里的蜿蜒街道，它将南端的威斯敏斯特（Westminster）和北端的摄政公园（Regent's Park）连接起来。最初是摄政王（Prince Regent，即乔治四世）构思修建这条街道，并于1811年由约翰·纳什（John Nash）设计修建。当时，并没有一条单独或是高品质的街道穿过伦敦那些独立规划的住宅区。于是纳什便向摄政王提议，修建一条宽阔的、品质一流的皇家林荫大道，这条大道直接将伦敦中心密集的建筑分割开来，并且将摄政王位于威斯敏斯特的官邸和修建在摄政公园附近的新居连接起来（拉斯姆森，1967: 271～272）。

为了获得公众以及议会的支持，他们宣称这条街道建成之后，能够大大改进伦敦的卫生状况，缓解两条辅路的交通压力，为城市提供一个贯通南北的交通大动脉。最终这项计划得以实施，但是也做了一些改动以顺应那些持反对意见的土地拥有者并且也更切合实际。虽然街道保持着清晰明显，但它也时而弯曲延伸，时而缓步前行，变换着贯穿整个城市。正如埃德蒙·培根所说，与其说是纳什将预想的建筑形式施加于城市的结构，倒不如说他是在调整街道，使街道与建筑更加协调。在哪里遇到障碍，他就去到哪里；哪里有需要，他就在哪里发明合适的建筑形式来满足设计结构的需要（培根，1967: 195）。

在街道北端的尽头是一块无主空地，纳什就在那里设计建造了一座半圆形的公园新月楼和公园广场。这些建筑空间从南侧开始延展，就如同公园的前厅，同时也在与之相对的方向形成一个过渡空间。这两座建筑成为把城市与公园连接起来的纽带，这种设计超过了只是单纯地把街道延伸至公园的做法。这座新月楼最初是用作一个封闭的圆形广场，与巴斯的圆形广场非常类似，与摄政公园内那个更大、更美的圆形广场相呼应。但由于资金不足，只修建了南半边。新月楼是一排统一整齐的底层带矮圆柱的四层联排住宅。

尽管项目支持者表面上说修建这些的目的在于使伦敦看起来更加整洁和平民化，但摄政街绝不同于巴黎的林荫大道。最终，这条蜿蜒的街道揭示了伦敦与巴黎在政治以及经济上的差异。不同于拿破仑一世时修建的黎沃利路（Rue de Rivoli）或是拿破仑三世时修建的林荫大道，这两者是完全统一的，而摄政街是一条与建筑物相互协调的街道（拉斯姆森，1967: 274）。摄政街相对比较柔和，它顺着城市而走，反映出或起码预见到了20世纪到21世纪所发出的重新唤起城市活力的挑战。正如拉斯姆森所说，这条街道"巧妙地解决了一系列的难题"，而这些难题正是今天的城市设计师们需要面对解决的（拉斯姆森，1967: 282）。

沿公园新月楼的房屋

公园新月楼和摄政公园

若没有公园新月楼和公园广场，摄政街将会在摄政公园匆匆结束

公园新月楼和公园广场

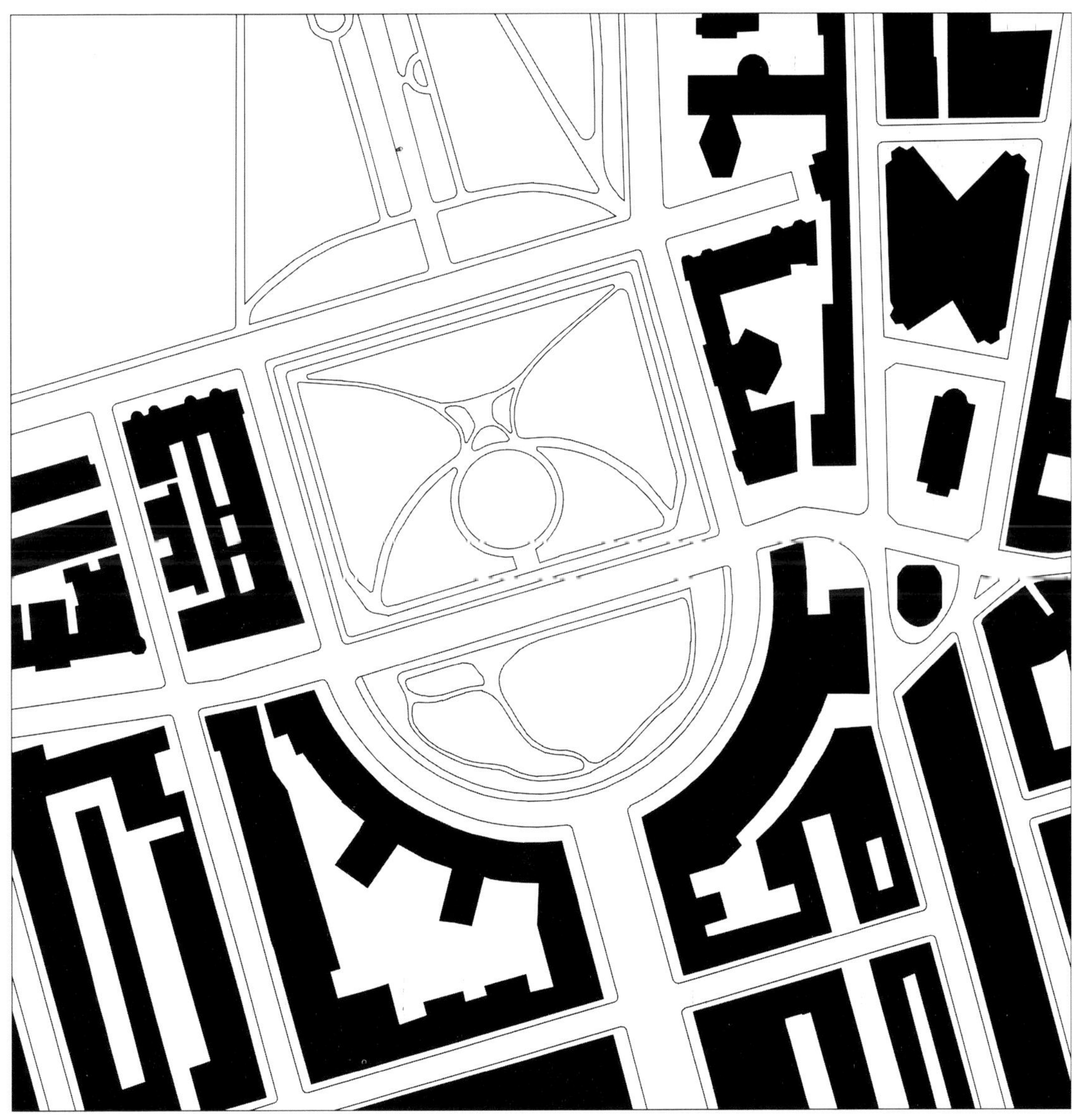

伦敦（London） 45

特拉法尔加广场 (Trafalgar Square)

特拉法尔加广场在很多方面上体现了英格兰从 18 世纪开始至今的主要历史变迁，广场上树立着海军上将纳尔逊（Lord Nelson）的纪念碑，这座纪念碑反映了英国海军称霸海上以及曾是日不落帝国的历史。到现在，这里仍是政治、社会的中心，劳工们会在这里示威游行，市民们在这里举行各种庆祝活动。

作为伦敦典型的社区广场，特拉法尔加广场仍残留着些许露天公共空间的影子，而非作为一个公共花园或街道。评论家维克托・桑顿・普利切特（Victor Sawdon Pritchett）1962 年在《感受伦敦》（*London Perceived*）一书中提到："伦敦的建筑特征变得越发宏伟，在特拉法尔加广场体现了出来。中心场所不再存在，外来的游客抱怨，'伦敦人到底都在哪里碰面聚会'，他们在哪里散步打发一天的时光。这个问题的答案是，首先伦敦人不在街上碰面，不喜欢扎堆凑热闹，他们对于在公共场所彼此偶遇这样的怪异想法十分抵触，他们也坚决不会这样——我们有的是俱乐部、酒吧，我们有我们自己的圈子，有自己的朋友，但是大众的生活也会对我们的生活产生一定的影响，所以伦敦的公共建筑开始变得更加的公共化。"（普利切特，1962: 12）

此外，普利切特还反驳了由克里斯多弗・雷恩爵士（Sir Christopher Wren）提出的"商人支配的房产业与议会制之间的联系阻碍了大范围城市规划"这一说法。克里斯多弗・雷恩指出，独裁者的前途辉煌无比，民主人士能够狂妄自大，但是议会却不能负担开销（普利切特，1962: 5）。

从东南看
特拉法尔加广场

国家美术馆和广场之间的联系

1829 年由查尔斯・巴里（Charles Barry）设计，旨在确立广场上的纪念碑的位置，使通向广场的街道、纪念碑和整个广场相互协调，形成一个和谐的整体。一个巨大的科林斯式圆柱，上方矗立着纳尔逊海军上将的雕像成为整个广场的焦点，但是广场最为著名的特点是那些始于广场北边国家美术馆门前的阶地，它们向南朝低处延伸至城市。广场被 19 世纪大规模的新古典主义建筑所环绕，不同于巴黎，这并没形成一个连续的边线。广场的北边是国家美术馆。从中心往南的圆弧一直延伸到它的西边，是突出的政府大楼。在这些建筑间，海军拱门矗立于此，这就是通向白金汉宫的大道的起点，从圆弧的中心向东，是一些商业建筑，广场东边的角上是詹姆斯・吉布斯（James Gibbs）设计的圣马丁室内乐团楼，作为许多街道的汇集点，几乎成为国家权力的象征，广场上经常举办政治活动。在 19 世纪末，这里常常有大规模的示威游行，并导致流血事件的发生。为了防止悲剧再次发生，议会试图通过制定法律以及在广场上修建喷泉来阻止大规模的集会游行，并且于 1916 年在整个广场上还修建起一些临时的建筑物［梅西（Mace），1976: 200～211）］。

特拉法尔加广场是一个活跃的广场，除了在国家美术馆前的步行街之外，广场上有很多的行车道。虽然广场周围的建筑风格在某种程度上有些相似，但是和帕里森广场不同，特拉法尔加广场上还是缺乏清晰划分界线的垂直表面。1991 年文丘里和斯科特・布朗事务所（Venturi Scott-Brown and Associates）设计的国家美术馆增建项目围合起广场的边线，它十分有趣的外墙一直沿着街道的边缘。

特拉法尔加广场

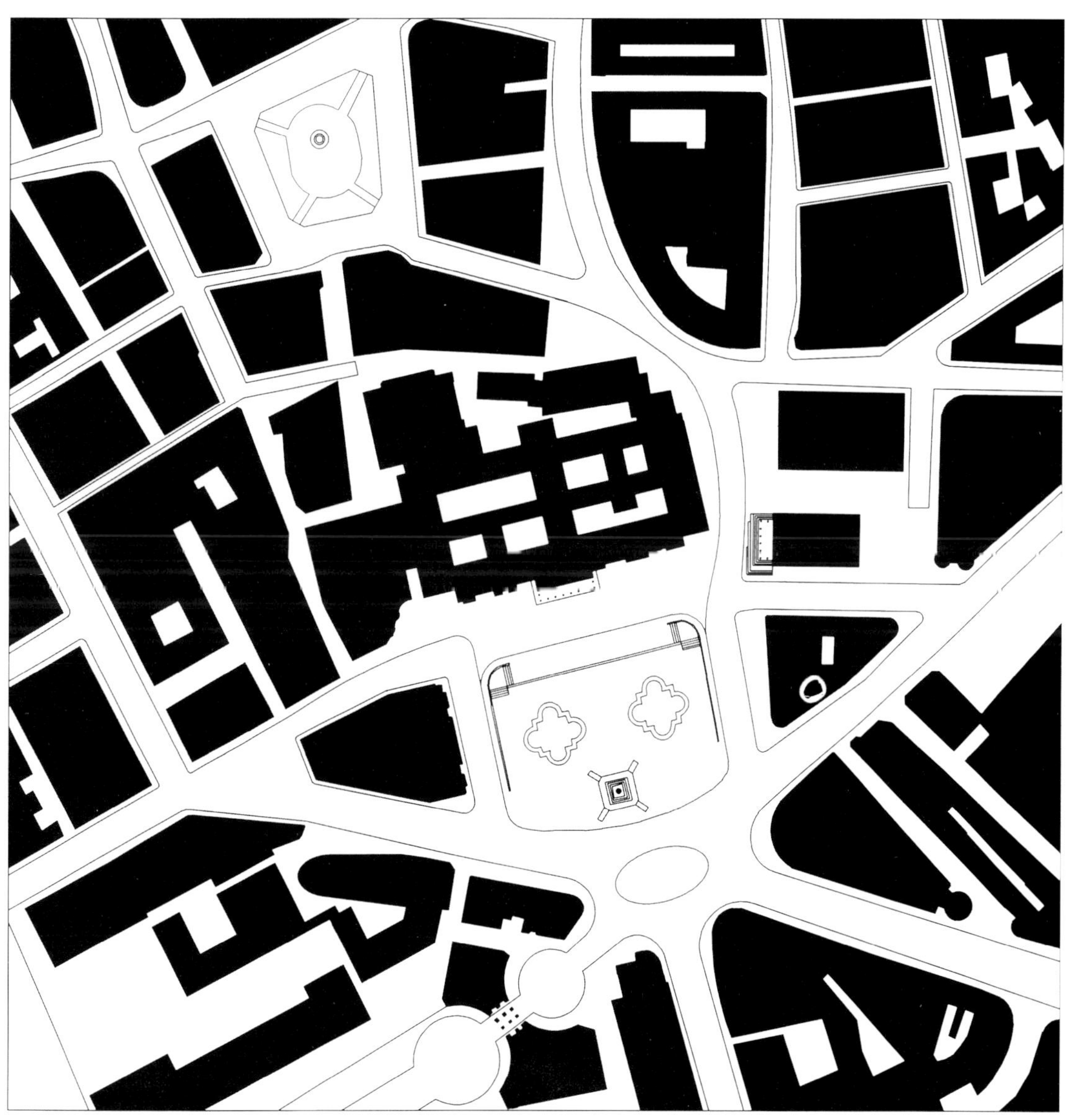

洛杉矶（Los Angeles）

46

潘兴广场 (Pershing Square)

潘兴广场位于洛杉矶金融区东边。在过去的两个世纪里，设计师们成功对潘兴广场进行了改造，试图让潘兴广场上每一个元素都能反映出整个城市的变迁，使潘兴广场成为一名社会发展的见证者。和旧金山的联合广场（Union Square）以及波士顿的科普利广场（Copley Square）一样，潘兴广场也是由一个简单的公园经过无数次设计改造成一个设施齐全的多功能广场。

潘兴广场的前身是1866年以西班牙市镇广场为蓝本的低地广场（La Plaza Abaja）（雷布斯，1965: 51）。到了1877年，经过一系列的美化工程，便将这里改造成了洛杉矶公园。1911年，经重新设计布局后，洛杉矶公园成为一座更加规范的公园，并更名为“中央公园”（Central Park）。7年后，为了纪念一战期间美国陆军总参谋长乔治·潘兴将军（George Pershing），中心公园又更名为“潘兴广场”。此后的30多年间，潘兴广场一直保持着它的原貌。到了1950年，人们对潘兴广场的地下进行开发改造，建成一座大型的地下车库。正是由于建成了地下停车场，有效地分担了地面的负担，原来停靠于广场周围将近25%的车辆，停入了地下车库，另外在街边和步行区停车的人们，也纷纷将他们的车停入这座地下停车场。20世纪50年代中期到80年代，由于旧金山中心区发生了严重的衰退，这也使广场受到了影响。期间人们曾两次尝试恢复广场昔日的风貌，第一次是相关部门借着1984年洛杉矶奥运会的举办，对其进行改造，第二年，詹姆斯·温斯（James Wines）全面改造广场工程的方案成为设计竞赛的冠军，但遗憾的是这一方案最终未能实施。1994年，墨西哥建筑师里卡多·莱格雷塔（Ricardo Legoretta）、景观设计师劳瑞·欧林（Laurie Olin）和巴巴拉·麦凯伦（Barbara McCarren）被选中担任潘兴广场改造工程的设计师。

从南侧看潘兴广场

他们的设计风格极具强烈的视觉冲击力，并且呈现出城市广场设计的趋势——功能多元化、层次感丰富以及采用特殊原材料。莱格雷塔的设计并不是在广场原有的基础上单调地添加一些绿色植物，事实上，他将广场重新划分为三个部分：一个中心广场，一座立于广场之上的钟塔，一个绿色圆形剧场，在这里可以举行一些音乐会和演出。此外，还有露天咖啡座，在咖啡座的附近分布着一些小的花圃。尽管设计师竭力使广场看上去更加美观，但是总有着一些他们无法驾驭的因素。紧邻广场的停车场的规划组织结构仍不完善，而且市中心区仍然遭受经济环境的困扰。

无论怎样，随着城市不断解决各类都市难题，满足各种经济、社会群体的需求，潘兴广场曾经接受并将继续接受改造。正如本书提及的辛辛那提的喷泉广场一样，美国的大多数城市广场都要不停地改造修缮，设计师试图经过一次次的设计来弥补之前的不足，使广场无论是从外形还是功能上都能变得日臻完美。

潘兴广场

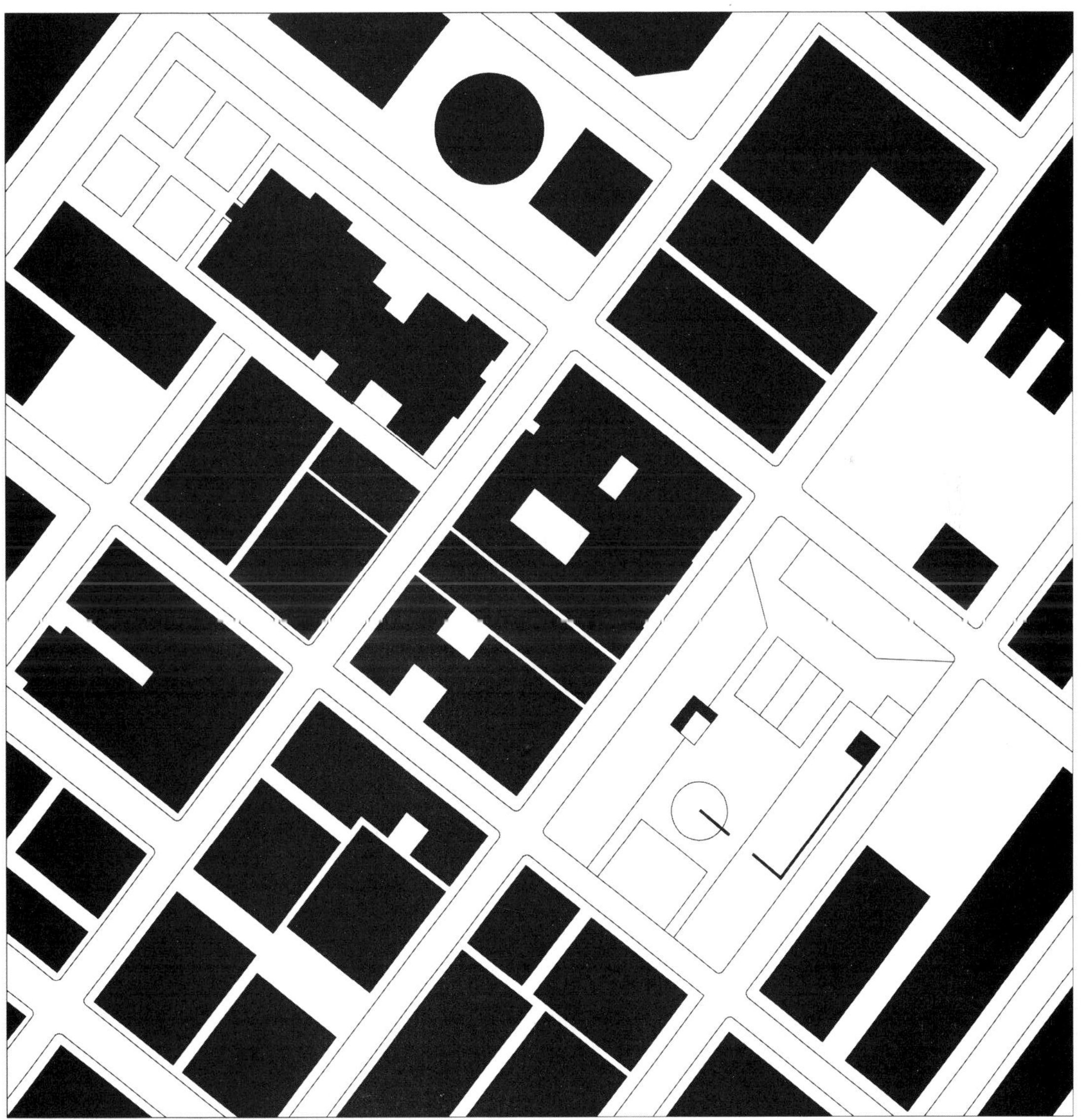

卢卡（Lucca）

47

圆形剧场广场 (Piazza dell'Anfiteatro)

起源自罗马小镇鲁萨（Lucensis）的卢卡如今只是残留着古时的少许影子，其中最明显的痕迹便是其街区的布局和圆形剧场广场。正如位于罗马的那佛纳广场（Piazza Navona）一样，圆形剧场广场是残存的城市化石之一，这些城市化石既没有被新兴的城市建筑所抹杀，也没有被当作城市中废墟而被遗弃。毋宁说，圆形剧场广场是其罗马历史凝固的遗迹。

圆形剧场广场

几乎整个卢卡市都保留着其最初的罗马式结构，这主要归功于现在仍然环绕着这座城市的城墙。和其他的罗马村镇一样，卢卡是按照一种网格状的形式建造的，城市中有两条在中点相交并且互相垂直的主轴街道：迪库曼纽斯·马克西姆（decumanus maximus）和卡尔多·马克西姆（kardo maximus）。大一些的网格状街区又被进一步划分成更小一些的网格状街区。在其中心是广场，现在是圣米凯莱广场（Piazza San Michele）和圣米凯莱教堂（San Michele in Foro），城市的外围是圆形剧场。从公元2世纪开始修建，卢卡的设计基本保持不变，只是有些细微的街道整修，例如，14世纪时在主广场的南侧修建了奥古斯都大帝宫殿（Palazzo Augusto）以及城市向外拓展时修建的新防御城堡［布朗福斯（Braunfels），1988: 58］。

卢卡的圆形剧场是这种持续改革的一个小例子。尽管修建剧场的石料搬走了，剧场仍保持着其基本的几何形状。因此，在10世纪城市向外扩建之时，它成为房屋和一个中心花园的地基。在19世纪中期，这座中心花园成为一个集市所在地。直到20世纪30年代晚期，集市里的摊位和其他结构被迁走，这里才转变成了现在的模样［加藤（Kato），1980: 50］。这座广场主要是由一些三层或四层楼高的房屋来界定的，一层开设了一些咖啡馆和商店。然而，保罗·朱克尔（1966: 152）指出，圆形剧场广场只不过是这些房屋的“一片空地”和庭院，不是一个真正的广场。同样地，圆形剧场广场表明历史是如何影响城市格局的，尽管这些历史常常与现实格格不入。同时，为了避免使空间变成活化石（或许甚至是思想的僵化），广场必须适应其他的用途以保持活力。从广场上发展出集市也许是合时宜的，一旦取消了集市，它会造成广场在时间上的停滞。

圆形剧场广场

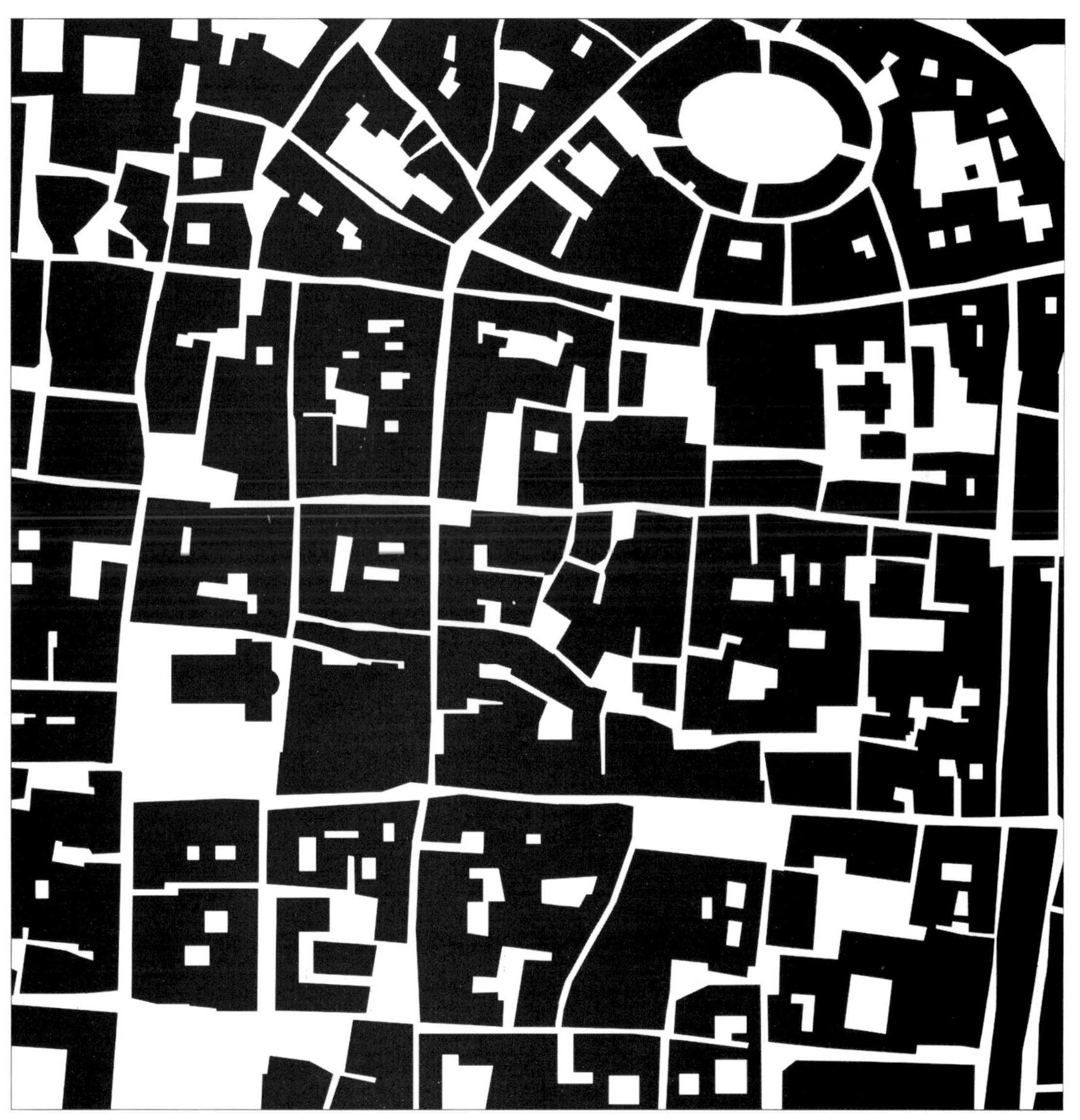

马德里（Madrid） 48

五月广场 (Plaza Mayor)

1561 年，西班牙哈布斯堡家族的腓力二世（Philip Ⅱ）正式宣布将马德里定为西班牙的新首都。此后不久，他就出资支持修建了一座新的广场，这个广场不仅仅是皇室举行庆典仪式的场所，它也将成为新皇家城市的象征。这样的修建目的就使得五月广场的建筑风格是高贵统一的，这一特点也反映了腓力二世的雄心和抱负，同时也体现了整个社会的精神。

广场的围墙是一些四层楼高的建筑，它们的外形统一，一楼都是整齐的柱廊。只有那些与街道相连的一层半高的拱廊和广场南北两边那些与四层楼模样相同的塔楼稍微打断了这样的统一性。广场柔和且自然的外形与那些具有文艺复兴后期或是巴洛克早期的建筑形成了鲜明的对比。整座广场的设计在诸多由腓力二世资助修建的建筑中显得十分普通，但同时也反映了国王在重建位于埃尔·埃斯科里亚尔（El Escorial）[责编注]的圣·罗伦佐修道院（Monastery of San Lorenzo）时的一些经验（埃斯科瓦尔，2004: 21～23）。面包房（Casa de la Panadería）是广场上的主体建筑，它沿着广场的北边而建，这里原是一个卖面包的市场，而在市场的上面修筑公寓是用于皇家庆典期间作为皇室成员居住的寓所。

整个广场看上去就像是添加在城市之上，广场的设计并没有考虑街道的布局。尽管这样的外观并不是后来添加上去的，而是在 16 世纪后期到 19 世纪早期这段时间，人们在原有广场的基础上进行改建而成，并使其变得越加完美并规整。从 1583 年开始，建筑师胡安·埃雷拉（Juan Herrara）和胡安·德·瓦伦西亚（Juan de Valencia）通过规划统一建筑的正立面，增加了面包店，而使得原本不规则的广场变得规整起来。到了 1617 年建筑师胡安·戈麦斯·德·莫拉（Juan Gomez de Mora）将统一设计的工程继续推进，他将广场的角落进行了改进，并且沿着新街道（Calle Nueva）建立起一条链接。但在 1672 年的一场火灾中，广场和面包房都被烧毁，此后由托马斯·罗曼（Thomas Roman）以及狄奥多尔·阿德麦斯（Teodoro Ardemas）负责整个广场的重建工程，整个工程根据莫拉的模式进行修建（埃斯科瓦尔，2004: 253）。1790 年广场又遭受了一场火灾，大火摧毁了广场的西翼，于是建筑师胡安·德·维兰西亚（Juan de Villanueva）通过模糊但曾经清晰可见的拱门式街道入口的方式，使得整个重建在更深的程度上变得统一、完整（埃斯科瓦尔，2004: 257）。

和巴黎的孚日广场（Place des Vosges）或是西班牙萨拉曼卡的五月广场（Salamanca's Plaza Mayor）一样，马德里的五月广场除了是皇室庆典仪式举办的场所之外，市民或是宗教活动也可在此举行。尽管它与萨拉曼卡的五月广场以及巴黎的孚日广场有着如此多的相似之处，但与它们比较过后，马德里五月广场的设计更加整齐统一，不同于早于它存在的那些城市建筑。

五月广场整齐的正面和规划，甚至是在某种程度上柔和的连接向我们展示了一个文明的社会，这样的做法取悦了凌驾于单个平民之上的群体。就像历史学家杰西·埃斯科瓦尔（Jesús Escobar）在他完整的研究中所揭示的那样，"这座广场的修建过程是对西班牙哈布斯堡政治结构的模仿，并且促进了一个现代城市的形成"（埃斯科瓦尔，2000: 97）。和全世界的城市广场一样，马德里的五月广场成为了这座城市的缩影，在这里我们看得到政治、经济以及文化对于城市的形成以及对历史的影响。

五月广场

[责编注] 埃尔·埃斯科里亚尔是西班牙历代王室行宫和先王祠所在地，是一处规模宏大的古典建筑物，坐落在马德里西北 32 英里的瓜达拉马山脉的一个村镇。

五月广场

墨西哥城（Mexico City）

49

索卡洛 / 宪法广场 (Zócalo/Plaza de la Constitución)

墨西哥城和城中心的广场于14世纪时修建在阿斯特克人都城的废墟之上，它代表了西班牙对美洲殖民地城市形式带来的规划方面以及政治方面的影响。墨西哥城的前身是建于1325年的特诺奇蒂特兰（Tenochtitlán），一座充满田园抒情诗般意境的城市，同时它也是一座位于湖心岛之上的水上城市。湖的周围是一些连绵的山脉，这些山脉上植被葱郁，各种各样的野生动物栖息于此。最初，这座城市是由网格状的道路以及运河构成，在它的中心是一片仪式区域，但这样的城市布局只延续了200年，随着西班牙殖民者的入侵，他们摧毁了这一切。根据荷南·科尔蒂斯（Hernán Cortés）的命令，整座城市根据《西印度法》，采用阿斯特克人的网格规划重建了起来。到了16世纪中期，人们将原先阿斯特克的中心太阳神庙（temple of Huitzilopochtli）拆掉，并在此修建了一座大教堂，后来这座教堂也被拆除，1667至1813年间，在这里修造了第二座大教堂。而只有在广场的东北角，能够看到特诺奇蒂特兰神庙的残迹以及基础的城市设计。

索卡洛广场从前是西班牙殖民地的武器广场（plaza de armas），从16世纪开始，这里已经成为了城市的中心，但是随着时间的推移，整个广场的用途也有着不同的变化。几个世纪以来，广场是从事交易的市场、集会游行或是举行庆祝仪式的场所。在大多数时间，广场都种满了棕榈树，但在1956年，为了举行大规模的政治集会，人们移走了这些棕榈树。今天，人们把这里正式命名为“宪法广场”（Constitution Square），但是它的另一个名字更为人所熟知，那就是“索卡洛广场”，索卡洛一词在西班牙语里原为“基座”的意思。这个名字看上去多少让人感到有些奇怪，而这个名字的由来是因为曾经在广场的中央有一块很大的基座。从1843年开始，人们一直打算在基座上修建独立纪念碑（Monument of Independence），但这个想法最终没有实现，于是到了1920年，人们最终拆除了这块基座。自那时起，全城的人们就为他们自己的广场取名为“索卡洛”。

就像作家罗伯特·佩恩（Robert Payne）所描述的：今天这座广场“令人苦恼的空旷”（佩恩，1968: 111）。这个宽阔的广场最初是供公众在这里游行，或是举行庆祝仪式。在大教堂的任意一边，可以形成集市进行各种买卖。广场上的主要建筑分别是在广场东侧的国民宫和北侧的大教堂，广场的西侧和南侧是一些商铺和百货商店。

墨西哥城向我们示范了政治是如何影响并且还将如何继续影响城市设计的。西班牙殖民者洗劫了这座城市，然后建立起西班牙式的城市，他们移除了广场上的树木以便于举行政治性的游行活动。索卡洛广场见证了不同政权的交替，并随着政权的变化而一次次地在设计布局上发生着改变。正如地理学家约瑟夫·斯加贝希（Joseph Scarpaci）所指出的：在成为西班牙殖民地之前“墨西哥城已经成为了‘征服的工具’，它是进行血腥祭祀以及激烈竞争选拔的场所，为这座广场带来无限生机的是那些极端的活动而非日常的生活”。（斯加贝希，2005: 235）

从南侧鸟瞰索卡洛广场

从西侧看索卡洛广场

索卡洛 / 宪法广场

米兰（Milan） 50

大教堂广场 (Piazza del Duomo)

对于很多建筑师和城市规划师而言，大教堂广场永远都是一个不尽如人意的广场。所以，它经常被重新设计，而每一项新的设计提议都提供了一种最终的解决方案［《无限的广场》（*La plaza interminabile*），1984: 14］。我们今天看到的广场是19世纪和20世纪几次尝试调整使其与宏伟的大教堂相匹配的结果。最初的意图是想让广场呈现统一的外表。这个设计方案包括由吉塞皮·曼哥尼（Guiseppe Mengoni）所设计的维托里奥·伊曼纽尔廊道（Galleria Vittorio Emanuelle），这座廊道建成后会将大教堂广场与其北面的斯卡拉广场（Piazza della Scala）连接在一起。拱廊的入口是一座具有纪念意义的凯旋门，这座凯旋门位于一列四层楼高的建筑群中央，而拱廊占据了这些建筑物的底层空间。维托里奥·伊曼纽尔廊道及其与北侧的连接极为重要，因为这座廊道是一条街道，从某种意义上讲是大教堂的翻版。它是一座圆形的商业拱廊。它十字形的布局设计、玻璃天花板和柔和的立面正好是坐落于开放的广场上的大教堂的对照物。在大教堂广场的南侧是几乎被人遗忘、从未被拍摄过的两座修建于1939年的市政大楼（Arengario）。这些法西斯风格的建筑意在与北侧的廊道相匹配。

大教堂广场上的主要建筑是意大利哥特式风格的米兰大教堂，这座教堂始建于1387年，完工于19世纪。尽管没有哪一座教堂是轻而易举就能建成的，米兰大教堂尤其令人畏惧，因为在建造过程中走马灯似的更换负责这项工程的建筑师和顾问。在那些参与建造大教堂的人们当中，最著名的是列奥纳多·达·芬奇（Leonardo da Vinci）和多纳托·伯拉曼特（Donato Bramante）。

改建大教堂广场仍然十分困难，造成这种情况的部分原因是：米兰这座大都市的特点所致，广场周围分布着众多的19世纪建筑和皇宫，而且广场东南侧的梯形空间实际上将人们的精力从主广场上分散了。

大教堂广场面临的一个主要的难题是它太过年轻。米兰大教堂直到19世纪才完工，而其周围的建筑也是在19世纪60年代才完工。相对于意大利其他的广场来说，这是一段相当短暂的历史，例如，那佛纳广场的前身图密善竞技场（Stadium of Domition）始建于公元1世纪，而直到17世纪它才作为一座广场完工。换句话说，大教堂广场的设计方案和它最终的形式也许还需要几百年的时间才能够成熟，才能被认为是一座完工了的广场或者成功的广场。这就是城市规划的任务，至少在美国，这项任务通常需要整整一代人来完成。

廊道的入口

从东南侧看大教堂广场

大教堂广场

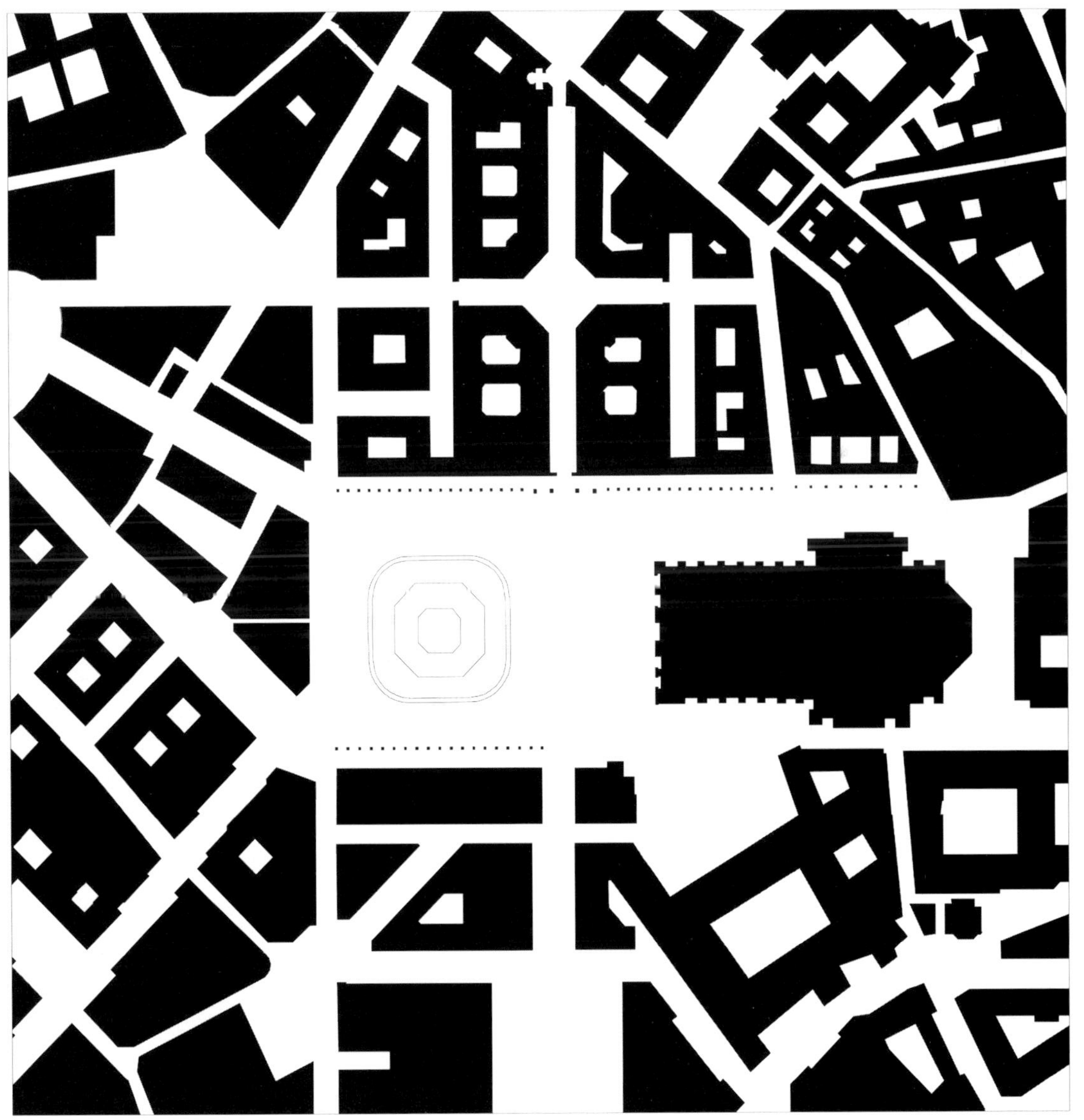

蒙特利尔（Montréal） 51

达尔姆广场 (Place d’Armes)

达尔姆广场是加拿大蒙特利尔市中心在殖民时期修建的几座广场中的一个。它是位于老城区中部面积较小的一座广场，它原是法国殖民地的中心。蒙特利尔的前身是法国殖民地——玛丽亚城（Ville-Marie），它于1642年由法国殖民者建立。和其他城市一样，蒙特利尔也经历了许多社会和政治上的重大变迁，尤其是18世纪以及20世纪这两个时期，这样的变化也从广场外观上得以体现。

和其他修建在法国殖民地的广场一样，达尔姆广场是一个开放式的广场，而且在广场上没有景观带，这样的特点与法国的那些公共广场相一致。这座广场最初修建的目的是用作军事训练场。在这里，这座城市的创始者梅桑那爵士保罗·楚梅迪·德·梅桑纳（Paul Chomedey de Maisonneuve）通过数年激战指挥欧洲殖民者击败了易洛魁人的部落。在达尔姆广场的南边是圣母大教堂（Notre-Dame Basilica），它限定了广场的南侧边界。圣母大教堂最初修建于1672年，1829年进行了重建。在广场南侧，靠近大教堂的开阔区域是一个庭院，这个庭院通向修建于17世纪中期的圣苏普里斯修道院（Séminaire de Saint Suplice）。

建筑师让-克洛德·马桑（Jean-Claude Marsan）曾这样说过，达尔姆广场的特征反映了1763年以后蒙特利尔由法国殖民地变为英国殖民地的变化（马桑，1990: 141～143）。法国统治期间，广场是一个开放的公共空间；而到了19世纪中期，在英国的统治下，这里就变成了孤立的私人领地，英国人在广场的四周种植了许多树木，并且围上了一圈铁栅栏，这与伦敦的住宅区广场十分相似。而另外一个变化就是，在法国统治期间，广场上教堂的主门廊朝向西面的圣母街（Notre-Dame Street）的轴线。原本东西走向的圣母街，现在沿着广场南侧的边缘延伸。如同马桑所评述的，“这样通过把纪念碑置于视觉透视的远端来突出强调它的方式，更突出了经典欧式广场的特点，这样的布局更胜于英式的设计布局”。（马桑，1990: 141）。这种类似的情况与原法国殖民地新奥尔良的杰克逊广场（Jackson Square，达尔姆广场的前身）相似，圣路易大教堂（Cathedral of St. Louis）就修建在杰克逊广场的中心，看上去像是一座

达尔姆广场

独一无二的纪念碑。19世纪初，人们将教堂整个推倒重建，建筑师们沿着教堂的轴线做了顺时针的旋转，把教堂向南进行了移动，这样的变化就使得教堂的门廊划定了广场南面的边线，而居民区构成了广场的另外三边。同时大教堂依然保持的是广场上的纪念碑，只不过规模稍小了一些。

到了19世纪中期，广场吸引了越来越多的商业机构，写字楼的规模越来越大。1887年，首栋摩天大楼——纽约人寿保险大楼（New York Life Insurance building）在此建成，到了20世纪初，广场周围建筑的高度已经达到了10到12层。1931年，一栋装饰艺术风格的建筑在广场的东侧拔地而起，接着在广场的北侧建起了加拿大国家银行（Banque Canadienne Nationale building）。除了1968年修建于广场西南侧的达尔姆广场Le 500写字楼（Le 500 Place d’Armes office building）之外，广场至今仍在一定程度上保持其原貌。

达尔姆广场

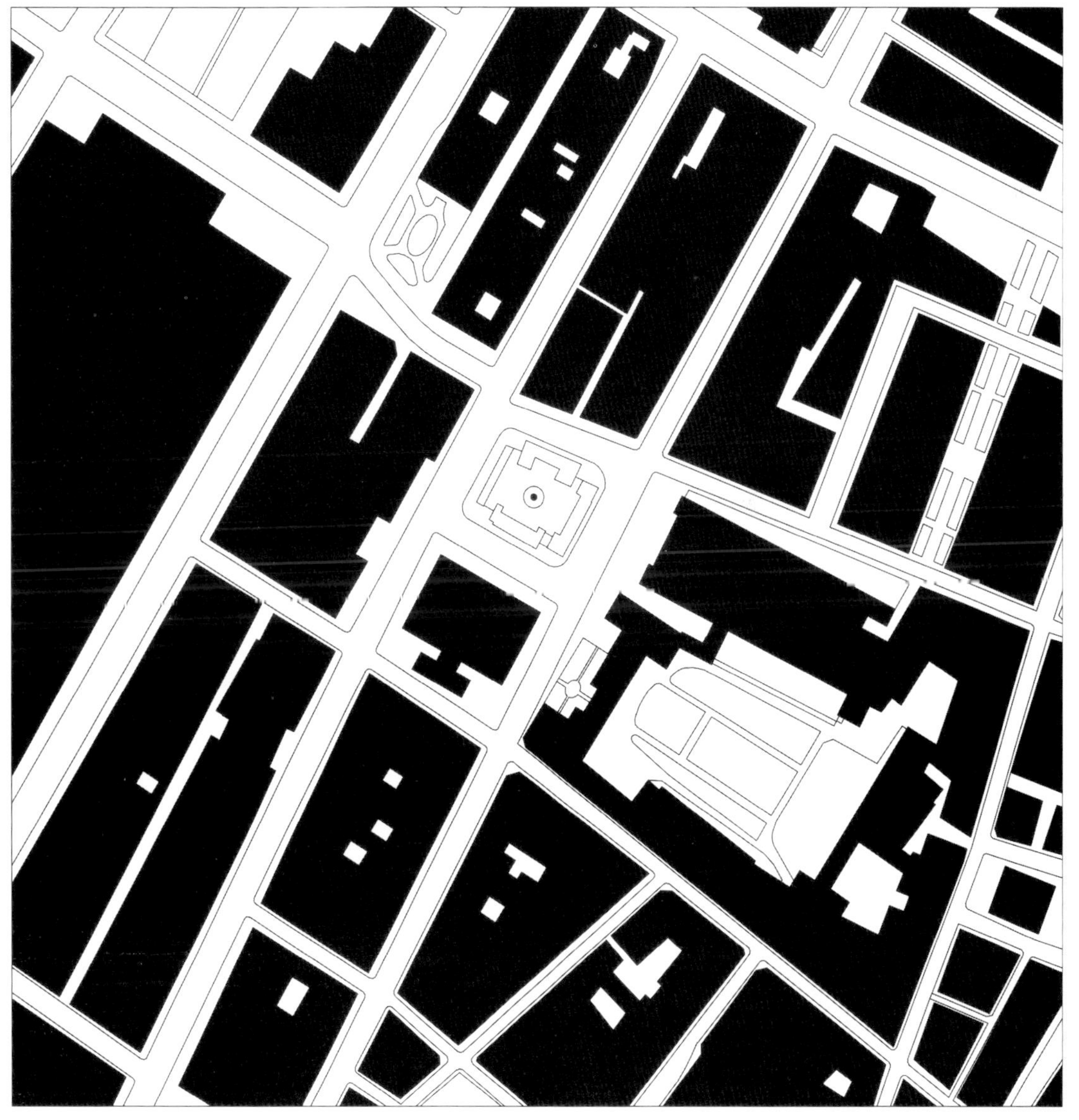

莫斯科（Moscow）

52

红场 (Krasnaya Plóshchad)

在莫斯科的中心坐落着世界闻名的红场，提到它总是会令我们联想到当年苏联那些精心安排的阅兵仪式，挥舞旗帜的市民和士兵、隆隆驶过的坦克以及导弹发射车。尽管它的名字可能源于共产主义的意识形态，但事实上这个名字真正的由来是取自俄文中的“美丽”一词。广场的名字和它的布局结构植根于传统的俄罗斯集市广场，而后世的执政者将广场确立为明确的代表国家象征的广场。

俄罗斯许多重要的标志性建筑都修建在了广场的周围，因此这些建筑便勾勒出了整个广场的轮廓。沿着广场西部而建的就是著名的克里姆林宫（Kremlin），从12世纪起，这座红砖建筑就成为了整个莫斯科的中心。在它的前方是列宁墓，前苏联的领导人就在这里检阅游行队伍和武装部队。古姆百货商店（GUM department store）与克里姆林宫相对，坐落在广场的东侧。来到广场的北侧你就会看到19世纪修建的历史博物馆（Historical Museum）。广场的南端是色彩丰富的圣·瓦西里教堂（St. Basil's cathedral），教堂的穹顶与洋葱有着几分相似。

最初这座广场是莫斯科的一个露天集市，这里设有很多的摊位，随处可见各式各样的建筑，市场还建有围墙。作为集市，这里自然而然地就成为了数条商路的交会点，同时它也成为克里姆林宫建筑群与东北面的居住区的连接点。在拿破仑的侵略战争中整个广场毁于一旦，1813年至1818年之间，建筑师奥西普·伊万诺维奇·波维（Osip Ivanovich Beauvais）担负起了重新设计规划莫斯科的重任，其中也包括了清除广场集市结构的工作（古特金德，1972b: 346～347）。

北望红场

南望红场

整个广场最引人注目的部分当属广场的面积。和大多数具有政治意义的广场一样，广场的面积必须十分庞大，只有这样才有足够的空间来容纳军队、人群以及庞大的军事设备和车辆。19世纪之前，我们很难在俄罗斯那些面积较大的公共广场上寻找到一些俄罗斯的传统建筑风格。直到拿破仑战争后，为了与沙皇不断扩充的军队及其政治影响力相一致，如圣·彼得堡和红场才开始变成正式的广场。就像埃尔温·古特金德（Erwin Gutkind）在《东欧城市发展》（*Urban Development in Eastern Europe*）一书中所指出的那样“在俄罗斯，广场所扮演的角色并不那么的重要，这些广场的功能仅仅局限于集市广场或是教堂广场”（古特金德，1972b: 257）。除此之外，他还指出这些广场的轮廓并不清晰，外形也不规则，地面也不平整。由于缺乏了空间的整体感，因此影响了红场整体的画面感。但由于红场具有俄罗斯特点的起源、紧邻克里姆林宫及其直线形的构造组织结构，使它成为苏联时常举行游行或阅兵的场所。和其他极具政治象征意义的广场一样，对苏联而言，红场是俄罗斯无产阶级与工人阶级苏维埃理想的纽带。

红场

南锡（Nancy）

斯坦尼斯拉斯广场、卡里埃勒广场和戴高乐广场（Place Stanislas, Place de la Carrière and Place Général de Gaulle）

有序却充满动感，这是像法国南锡的斯坦尼斯拉斯广场、卡里埃勒广场以及戴高乐广场这样的欧洲最优美城市广场的共同特点。它们之所以能够得到如此高的评价，部分原因在于其本质上的二元结构：尺度具有皇家威严，也具备清晰严谨的空间次序，但同时亦提供了多样化的流畅感。此外，它们的设计也将夸张的法国巴洛克设计风格发挥到了极致。

为了对路易十五表示敬意，被废黜的波兰国王斯坦尼斯拉夫·列辛斯基[Stanislaw Leszczyński（1677年—1766年），他曾两次出任波兰国王，又两度被废黜，后被女婿法王路易十五封为洛林公爵（Duke of the Lorraine）]设计了这座皇家广场。随着广场的建成，它将城市的新旧两部分连接了起来，同时广场也成为城边公爵府邸以及花园的宽阔入口。1753年到1760年间，由建筑师艾曼纽尔·赫雷·德·科内（Emmanuel Héré de Corny）设计建造了这座广场。广场是由一系列具有一定体积的房间组成，每一房间相对独立，具有独立的外形、方向和尺度。虽然独立，但是每一个空间在整体构成中都扮演着互补与重要的角色，也使得整个空间充满了灵动之感。两条辅助的连接将这三个主要的广场沿着广场东北—西南走向的轴线连接起来。轴线起始的一端是市政厅（Hôtel de Ville），这座建筑勾勒出广场西北侧的边线，这条轴线实际上垂直于斯坦尼斯拉斯广场的长轴线，这条轴线是由一条东北—西南走向的街道构成，而这条街道也是进出南锡的主要干道。这条主要的轴线延伸穿过斯坦尼斯拉斯广场，最后伸入一条狭窄的步行街，在街道的末端是一座凯旋门（Arc de Triomphe）。通过凯旋门就来到了卡里埃勒广场（赛马广场，16世纪这里曾是赛马场），这是一座直线式的广场，广场的两侧是一些三层高的建筑，沿广场内侧的边缘是一排行道树。穿过卡里埃勒广场，沿街而行，就来到了戴高乐广场。这是一个交叉轴向的广场，广场的两端呈半圆形，这座广场就在这条轴线的终点位置，并且形成广场较长的一边，在广场以及南侧半圆形的外侧是一些形状规则的花园。

上述设计值得设计师们借鉴之处在于，整个工程并不是一个完整的设计，而是添加在城市景观之上的建筑，并且与已经存在的建筑相互融合，成为一个有机的整体。这些已经存在的建筑包括一条西北—东南走向的街道以及流淌于南锡中世纪城区与文艺复兴时期城区间的护城河。与这条街道以及河流相垂直的是一个相对封闭的广场，那就是卡里埃勒广场，坐落在卡里埃勒广场西南角上的是新近修建的波伏－克朗酒店（Hôtel de Beauvau-Craon）。酒店以及卡里埃勒广场成为整个工程的最主要源头。建筑师艾曼纽尔·赫雷·德·科内复制了酒店的韵律、体量和流线，将它沿卡里埃勒广场的两侧延伸。在卡里埃勒广场轴线与南北走向街道的交会处就是斯坦尼斯拉斯广场。新的市政厅就修建在卡里埃勒广场轴线上，处于广场的末端。最后设计师仔细研究这里各方面的情况，并继续在这里进行多元化的设计。

斯坦尼斯拉斯广场

卡里埃勒广场

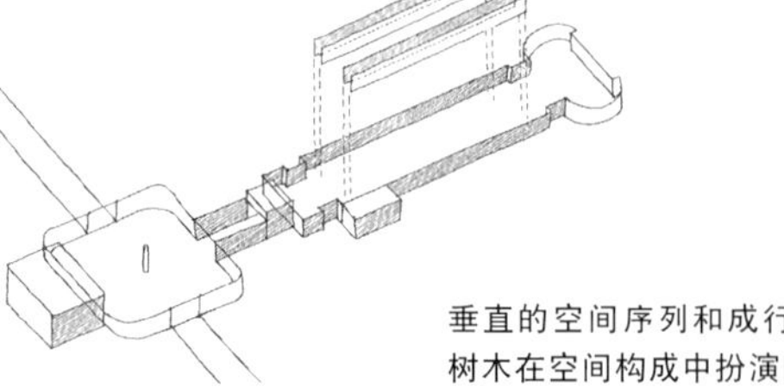

垂直的空间序列和成行排列的树木在空间构成中扮演的角色

斯坦尼斯拉斯广场、卡里埃勒广场和戴高乐广场

纽黑文（New Haven） 54

绿地广场 (The Green)

殖民地纽黑文的城市规划方案总是和1683年威廉·潘（William Penn）设计的费城并称为美国标准的英国殖民时期的城市设计。由于它梦幻般的形式和内涵，它和费城在美国的“西进运动”中对城市规划有很大的影响。

纽黑文建于1683年，是当时的皮毛交易中心，也是清教徒的理想城市。它当时的设计方案是将城市划分为九个方格，而第十个方格是一片从最低的一角至港口之间的长方形区域。建设者将九个方格正中间的方形（大约总面积的10%）作为城镇的公共绿地。与其他新英格兰的公共绿地一样，它被用作修建公共建筑、市场和其他民众活动场所。约翰·雷布斯（John Reps）1965年在《美国城市规划》（*The Making of Urban America*）一书中指出，“纽黑文将大量空间用于公共用途，在这一点上其他城市无法比拟”（雷布斯，1965: 130）。在18世纪晚期以前，这片地区被称作“市集广场”（Market Place），但在随后的改建中，它被命名为“绿地广场”，榆树环绕，青草幽幽。在19世纪初，纽黑文以“榆树之城”（City of Elms）而著称，成为典型的美国早期城市规划，即在城市中充满着森林的气息。

在19世纪早期，城镇划出了三块地皮给绿地广场上的教堂。这种在公众广场上修建三处或更多教堂的布局体现了早期美国城市的特点：宗教信仰在城市生活和规划中发挥着极其重要的作用。

绿地广场最初的形状至今仍十分清晰，但是纽黑文原有的九个方格区域被分割成更小的部分。现在，这座广场被圣殿大街（Temple Street）分为两块大小不一的部分。较大的位于西北侧，期间的三座教堂深深隐藏在绿叶丛中。东南侧的部分则对外开放，作为举办节日庆典和其他活动的场所。绿地广场的西南侧与耶鲁大学相接，大学内的四边形学术大楼使人一眼就能将两者分辨开。绿地广场的西南角是礼拜大街（Chapel Street），现在是纽黑文主要的商业街区。沿着广场的东南面是教堂大街（Church Street）、纽黑文市政厅、金融机构、法院和政府办公楼。榆树大街（Elm Street）在广场的东北边缘，耶鲁大学的一些建筑、公共图书馆和州最高法院就在那条街上。

绿地广场之所以在两个多世纪的时间里都有如此魅力，一部分原因要归功于一个成立于1805年的五人业主委员会。这个非政府机构，类似一个非营利机构，负责管理美国许多当代广场。它负责监督广场的养护和绿色植物的栽培，并对其用途有最终决定权。此外，历史学家伊丽莎白·米尔斯·布朗（Elizabeth Mills Brown）指出，这座城市的“都市指导思想为建筑组织结构创造了一个边界，这一指导思想多年来为提升广场的内涵和封闭性做出了贡献，使中心的概念更富于戏剧性。正是社会功能的平衡以及建筑比例、建筑韵律的协调平衡这两个意义重大的平衡点迄今为绿地广场赢得了特殊的视觉效果”。（布朗，1976: 103）

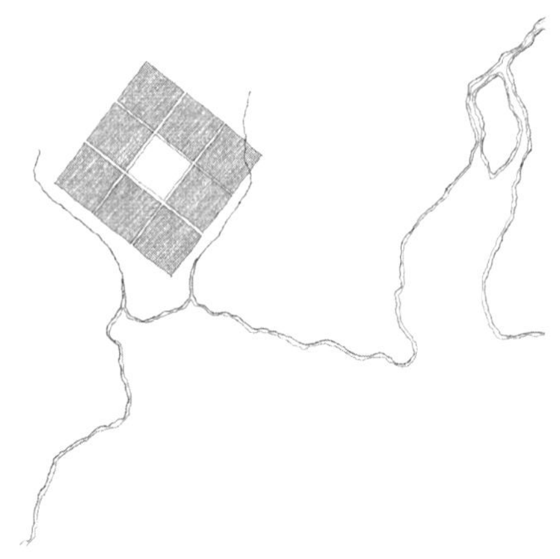

最初的城镇平面规划以及与港口的关系

从东南鸟瞰

绿地广场

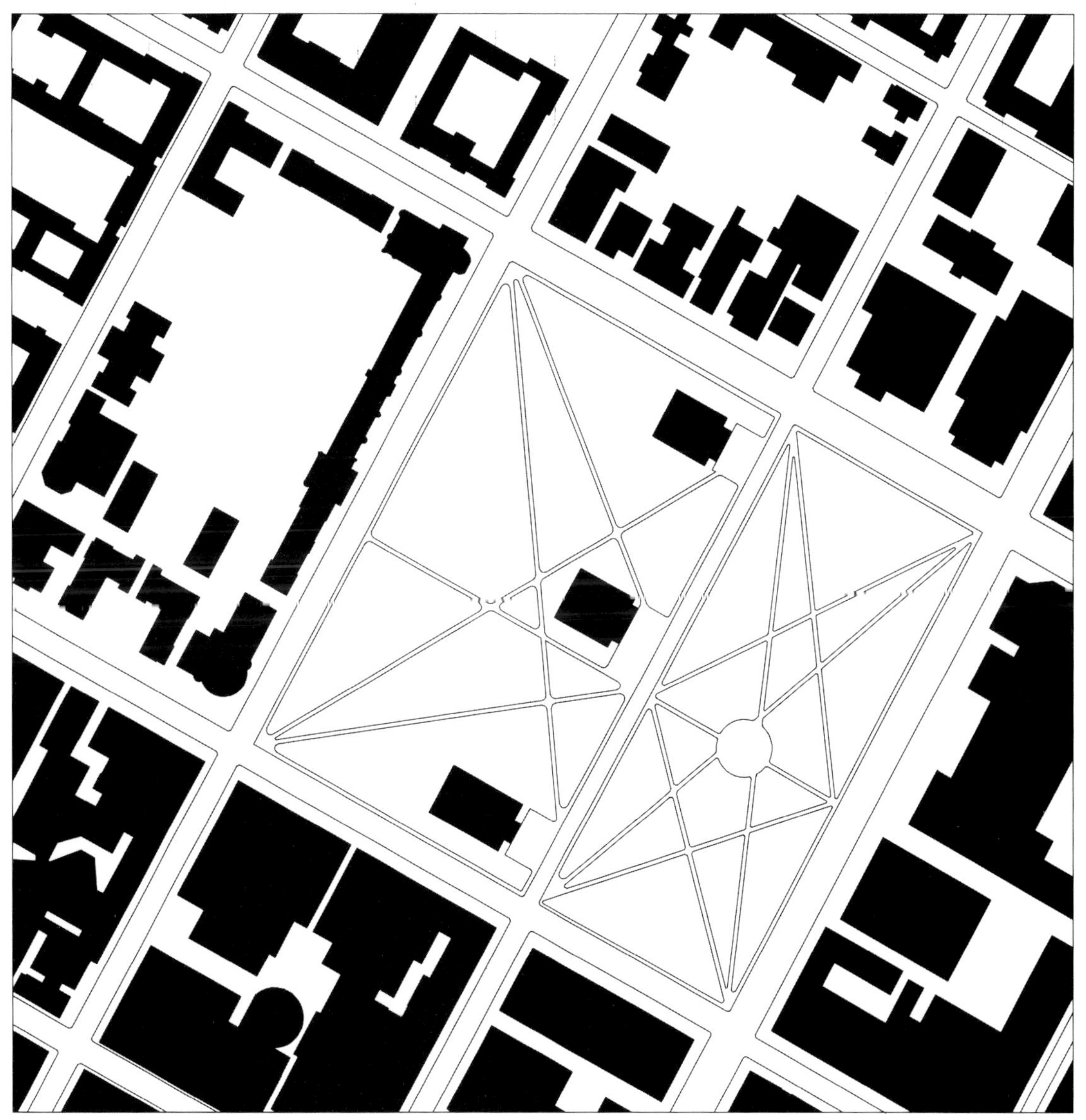

新奥尔良（New Orleans） 55

杰克逊广场 (Jackson Square)

在新奥尔良法国老城区（Vieux Carré）的中心，就是杰克逊广场。杰克逊广场是一座开放式的公园，它开阔的布局与整个城市那种紧凑的形态截然不同，也正是因为这样的设计，使城市总体上局促的空间布局得到了释放。由于广场四周鲜明的分界，广场上的大教堂与广场本身恰如其分的融合以及面朝密西西比河公园般优美的景色，使整个杰克逊广场充满了生气。就像作家奥古斯特·赫克舍（August Heckscher）1977年在《开放的空间：美国的城市生活》（*Open Spaces: The Life of American Cities*）一书中所述：这座广场“是这个国家里所有类似的建筑都无法超越的，它将优雅的元素完美地融入设计之中，这是一个古老城市广场转换成能够满足现代人群聚会需求的城市广场的成功案例”（赫克舍，1977: 148～149）。

1718年让－巴普提斯·德·比恩威尔（Jean-Baptiste de Bienville）建立了新奥尔良。新奥尔良的网格状布局与18世纪法国在北美的其他殖民地，如圣路易斯（St. Louis）、密苏里、莫比尔（Mobile）以及阿拉巴马的设计风格一致。广场位于新奥尔良的市中心，设计者一反常态地把广场安排在密西西比河河边，起初这个广场是一处军事训练场（雷布斯，1965: 78～81）。19世纪50年代之前，广场保持开敞，没有种植任何植物，但是50年代以后，人们对其实施开发并绿化，在广场中心还树立起了一尊安德鲁·杰克逊总统（Andrew Jackson）骑马的雕像。

广场四周除了南侧是开放的，其余三边均是闭合的。广场的北侧是著名的圣路易斯大教堂（St. Louis cathedral），教堂的旁边是卡比尔多拱廊博物馆（Cabildo）和皮斯拜特利拱廊博物馆（Presbytère）。东西两侧是外观几乎相同的两栋公寓楼，沿着公寓楼的基座安装了轻质的铸铁柱廊。广场的南面朝着华盛顿炮兵公园（Washington Artillery Park）、密西西比河河堤以及铁路路基，然而它最初是直接朝向密西西比河。

一条穿过了法语区南北走向的街道——奥尔良大街（Rue d'Orleans）将原来的老城区一分为二，并将教堂的中轴线向北延伸至市区。教堂后面街道的尽头是一个小公园，因此沿着奥尔良大街向南望，街道的终点是一个绿色的公园和教堂的后殿。沿着这条街朝着教堂方向走去，有一条人行道与公园的边沿平行，绕过教堂之后，你就到达杰克逊广场了（赫克舍，1977: 151）。

杰克逊广场

在广场和密西西比河之间，人们修建了一条架高的公路，这是广场非常重要的侧面。与其他沿河及滨水的城市一样，沿河修建高速公路或其他设施，能够让河滨获得更多的发展机遇，而不只是一个休闲娱乐的场所。新奥尔良人是幸运的，他们成功地避免了曾在纽约东河（East River）、费城特拉华河（Delaware River）和斯库吉尔河（Skuykill River）以及伊斯坦布尔金角湾（Golden Horn）发生的不幸在密西西比河畔重演。

杰克逊广场

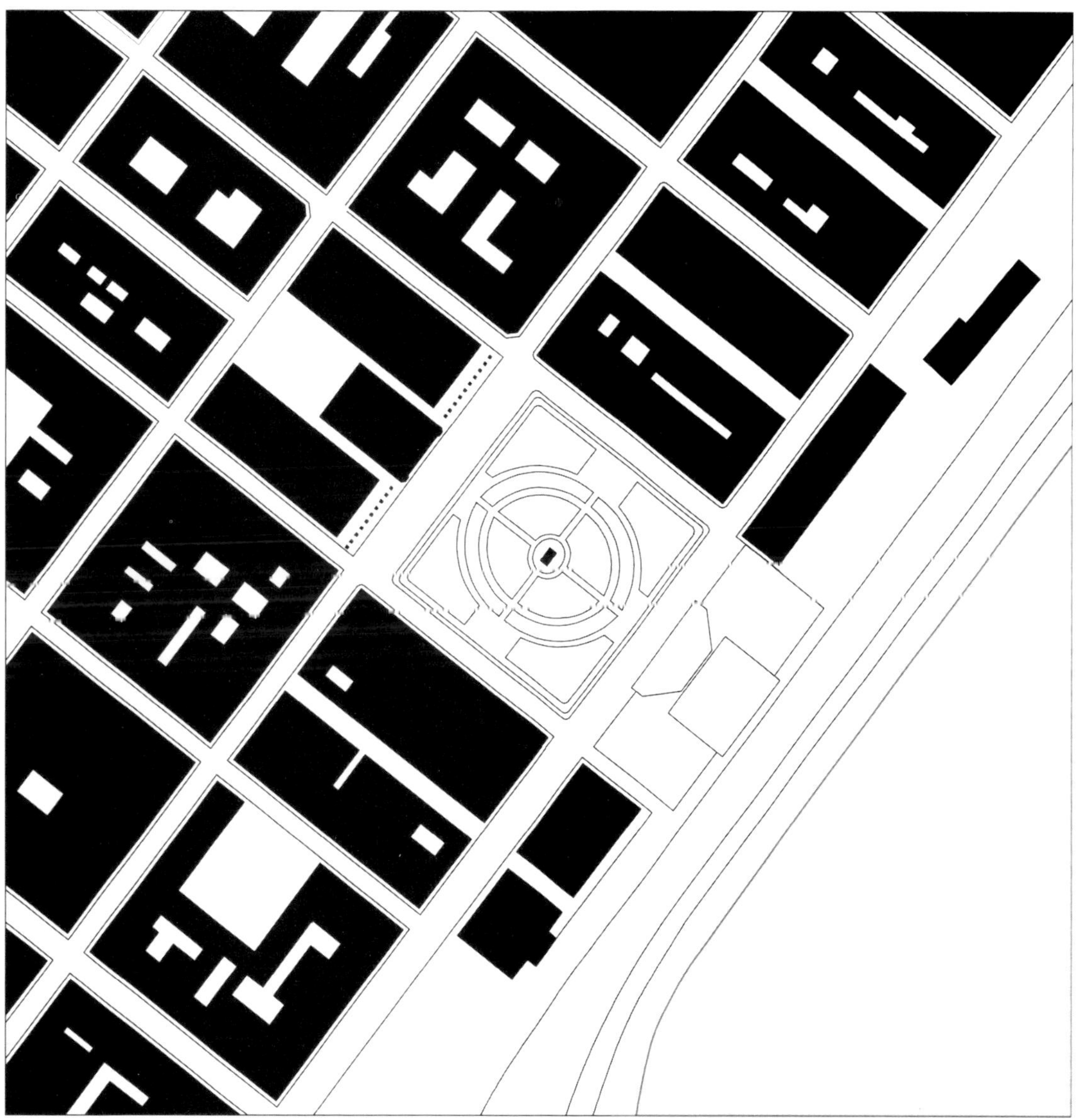

组约（New York）

56

布莱恩特公园 (Bryant Park)

布莱恩特公园代表了20世纪末通过公私部门协商由非营利机构进行管理，并实施重新设计与再开发的优秀公园之一。布莱恩特公园作为公共用地的历史已有300多年，现在的布莱恩特公园仍保留有原来的那种淳朴以及简约的风貌。

坐落于曼哈顿市中心的布莱恩特公园，位于第40大街和42大街之间，西面是第六大道，即美洲大道（Sixth Avenue，Avenue of the Americas），东侧是纽约公共图书馆（New York Public Library）的背面。虽然今天这里已经发展成了人口密集的成熟发达地区，但在200多年前，这里却只是曼哈顿岛上一个发展相当滞后的农村。

从17世纪起，公园周围的地区就成为公共用地。19世纪中期修建了一个公园，由于紧邻克洛顿蓄水池（Croton reservoir，责编注：19世纪30、40年代建造的供纽约市区使用的储水设施），故最初名为“蓄水池广场”（Reservoir Square），现在蓄水池的基地已经是纽约公共图书馆。1853年在公园里举办了万国工业展，当时艾利莎·奥的斯（Elisha Otis）就在那里向世人展示了具有安全性的电梯系统，也正是因为发明了这一系统，于是改变了纽约和芝加哥的天际轮廓。1884年，为了纪念著名的诗人、报社编辑威廉·克林·布莱恩特（William Cullen Bryant），更名为“布莱恩特公园”。在1909年，纽约公共图书馆勾勒出了布莱恩特公园的外部轮廓，随后公园的南北部分逐渐成形，从1878年至1938年间公园西侧的边界被第六大道上的高架电车轨道占据。正因为这些原因，使得布莱恩特公园的轮廓并不是这么完美。铁轨移除后，对整个公园进行了重新设计，公园四周用护栏围绕起来，规整均匀，只是地势稍稍有些抬高。

二战后美国都市大范围衰退，也使得布莱恩特公园这些城市公园不幸受到影响。当纽约在20世纪60年代后期到20世纪70年代处于经济衰退的状态之时，人们无暇顾及公园的维护，布莱恩特公园变成了一个孤立的场所，因此公园就成为毒品犯罪的温床。到了20世纪80年代，许多机构组成了一个非营利性的团体——布莱恩特公园重建组织（Bryant Park Restoration Corporation），并且提出了重建布莱恩特公园的倡议。他们聘请了景观建筑师汉娜和欧林景观建筑事务所（Hanna/Olin）进行重新设计，此次重新设计旨在改善人们在人行道上行走时的可见度，让人们再次看到20世纪30年代时的公园风貌。同时，重建组织还加强了公园的治安监督和巡逻，在公园中增加了更多的商业机会，以此来促进公园的发展。1992年，公园里开设了咖啡屋和许多小摊点，也就是从那时起，布莱恩特公园成为曼哈顿市的中心。这个公园成为市中心罕见但却简约整齐的公园。

布莱恩特公园重建组织的积极努力和持续的管理毫无疑问铸就了公园成功。但不幸的是，尽管这个非营利组织仍然管理着公园许多方面的日常运作，但这座公园还是要移交给私人。所谓的“公共公园”已成为私人拥有的飞地，由私人安保人员负责安全保障，要求游客在公园内的行为必须得体。为了维护公园的发展，该组织时常允许私人来租用公园，在那时公园只允许特定的客人光临此地。也因此，现实存在着这样一个矛盾，如果没有重建组织的介入，布莱恩特公园仍旧还是那个充满了毒贩和犯罪团伙的黑暗地带，但又由于有他们的存在，使得游客在公园内不再能够行动自如，他们的行为受到约束，必须随时注意自己的言行举止。

布莱恩特公园

布莱恩特公园

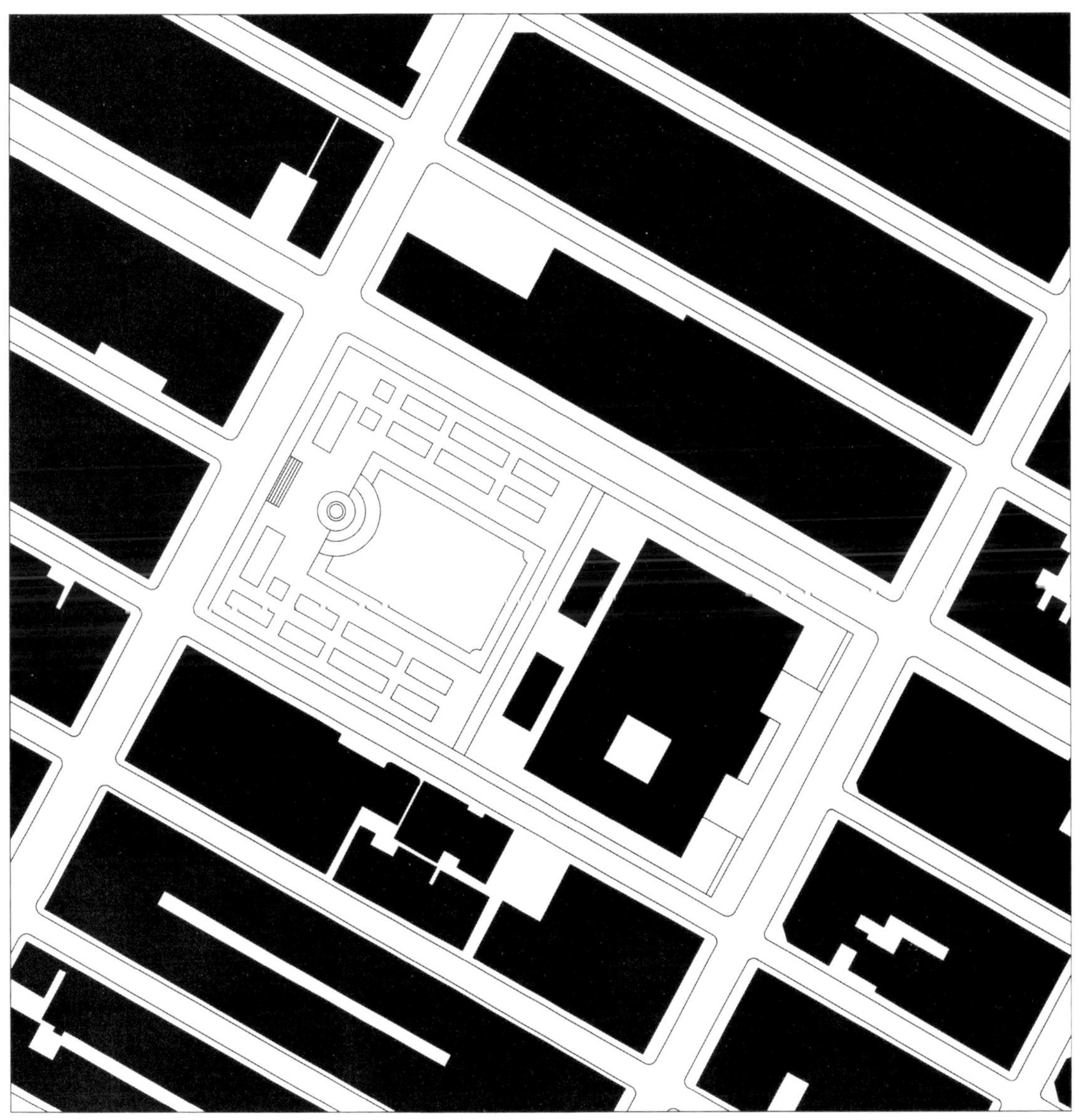

纽约（New York）

57

洛克菲勒中心 (Rockefeller Center)

洛克菲勒中心在曼哈顿的中心占据了从第48大街至第51大街、从第5大街至第6大街将近整整三个街区的地块，是一个包括了17栋大楼的独特建筑群，其中包括了商城、写字楼、工厂以及剧院，可谓是包罗万象。洛克菲勒中心的核点是位于高达70层的充满艺术装饰风格（Art Deco）的美国广播公司大厦（RCA, Radio Corporation of America, 现为通用电气大厦）底层的洛克菲勒广场。虽然官方宣称这是由科比特、哈里森和麦克莫瑞（Corbett, Harrison & MacMurray），胡德和福伊霍（Hood & Fouilhoux）以及雷恩查德和霍夫迈斯特（Reinchard & Hofmeister）这几家设计师事务所联合设计，但事实上整个大楼主要由建筑师雷蒙德·胡德（Raymond Hood）负责设计［乔迪（Jordy），1976: 59］。

洛克菲勒中心的设计最让人感兴趣的部分应该是，设计师们巧妙地运用纽约的区域布局方式，并在此基础上进行创新，使整个中心的建筑群空间利用实现最优；在楼层的布局上巧费心思，使每一层楼都得到充分的利用。也正是因为如此，洛克菲勒中心充满了无限的投资潜力，为拥有者创造巨额财富。这样的设计要求设计者不仅要将布局原理烂熟于心，并能够在实践中做到应用自如。

纽约的区域布局法则详细地解释了建筑群与其底层空间以及与街道间的关系。其中最为著名的法则莫过于“日照范围”规范（Sky Exposure Plane）。日照范围是一个从街道中心算起的斜面，建筑物不能遮挡天空。只有当建筑达到一定高度，底层才可以紧贴用地红线，而不用退让。除此以外，建筑物必须遵守“日照范围”准则来进行退让，只有体型细长的高层例外。所以高层应尽量相对细长，控制在总用地面积的25%以内（乔迪，1976: 40）。基本上说，建造一个符合规范，并且拥有足够的电梯、楼梯、服务以及可租赁空间的大厦，需要相当大的一块土地。因此，更大的基地才有更高的土地利用率，建造更有经济价值的大厦。严格来说，在这种体制下，洛克菲勒中心发展中的每一块土地都将在最大限度上建造高层，如同“结婚蛋糕”般层层叠叠。

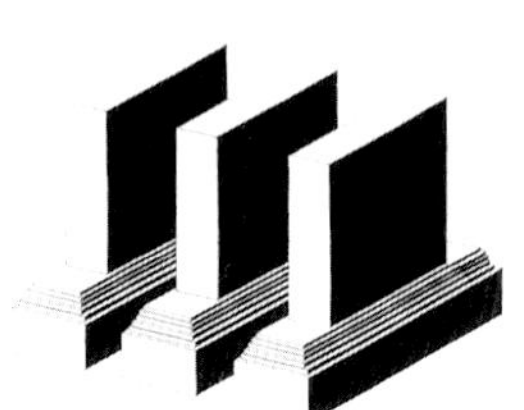

仅仅利用区域布局规则，实现场地最大化的建筑群

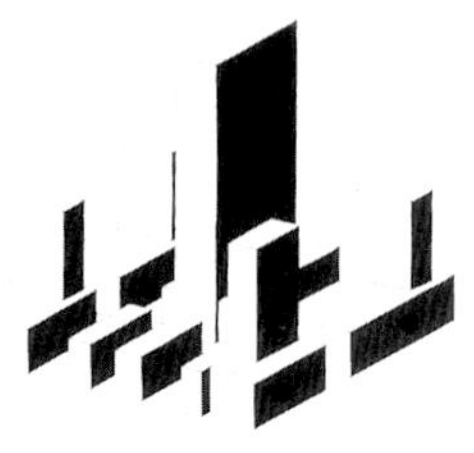

场地上引入了中心塔楼和广场后的建筑群

从美国广播公司大厦顶部俯瞰的景象（大约在1971年）

在设计师安德鲁·雷恩查德（Andrew Reinhard）和亨利·霍夫迈斯特（Henry Hofmeister）仔细研究了区域布局之后，根据相应原则，将中心设计得更加合理，更加方便实用，以此来吸引更多的租户。他们通过修建一些中等大小的公共广场和一些幽静且相互交叉的小径，让人们无须爬楼梯就能直接快速地从一层到达核心建筑。除了通用电气大楼，楼群中大部分的楼房都修建有室外楼梯（perimeter step）。不同于其他高层建筑，通用电气大楼直接从街边开始修建，这样你就能直接进入大楼，而无须爬上高高的台阶。与其他高层建筑不同的是，通用电气大楼首层与室外地平标高接近，这样人们就可以不必爬台阶而直接进入室内空间。此外，相对于其他建筑物，通用电气大楼的楼板相对较窄，以此让在其中工作的人们能够享受更多的阳光和新鲜空气（乔迪，1976: 45）。

洛克菲勒中心代表了20世纪早期与房地产投资相联系的城市空间概念。曼弗雷多·塔夫里（Manfredo Tafuri）在文章《不再令人迷恋的塔楼：摩天大楼与城市》（*The Disenchanted Tower: The Skyscraper and the City*）中高度赞扬此种建筑理念：“作为首例，成群的摩天大楼创造出城市空间。”所以，不得不说洛克菲勒中心的设计是成功的，它在经济上、都市发展上以及建筑上都对设计师提出了挑战。设计师必须熟练掌握设计原理，并要在此基础上以崭新的角度不断考察布局规则并提出质疑。

洛克菲勒中心

纽约（New York）

58

斯图佛逊广场 (Stuyvesant Square)

斯图佛逊社区的斯图佛逊广场是一个住宅广场，周围被住宅楼包围，在曼哈顿的联合广场东面将近三个街区。斯图佛逊广场是纽约的设计风格与欧式建筑风格相结合的产物。虽然广场是由居住在新阿姆斯特丹（即纽约）的荷兰殖民者后裔所建，广场的建筑风格中却有着伦敦社区广场的一些影子。

斯图佛逊广场位于东15街和东17街之间，曼哈顿第二大道（Second Avenue）横穿其中并将广场一分为二，广场最初位于东河边。斯图佛逊广场于1836年开始修建，以彼得·斯图佛逊（Petrus Stuyvesant）的名字命名，他是新尼德兰（荷兰在北美的殖民地）的最后一位总督。1789年，他的曾孙彼得·S.斯图佛逊（Petrus S. Stuyvesant）将此地更名为“彼得菲尔德”（Petersfield，意为“彼得的土地”），他将这里细分为一块块的土地用作修建房屋，这些房屋成网格状沿街道的南北走向而建，但最终在1811年合并进了纽约网格状城市规划（Commissioners’ Plan）。

起初，人们依照联合广场和华盛顿广场（Washington Square）的模式，在广场周围种上植物以此作为公园周边的栅栏，这也与伦敦的社区广场有些许相似。公园成为斯图佛逊社区开发的中心装饰物，它仅对居住在周围的居民开放。1836年这块土地的所有权便转让给了城市，但在经过多年的所有权争夺之后，在1851年，政府才在真正意义上拥有了这块土地的所有权。

到了19世纪末，斯图佛逊广场和穿插于其中的第二大道成为纽约的一处时尚之地。今天，公园看上去仍然是那么生气蓬勃，这都要归功于那里混杂了住宅建筑、宗教建筑和公共建筑，比如贝斯·以色列医疗中心（Beth Israel Medical Center）和圣乔治教堂（St. George’s Church）都是多元化建筑物的典型代表。从20世纪70年代中期开始，广场主体以及周围的街区成为了斯图佛逊广场历史区域的一个部分，由斯图佛逊公园社区委员会（Stuyvesant Park Neighborhood Association）负责对其进行管理。

被第二大道平分的两半绿地成为广场最为显著的特点。虽然广场分成了两块孤立的空间，却使得第二大道主干道的交通十分顺畅，但两侧的辅路却不像主路那般充满活力，西侧是卢瑟福德大厦（Rutherford Place），东侧是皮尔曼大厦（Perlman Place）。这与斯图佛逊广场的东北边距其四个街区远的格兰梅西公园（Gramercy Park）的情况形成了鲜明的对比。如同萨凡纳广场一样，格兰梅西广场并未被道路分隔开，因此就造成在莱克星顿大道（Lexington Avenue）上向南行驶的车辆不得不绕广场一圈，或是选择走另外一条更便捷的路线，那就是选择西侧的第三大道或东侧的公园大道。

斯图佛逊广场

斯图佛逊广场

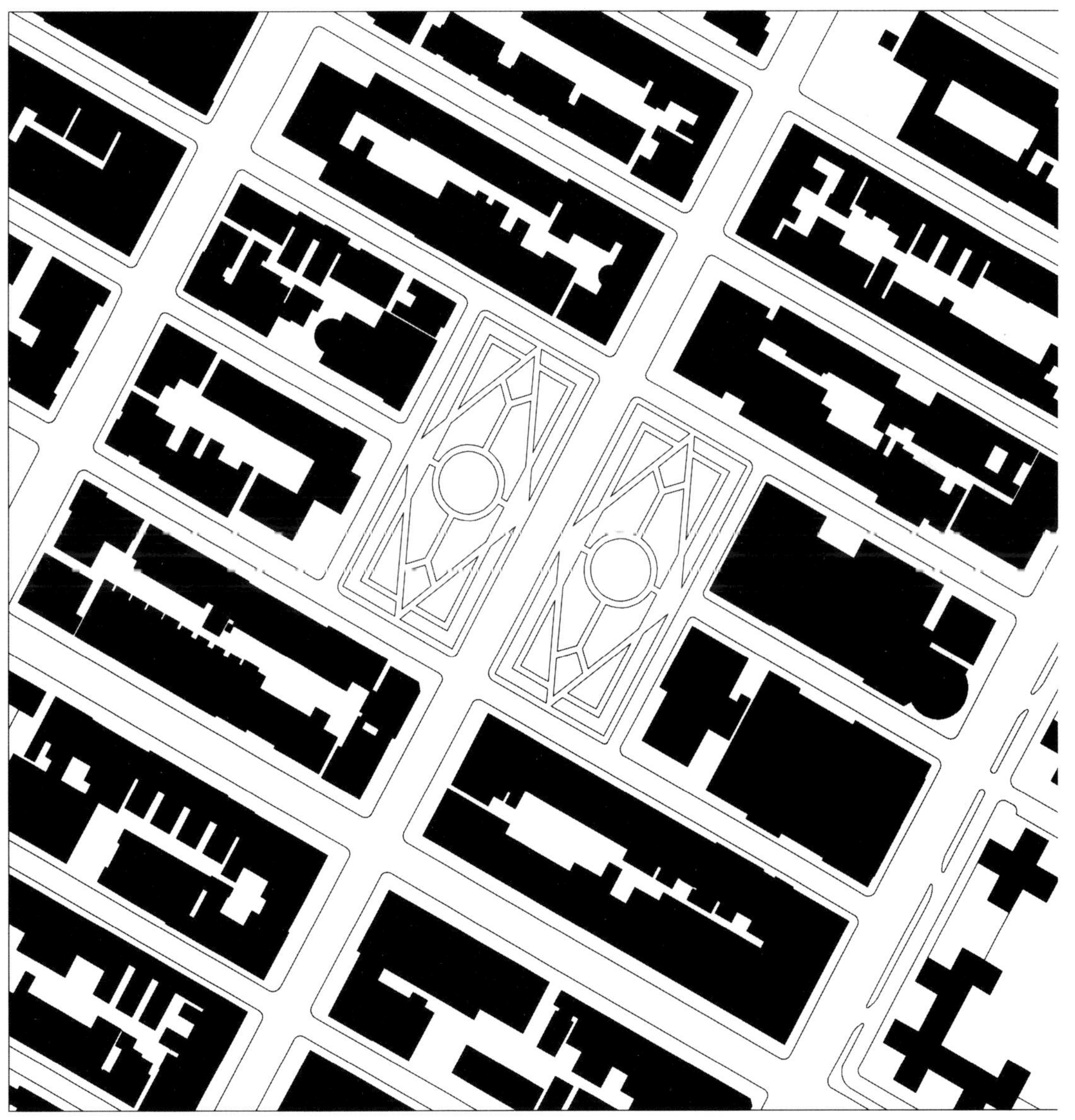

纽约（New York）

59

《纽约时报》广场 (Times Square)

地处曼哈顿中心地带的《纽约时报》广场或许是世界上最著名的国际化广场之一，就像东京的阿八广场（Hachiko Square）一样，与其说它是一个广场还不如说它是一个布满各式各样的广告牌、剧院海报标志和巨型液晶屏幕的十字路口。

在第42街和第46街之间，百老汇与第七大道的交界处就是《纽约时报》广场的所在地。广场原名“朗格广场”（Longacre Square），到1904年《纽约时报》大楼（*New York Times* building）建成后，便更名为“《纽约时报》广场”。从19世纪后期开始，人们便把《纽约时报》广场和剧院联系在了一起。随着越来越多的电子广告牌树立起来后，到了20世纪早期，这里因此变成了著名的“白色大道”（Great White Way）[责编注]，两个半岛状的“岛屿”构成了广场的中心，这也是广场上唯一相对开阔的区域。广场的北侧是达菲神父广场（Father Duffy Square），这个广场是以前随军牧师、神父达菲的名字命名的，他曾在《纽约时报》广场地区担任牧师。广场的南侧则是从二战时成立海陆空三军征兵处。

到了20世纪60年代末期，这一地区出现了衰退的迹象，许多剧院开始放映色情电影，演出滑稽表演秀。到20世纪70年代中期，广场地区充斥着毒品犯罪、持械抢劫以及色情交易，成为犯罪的最高发区。

到了20世纪70年代后期，为了挽救这种颓势，纽约市市长艾德·库什（Ed Koch）组织了一批房地产投资商，提出了一系列的举措来重振《纽约时报》广场这个地区，以全新的面貌迎接21世纪的到来。就如詹姆斯·特劳布（James Traub）2004年在他的《恶魔游戏场》（*The Devil's Playground*）和林妮·萨加林（Lynne Sagalyn）2001年在《时报广场轮盘：重塑城市风向标》（*Times Square Roulette: Remarking the City Icon*）两书中所说，独一无二的公私双方协议的达成、由建立追求集体利益（corporate marketing）的时髦广场形象的完成标志着《纽约时报》广场复兴工程的最终成功。现如今，复兴的《纽约时报》广场激起了许多人，尤其是纽约客们种种难以名状的怀旧情结。大多数人都希望那颓废时代从不曾存在，从未经历过那一可怕年代。尽管任何人都不会留恋犯罪和一切污秽之事，但总还存在着如此真实的感受，那就是那些相同的特点使这些变得如此真实、混乱和不同寻常。今天的《纽约时报》广场到处是一种令人感到愉悦的影像——合法树立的标志、工艺复杂的广告牌，与过去的《纽约时报》广场有些许相似。

此外，纽约广场的重塑工程给我们的一个重要启示是：一个成功的城市设计与房地产投资、区域结构布局、经济、政治、人们的个性特色以及其他许多因素息息相关；另一条给我们的提示就是成功的城市空间并不必需要建立干净整洁的城市建筑。都市的空间景象以及它的变迁都能够体现出一座城市的经济面貌。

鸟瞰《纽约时报》广场

《纽约时报》广场

[责编注] 白色大道指纽约的百老汇，那里无数的霓虹灯和广告牌照亮了整个百老汇，特别是《纽约时报》广场一带，由此得名。

《纽约时报》广场

组约（New York）

60

联合广场 (Union Square)

联合广场的独特性在于虽然地处纽约网格式的街道网中，却不像其他那些方方正正的广场，独自呈现出椭圆形的轮廓。正是由于这个原因，广场周围剩余的空间形状变得极其不规则，有的地方外缘呈曲线型，有的则是直角方正的轮廓，周围的布局显得杂乱无章，这种情况一直到20世纪70年代，广场逐渐成为日常的农贸市场（Greenmarket）才得到了改变。正是由于这样的转型，使联合广场成为根据人们的需要而逐渐形成，而非经过建筑规划施工而形成的广场典范。

人们常常误以为，联合广场名字的由来是因为南北战争时期联邦政府的信赖或是因为起初这个地方是用作联邦军队操练场所。事实上联合广场名字的由来并不如人们所想象的那般崇高。联合广场位于第14大街与第17大街之间，格林威治村（Greenwich Village，责编注：纽约艺术家的聚集区）的北面，仅仅是由于百老汇和鲍威利（Bowery）在这里斜向相交，即现在的第四大道和1811年的网格状城市规划，广场的形状和名字均由此得来。起初联合广场名为“联合空间”（Union Place），1839年，当时的联合广场是一个经过仔细规划、布局整齐的公园。广场向北有一个天然的斜坡，由于19世纪后期开始修建地铁，斜坡的高度增加了不少。

19世纪初，联合广场的周围地区是纽约的富人区，但到了19世纪中期，周围地区变得十分商业化，并且出现了家庭式的小剧院。到19世纪后期，这些剧院纷纷向北搬迁到《纽约时报》广场附近。20世纪初期，这里成了劳工和民权组织进行示威游行的场所，部分原因在于他们都来自曼哈顿南部（Lower Manhattan）的工厂区以及附近的联邦中心。

就和曼哈顿其他的广场一样，联合广场在二战后也难逃衰退的厄运。但是幸运的是，20世纪70年代起，由于将这里变成了农贸市场，联合广场得到了复兴。而这项变革是由联合广场地方发展合作组织（Union Square Partnership Local Development Corporation）发起的，这个组织包括了环境委员会、纽约规划局、公园和娱乐管理局。居住在周围的农户们，每天都能来到这个户外市场出售他们生产的新鲜农产品。一个低一级的公—私实体——联合广场经济合作促进区（Union Square Partnership Business Improvement District），为广场和周围区域的管理和维护提供帮助。现在，广场将这一成功转型继续延续，周围的设施变得越来越多元化，各式各样的高层写字楼以及住宅楼不断出现，这些大楼的一层通常都是一些餐馆和商店。

联合广场

联合广场

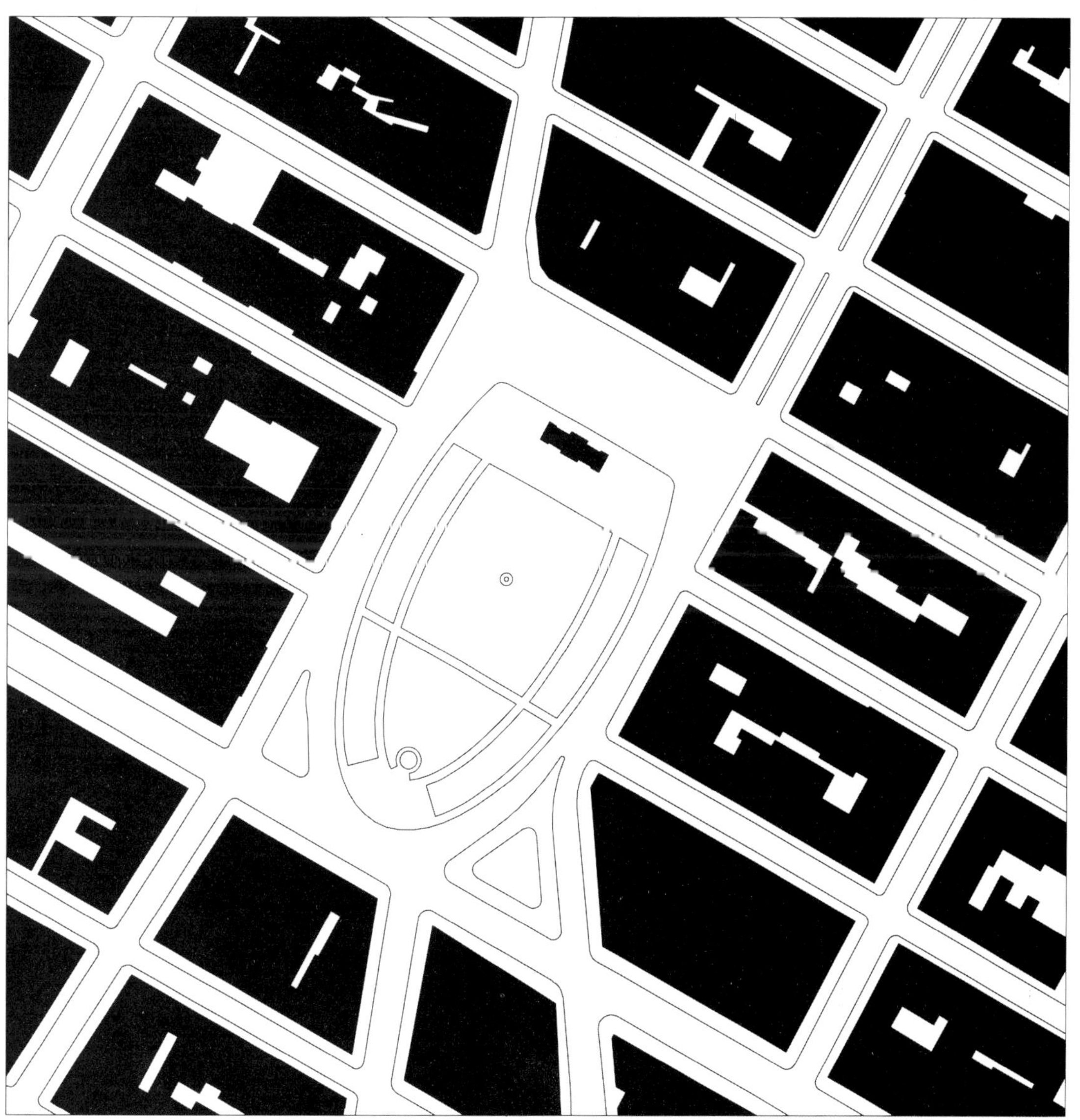

纽约（New York）

61

华盛顿广场 (Washington Square)

18 世纪时，当华盛顿广场建成以后，原本一个普普通通的墓地变成了军队的练兵场和士兵的营地。为了促进曼哈顿北部乡村地区的发展，1797 年人们对其进行了改造。在 1827 年，政府决定在此修建公园，在短时间内它也成为格林威治村附近地区的一个组成部分，并且保存得十分完整。

19 世纪早期已开始有人定居在华盛顿广场北侧的曼哈顿岛的部分地区，1806 年，纽约市政府决定开始对曼哈顿岛实施一系列完整系统的规划设计，进而进行大范围的改造。此后的五年间，在华盛顿广场北侧一个由 12 条南北走向的大道以及 155 条东西向的街道组成的规整道路网形成了。正是由于这一举措，使得早在 19 世纪前期就已经建成的华盛顿广场北广场成为东西走向的起始点。在著名的 1811 年城市规划中，为了乔治・华盛顿总统宣誓就职的百年纪念，决定由斯坦福・怀特（Stanford White）设计并修建凯旋门，由于凯旋门必须与第五大道同在一条直线上，因此使得广场的直线形外观发生了略微的倾斜。

1870 年，由 M. A. 凯洛格（M. A. Kellog）以及伊格纳茨・皮拉托（Ignaz Pilat）负责重新设计华盛顿广场，两位设计师同为弗雷德里克・劳・奥姆斯泰德（Frederick Law Olmstead）的学生。经过重新设计后，广场中多了弯曲的小径及中心喷泉，并且还有三路蜿蜒小径将第五大街与沙利文街（Sullivan Street）、汤姆逊街（Thompson Street）南侧的拉瓜地亚街（LaGuardia Street）沟通起来。19 世纪时，华盛顿广场成为了知识分子的聚集地，亨利・詹姆斯（Henry James）、多斯・帕索斯（Dos Passos）以及伊迪丝・华顿（Edith Wharton）都曾聚集于此。这也许就是纽约大学就坐落于此的缘故。纽约大学于 1831 年建立，华盛顿广场周围附近的建筑物都是纽约大学的校舍。

作为格林威治村真正的中心，华盛顿广场险些被纽约市的规划者罗伯特・摩西斯（Robert Moses）毁掉。20 世纪 50 年代摩西斯曾提出，要在这里同在哈林区（Harlem）这样的黑人聚集区以及曼哈顿岛上的其他一些地区一样要修建一条贯穿华盛顿广场的高架公路。当时华盛顿广场是许多比较激进的老百姓以及习惯了波希米亚式生活的人的聚居地，这一提议一经提出立刻引发了人们强烈的不满，他们坚持保护华盛顿广场，由于他们积极地反抗，才阻止了罗伯特・摩西斯提议的执行，使得华盛顿广场得以保留。在否决了罗伯特・摩西斯的提议之后，1970 年，格林威治村的村民们组织起来开始重新设计广场。但是，为了使社会各界都能满意，设计委员会提出的设计存在不足之处，建筑批评家保罗・戈德伯格（Paul Goldberger）指出“在纽约没有比华盛顿广场能更好印证这一俗语——华盛顿广场是一只由设计委员会设计的难看的丑骆驼”（戈德伯格，1979: 74），尽管华盛顿广场就像一只丑骆驼，这一设计确实避免了街道贯穿广场，避免了汽车来回行驶扰乱广场的宁静。但是由于把整个广场划分得支离破碎，广场中充满了许多杂乱无章的元素，例如喷泉的周围是一个巨大的沥青地面的下沉式庭院、水泥的护墙与花圃和许许多多的迷你广场以及能让小孩子们在其中尽情玩耍的儿童广场［乌拉姆（Ulam），2006: 106］。

2006 年，相关部门决定对广场进行重新规划设计，对各类空间加以整合使其更具统一性，对广场的基础设施进行全面维修，恢复其奥姆斯泰德式设计风格的原貌。这一举动必然引起了很多人的反对，他们甚至组织起来去保护公园内的一些特别构成要素。虽然大家都认同需对广场加以修缮，但是各种具体维修意见引起了争议。就像面对一条漏水的小船，人人都赞成船只需要修复，但该如何修复总是有着各种各样不同的意见和分歧。

问题的严重性就在于华盛顿广场是一个公园，这就意味着任何重新设计的方案，无论简单还是复杂，都要满足每个格林威治社区居民的要求。就像艾米莉・基斯・菲洛普（Emily Kies Folpe）在《发生在华盛顿广场上》（*It Happened on Washington Square*）一书所说，华盛顿广场就像一块磁铁，“人们在这里悠闲散步，玩耍嬉戏，激情演说，开心庆祝，示威游行以及哀悼纪念。广场就像校园里的青青草地、繁忙的十字路口或是上演精彩赛事的运动场。如果想逃离城市的喧嚣请不要选择到华盛顿广场，但它绝对是让你去体会城市欢快韵律的绝佳去处”（菲洛普，2002: 2）。

就如同其他那些 20 世纪末、21 世纪初建成的广场一样，华盛顿广场完美地诠释了简约的设计风格，布莱恩特公园同样也是这种建筑风格的代表。这样的广场是一个极具包容性的广场，不同的人可以给出不同的诠释和定义。它们不再是为了人们特别的需要而特别设计的广场。

华盛顿广场

华盛顿广场的拱门以及和它在同一直线上的第五大道

华盛顿广场

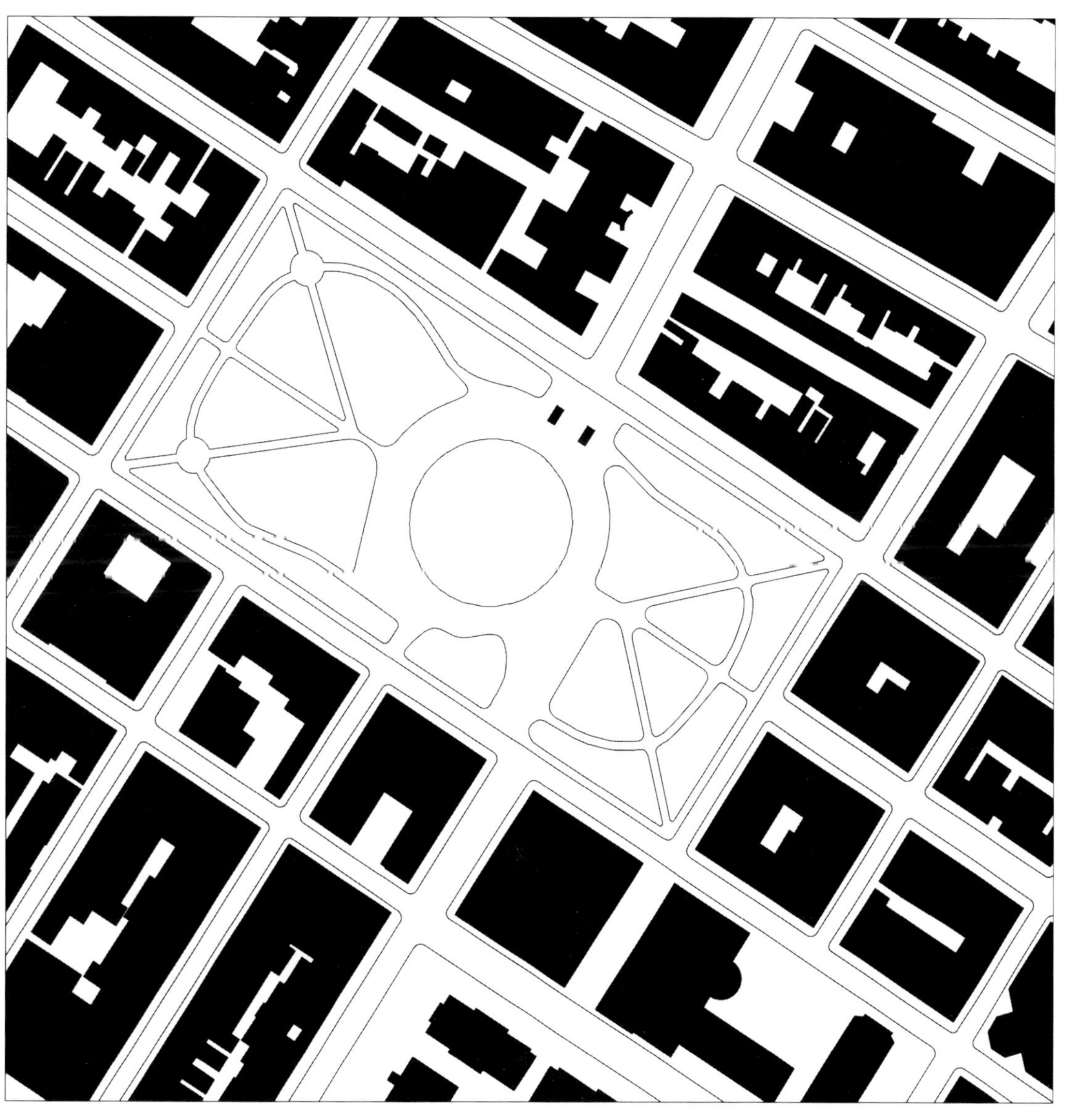

奥斯陆（Oslo）

62

市政厅广场、玛莎王妃广场和伊迪斯沃斯广场

(Rådhus Plassen, Kronprincess Märthas Plassen and Eidsvolls Plass)

挪威首都始建于1624年，最初名为“克里斯蒂娜”（Christiana），直到1924年，才更名为“奥斯陆”。这座城市的网格状规划是建立在一块微微倾斜的盆地之上的，这里也正是洛兀拉河（Loevla River）从盆地流出汇入东南边峡湾的入口。最初挪威是建在14世纪修筑的阿克斯胡斯城堡（Akershus fortress）的北侧。到了18世纪，整个城市开始向东北方向慢慢地拓展。现在，网格式的道路网周围是一些19世纪时的4、5层高的办公楼或公寓，一层都是一些商店。

新的市政厅是1930年由阿尔斯坦·阿涅伯格（Arnstein Arneberg）以及马格努斯·鲍尔森（Magnus Poulsson）进行设计的，并于1950年完工。市政厅的修建工程属于20世纪早期奥斯陆市中心再开发工程的一部分，整个工程的目的是使正在成长的城市布局规范化，并重新将城市与码头连接起来。市政厅是一座对称建筑，它靠水临城，并且它的东北—西南走向的轴线将城市与港湾连接了起来。它有一个入口面对海港，而主入口面临一个半圆的弗里德约夫·南森广场（Fridtjof Nansen Square），广场的东北边与罗尔德·阿蒙森大街（Roald Amundsens Street）平行，这条大街通向奥斯陆大学（Oslo University）以及东北方向的国家博物馆（National Gallery），正是因为如此，这条大街变成“大学街”（University Street）。成直线形的学生广场（Student Square）将整个区域一分为二，广场上的主体建筑是一座宫殿，它位于广场的西北角。此外在伊迪斯沃广场东南边的尽头就是挪威的议会大厦。

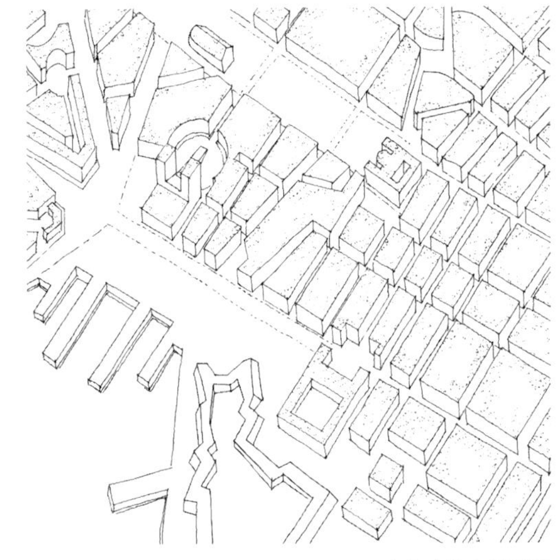

奥斯陆的水滨区域

在西南边，市政厅跨越市政厅街（Town Hall Street）将城市与海港相连，可以一眼望到远处的维卡海湾（Vika bay）和奥斯陆峡湾（Oslo fjord）。在市政厅的东北边是一个小型的梯形的玛莎王妃广场。一个建筑群将市政厅的东南边轮廓勾勒了出来，与此不同的是，玛莎王妃广场是一块空地，因此不能将城市的边线做出一个明显的划分。此外，我们在视觉角度上保持与城市相通的连接，被一块近100米宽的区域所打破，这块区域位于市政厅前面，穿过市政厅大街直至水滨。

从水滨看奥斯陆市政厅

从北侧看奥斯陆市政厅

市政厅广场、玛莎王妃广场和伊迪斯沃斯广场

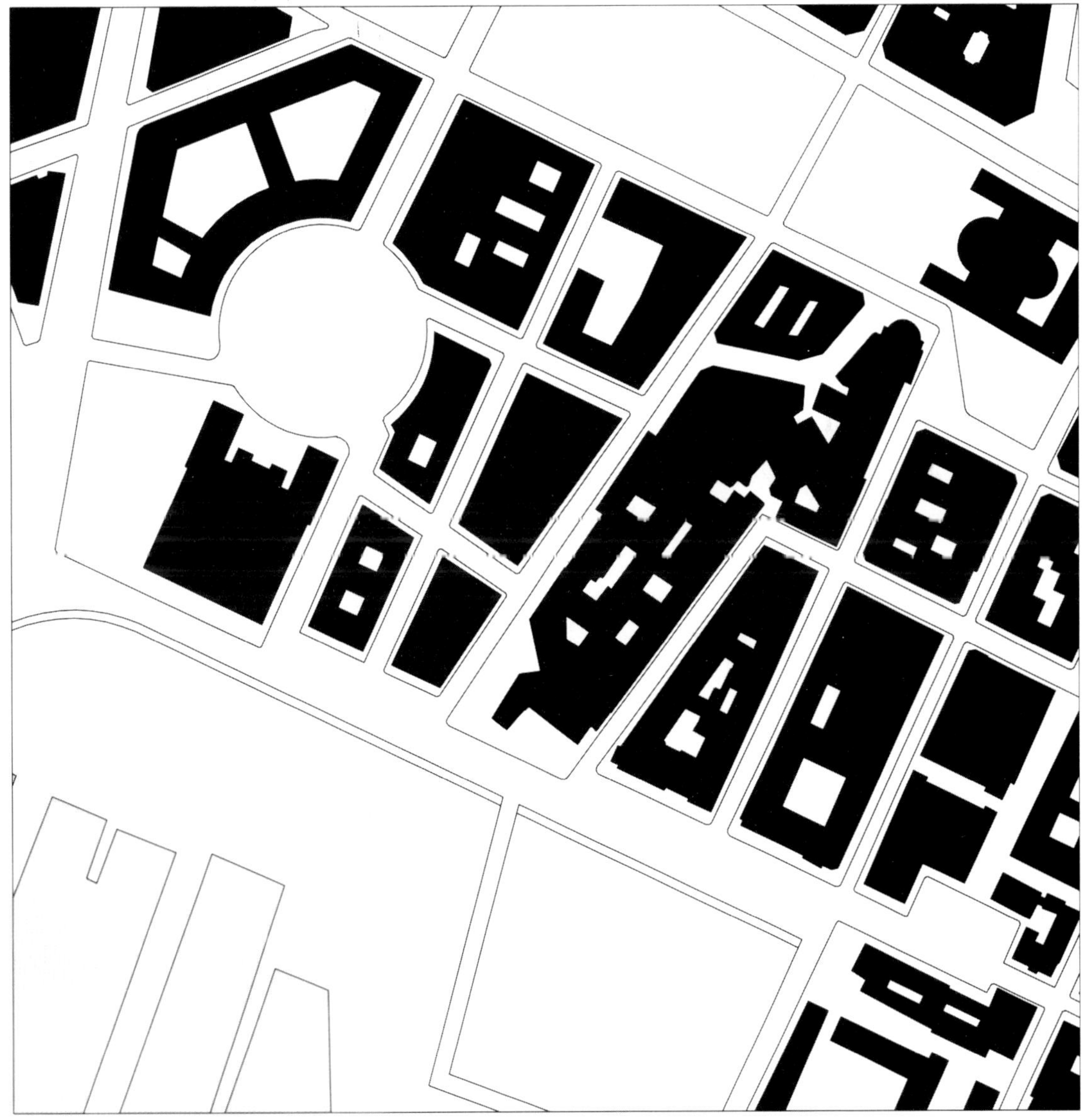

巴黎（Paris）

63

王宫 (Palais Royal)

王宫原来是枢机主教宫（Palais Cardinale），是位于巴黎中心的卢浮宫北面的一个规整封闭的庭院。它最初是由建筑师雅克·勒莫西埃（Jacques Lemercier）于1635年为枢机主教黎塞留（Cardinal Richelieu）设计的宫殿。到了18世纪晚期，这里成为一个公共场所。部分转变是在庭院的内侧边缘修建了一排带柱廊的建筑，以确立和保持这里的秩序。尽管在18世纪晚期至19世纪，这里一直与俗世相连，但如今这里却是巴黎中心的一片宁静之地。科林·罗（Colin Rowe）和弗瑞德·科特（Fred Koetter）在《拼贴城市》（*Collage City*）中评述说，这个庭院是巴黎的一个“区域识别的工具、一个稳定的可识别物、一种集体取向的手段”（罗和科特，1978: 82～83）。

尽管最初设计的是一个花园，但它并没有被过分明确地界定，它实际上是黎塞留宫殿非传统的一面。在枢机主教1642年死后，这里仍然作为一座宫殿保留着。直到1780年，建筑师维克多·路易（Victor Louis）受命于奥尔良公爵菲利普（Philippe d'Orléans）在原有宫殿的内侧插入了一列相当于三层楼高的建筑物，从而创建一个统一的内侧花园立面。这些建筑物的一层四面为廊柱所环绕，为之提供了保护。这些廊柱之外的第二个层次是四排精心修剪过的树木。树木在这里创造了额外的区域，使得廊柱、树木和中心花园成为一个结构丰富的有机整体。

王宫正立面

在南端，廊柱有一种有趣的转变。这里的廊柱摆脱了上层建筑的束缚，而且当这些廊柱交叉以组成庭院的终端时变成了两排，并且隔出了一个小小的侧院，这就缓和了从开阔的宫殿走进卢浮宫时在风格和空间上的转变。首先，这些廊柱像窗帘一样的，是存有空隙的遮挡物，有利于从开阔的空间进入封闭的空间时产生动感。第二点，也是更有趣的一点，是它调和了不重合的王宫轴线和卢浮宫黎塞留走廊（Passage Richelieu）的轴线。

王宫

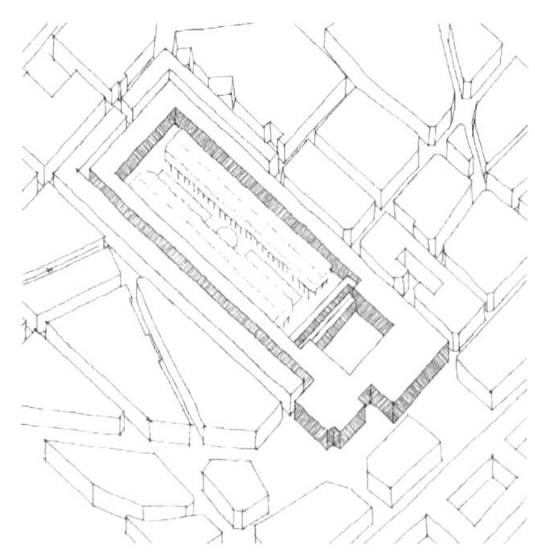

18世纪时线性空间的插入

王宫

巴黎（Paris）

64

戴高乐广场 / 星形广场 (Place Charles-de-Gaulle / Place de l'Etoile)

戴高乐广场为巴黎人所熟知是其原本的名字“星形广场”，凯旋门坐落在中央。与其说戴高乐广场是一个公众集会地，倒不如说它是一个大型的圆形交叉路口。每天这里都会集中和分流数千辆汽车、公共汽车和卡车，这些车辆驶出或者驶向十二条主要的街道。戴高乐广场始终象征着巴黎的城市结构并且增强了巴黎的国际形象。

早在几个世纪之前，戴高乐广场就已经在隆起的夏约小丘（Butte de Chaillot）上具有了它基本的造型和位置。最初，它是一个位于巴黎城郊边缘的环形路口。同凡尔赛（Versailles）的那些路口相同，星形的环形路口是曾经用于王室狩猎场中的一块儿从中辐射出道路的圆形空地。参加王室狩猎的人们站在圆形空地中，而仆人们则将猎物从林地驱向宽阔的大路周围。狩猎开始后，王室狩猎队伍拥有充足的机会捕获猎物。到18世纪晚期，这里成为皇室公园的一部分并且成为巴黎在法国大革命前的巅峰之作。凯旋门（Arc de Triomphe）是拿破仑一世（Napoleon Ⅰ）1806年下令修建的城门，于1836年完工。

戴高乐广场与拿破仑三世（Napoleon Ⅲ）的第二帝国城市发展建设计划有关，巴黎在乔治·奥斯曼（Georges Haussmann）的指导下实施城市建设计划。在1851年至1871年间，奥斯曼指挥了对巴黎中世纪城市建筑的重建工作，并在当时尚未开发的郊区修建了新的道路和广场。奥斯曼的冒险尝试使街道的数量翻了一番，开创了一种新型的政府管理结构，这种结构与以往相比增加了市民广场和楼群，包括新的学校、公园和监狱，使城市的供水系统和下水道系统现代化。一种常见的误解是，奥斯曼的大街小巷和环形路口是为了方便军队快速机动和对市民暴动进行镇压而设计的。然而，尽管这并不是唯一的原因，即使是奥斯曼本人都认为这可能成为随之而来的“便宜”[奥尔森（Olsen），1986: 44]。在巴黎，奥斯曼重修了原有宏伟的林荫大道，还修缮了城市中心外围的道路，如黎沃利路（Rue de Rivoli）和环形路口，如星形广场（Place de l’Etoile）。

今天，戴高乐广场已经深深融入了巴黎的城市建筑结构，这里是香榭丽舍大道（Avenue des Champs-Elysées）的西端，是卢浮宫和拉德芳斯区（La Défense）新凯旋门之间轴线的中点。可如果考虑到这里车辆的数量和行车速度，戴高乐广场仍然是一个非常成功的环路。它的成功可以通过交通对于周边建筑的影响来衡量，它能够使交通得以顺畅运行的部分原因要归功于它的规模及其对典型环路的倒置。其他较普通的环路，如位于美国华盛顿特区的杜邦环路（Dupont Circle），车辆是在建筑物之间和绿地周围穿行的。与此不同的是，戴高乐广场的十一条甚至更多的道路位于中间，两旁以相同间距栽种数排树木，将道路与建筑物隔离开来。道路外侧的第二排树木服务于环状布局上的建筑物周围的交通运行。

戴高乐广场

戴高乐广场 / 星形广场

巴黎（Paris）

65

孚日广场 (Place des Vosges)

同很多设计巧妙的建筑或者广场一样，孚日广场是一个具有凝聚力的广场。虽然它看起来很简单，但实际上各个细微之处都能表现出它的精致。孚日广场不同范围内的混合功用使其在全天不同的时间段内被人们所占据，它还反映了街道和广场是如何需要不同的人群、活动以及功用来使其保持活力并且取得成功。

16 世纪时，孚日广场被看作是巴黎总体城市发展的一部分。它是一座独特的巴黎广场，最初是一项用以联系皇室官邸和商业活动及公众空间的房地产投资。这座具有凝聚力的广场是由国王亨利四世（King Henry IV）出资，作为王宫广场进行建造的，它由雅克·安德鲁埃·迪塞尔索（Jacques Androuet Ducerceau）、路易·梅特佐（Louis Métezeau）和萨罗蒙·德·布洛斯（Salomon de Brosse）共同设计［巴隆（Ballon），1991: 57)］。

为了确保广场风格上的一致和宏伟，要求广场每个部分的所有者，亦即土地的被授对象，按照皇家建筑师的设计修建正面，并且保留一层用于商业用途。然而，上层空间和背立面的空间可以按所有者的需求加以利用。这在巴黎开创了许多先例，包括旺多姆广场和黎沃利路。这片区域最初是设计为城市里的公共广场。然而，由于其建造委托人是贵族，所以这里逐渐用于举行皇室典礼和马术锦标赛。到 18 世纪晚期，这里只有居住在附近房屋里的贵族才能涉足。但很快这种局面就被随之而来的大革命改变了。从 19 世纪开始，其中心变成了一个与现在相仿的花园。许多年以来，这里一直都被人们忽视，然而，现在这里成为附近社区的消遣娱乐中心

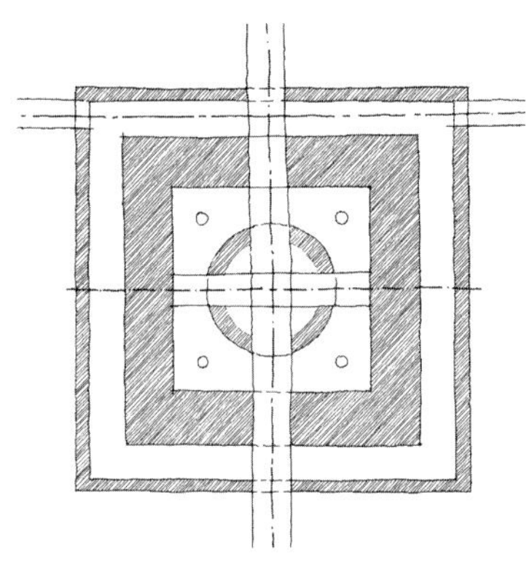

广场、侧面街道以及轴线的组合体构成空间中的几个层次

地以及去往市内各处的通道。同样地，它是城市建筑中“不可思议的、无用的”广场之一（罗和科特，1978: 156）。

尽管孚日广场是一座封闭的、被清楚界定的广场，但一些细微的变化使其显得生机勃勃。地面上连续修建的拱廊使广场的边缘显得高度统一，而正立面则被屋顶上规律起伏的阁楼打破了统一。南北两列中间的阁楼，即国王与王后阁楼的高度分别超过了其他有较高飞檐的建筑，一个稍大些的四坡屋顶阁楼标志着两个正式的入口。尽管广场有着不同的中心入口，但位于北侧边缘横向的帕·德·拉·米勒路（Rue du Pas de la Mule）为其增添了活力。从这里，不必真正穿越广场的中心就可以看到广场内部并且体会到广场中的空间感。拱廊、街道、人行道和树木在周边建筑和广场中心之间构成了一系列的层次，使广场成为一个不同用途交织的地方，而没有破坏广场的整体理念。

从北侧看孚日广场

朝西南侧看

孚日广场

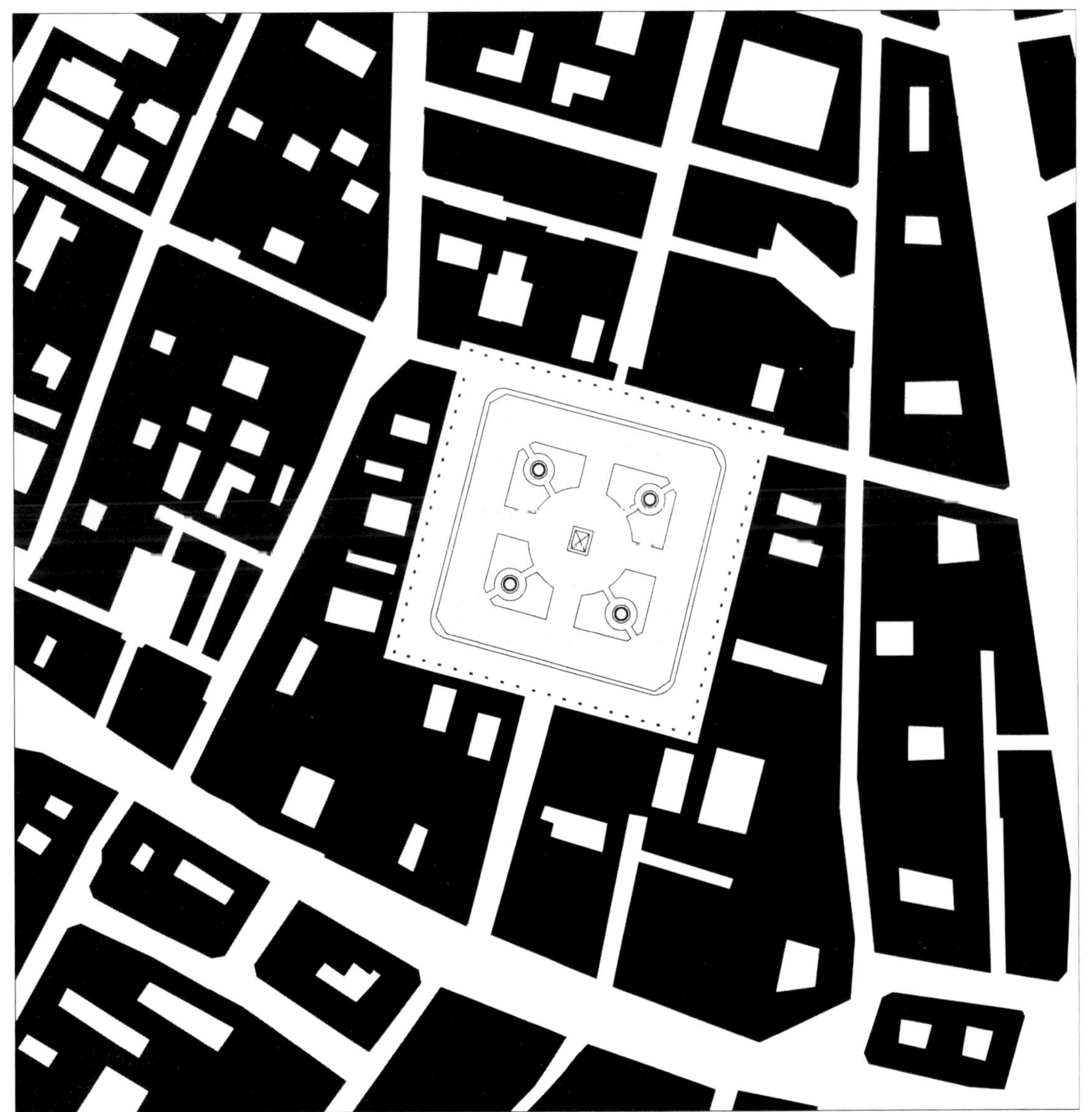

巴黎（Paris）

66

卢浮宫 (Musée du Louvre)

卢浮宫，如今被称作“卢浮宫博物馆”，最初是12世纪的城堡，占地面积为卢浮宫东端大广场的四分之一。14世纪时，卢浮宫成为了皇宫，开始了其长达7个世纪的漫长历程。贯穿于每一次变更、扩建和拆除中的共同目标是加强位于东侧的宫殿与西侧的杜乐丽花园（Tuileries Gardens）之间的联系（巴隆，1991: 59）。两座建筑的两条独立的轴线和它们之间遥远的距离使这个意图变得更加难以实现。

西行的道路使其在如今的卢浮宫结构中显得尤为突出，而东面封闭的庭院则部分保留了原来城堡的造型。这里通往半封闭的直线形庭院，庭院中矗立着由贝聿铭（I.M.Pei）设计的金字塔形入口。这个开口的庭院又通往卡尔赛广场（Place de Carrousel），广场的须状翼似乎连接了杜乐丽花园。这种向西的延伸一直持续到了19世纪和20世纪，卢浮宫的轴线也沿着香榭丽舍大街延伸，穿过了凯旋门，最终到达了位于拉德芳斯区的新凯旋门处。

然而，轴线的延伸并不总是遵循着这个方向。尽管城墙和走廊向着塞纳河边的花园扩展，在16世纪中期，王后凯瑟琳·梅迪奇（Catherine de'Medici）资助修建了杜乐丽宫。这座类似于城墙的宫殿与卢浮宫东西向的轴线垂直，划定了杜乐丽花园的东界并且有效地切断了卢浮宫与花园的联系。从那时之后，继任的君主和国王便将卢浮宫的两翼向梅迪奇宫殿的方向扩建，1805年将位于原卢浮宫和杜乐丽花园之间的卡尔赛宫纳入了卢浮宫之中，但这并没有持续很长的时间。发生在19世纪末的一场大火将杜乐丽宫夷为平地，这就使得原来被宫殿两翼封起的内院向花园和西侧敞开了。

从19世纪早期开始，卢浮宫主要是作为一个博物馆，没有人能预料到在20世纪末它需要接待上万名的游客。到20世纪70年代末，早已难以操控的博物馆实在无法容纳前来参观的游客。金字塔形的入口从某种程度上来说只不过是贝聿铭整个改造工程的冰山一角，这项工程是要全面改造博物馆的通道和展品布置。这是一项庞大的工程，巴黎有由政府资助城市建设的传统。从孚日广场到王宫，从奥斯曼的林荫大道到弗朗索瓦·密特朗总统（François Mitterand）支持的浩大卢浮宫改造工程，法国政府在复兴整个地区以及从更大程度上来说，在把巴黎建设成为世界大都市之一的过程中发挥着积极的作用。

卢浮宫

卢浮宫

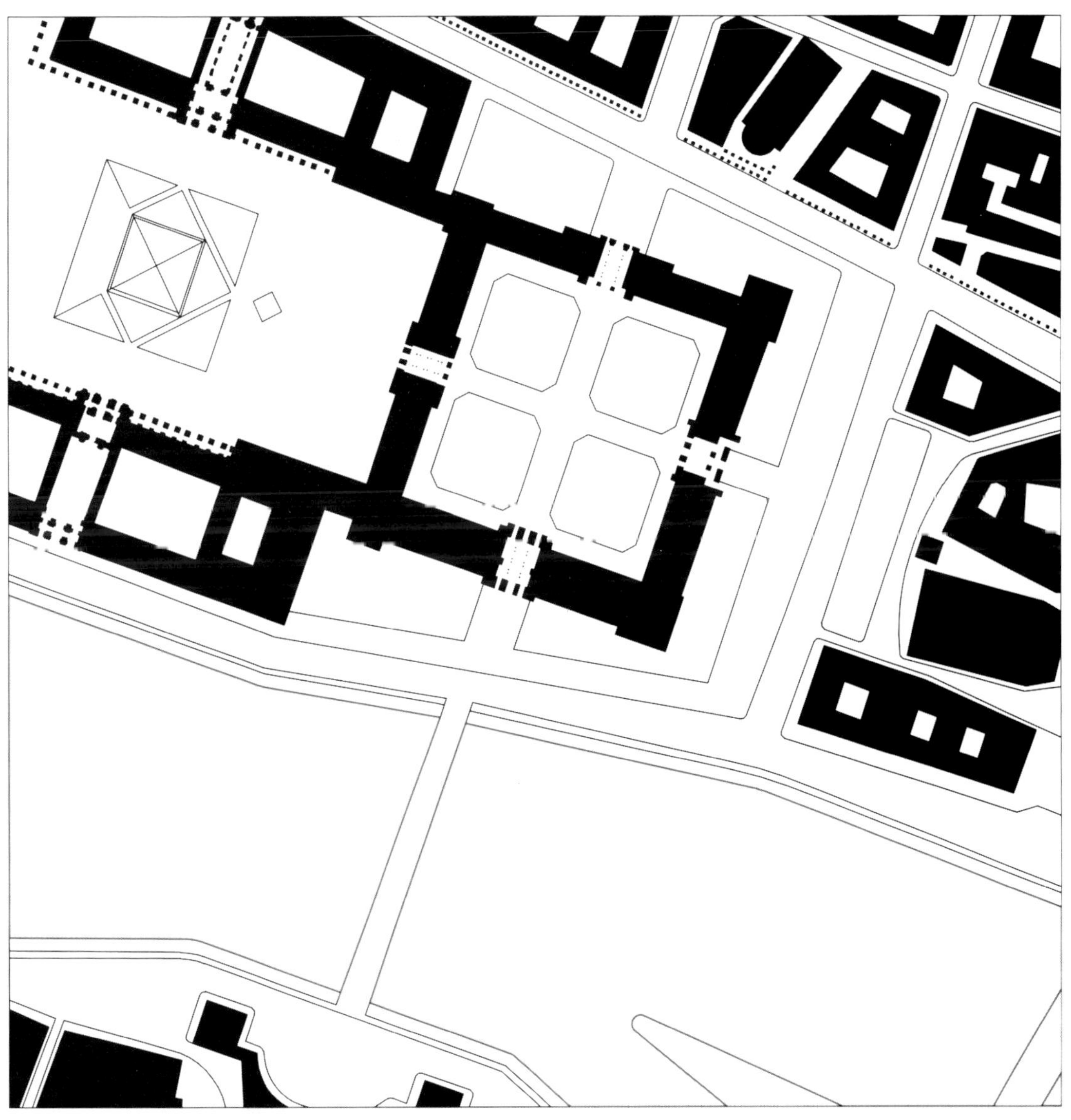

巴黎（Paris）

67

旺多姆广场 (Place Vendôme)

旺多姆广场有着拉长的八边形几何结构和轴向布局，它被认为是典型的法国巴洛克式城市广场，并且“集中代表了封闭式广场，此外，总体来说是最为清晰的法国古典主义巴洛克式广场”（朱克尔，1966：176）。旺多姆广场延续着巴黎城市广场一贯的传统，它是城市建设大规模投资的一个组成部分，这些城市建设是由王室和私人投资者共同发起的。同样，这是一个明显的巴黎式做法，它将个人融入到了市民广场之中。

广场的中心是杜乐丽花园北侧的旺多姆公爵（Duc de Vendôme）的地产，开展这个项目的目的是投资于卢浮宫北侧的巴黎建设。这项由马奎·德·卢瓦（Marquis de Louvois）负责的工程肇始于1685年。起初这片U形的区域命名为“征服广场”（Place de Nos Conquêtes），后改名为“路易大帝广场”（Place Louis-le-Grand），它是通往卢浮宫正式入口的一个组成部分，集中了一些政府机构和住宅［基斯金（Ziskin），1999：5；克里瑞（Cleary），1998：48］。不幸的是，由于延续了房地产投资的传统，这项工程遭受了重重磨难：心存疑虑的投资者、不合适的选址以及动荡的金融市场，使得这项工程停滞了长达十年之久。最终，在1699年，国王撤销了他对于这项工程的支持，将之转交给了巴黎市。一群新的投资者将已建成的部分夷为平地，重新按照儒勒·阿杜安-蒙沙（Jules Hardouin-Mansart）的新设计进行建造。新建的三层楼高的正立面于1701年开工，其后的大部分建筑于1718年完工（克里瑞，1988：50）。

旺多姆广场的中心最初是由国王路易十四的骑马雕像所占据，但是在1805年被一座顶部为拿破仑·波拿巴（Napoleon Bonaparte）雕像的纪念柱所代替。这座四十米高的圆柱与位于意大利罗马的图拉真圆柱（Trajan’s Column）和晚些出现的位于英国伦敦的纳尔逊圆柱（Nelson’s Column）相似，它的高度将近是周边建筑高度的3倍，从而减小了旺多姆广场原有的比例。

尽管旺多姆广场与孚日广场有诸多相似之处，但它也具有一些独特之处。这个带有斜角的矩形广场稍微有些长，并且被位于其南北轴线上的和平大街（Rue de la Paix）所平分。然而，突出的分隔带和山墙标志着与之相交叉的轴线。旺多姆广场的正面在建成后被卖给了个体投资者，他们随后在正面背后按自己的意愿进行了修建。这些统一的、没有等级区分的正立面没有任何个人使用的迹象。这种方式在巴黎延续着，例如黎沃利路（Rue de Rivoli），并且还影响了法国以外的其他开发商，例如英国的巴斯。

旺多姆广场和孚日广场之间最大的不同可能是街道的分布。孚日广场有一条辅轴和一条侧路可以保持交通畅行而不会干扰到广场，而旺多姆广场则与之不同，它被和平大街所平分，形成了与位于美国纽约的斯图佛逊广场相似的两个区域。这种分化在19世纪时更加严重了，这条道路继续延伸，穿过了原来设计的一个街区。这种延伸使得旺多姆广场在视觉上显得开阔了，并且增加了穿过广场中心的交通流量，使广场不再那么紧凑。结果，这里更多地是作为一条通道，而不是一个目的地。通常，旺多姆广场并不被认为是一个有效的城市广场，首先因为它与巴黎市中心相分离，而现在则是由于平分它的道路和它完全铺砌的地面所造成的隔离。旺多姆广场是高级商店和酒店的所在地，只有一小部分拥有一定经济实力的人才会将此作为他们的目的地。

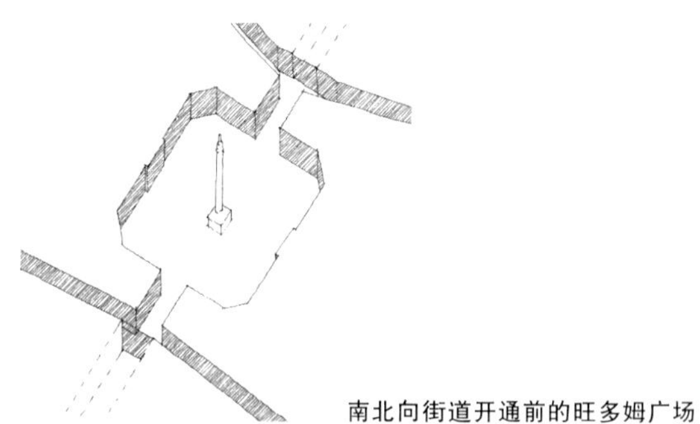

南北向街道开通前的旺多姆广场

旺多姆广场

旺多姆广场

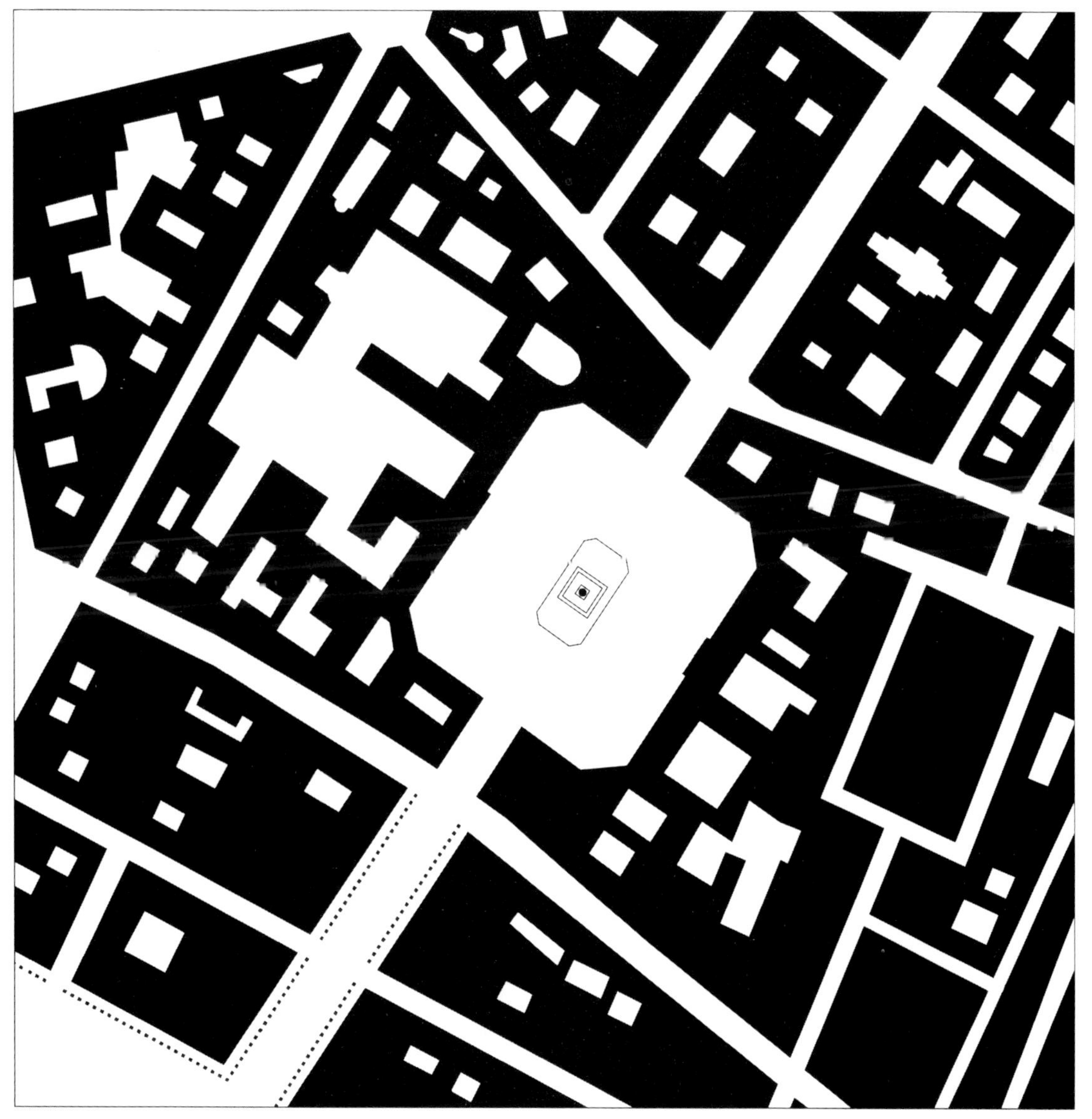

巴黎（Paris）

68

伏瓦生规划 (Voison Plan)

“伏瓦生规划并未声称能够最终解决巴黎市中心存在的问题。但是，它将对这一问题的讨论提升到了与我们时代精神相一致的高度，并且为我们提供了用以判断这个问题的合理标准。它确立了与杂乱而愚蠢的小型改造相对立的原则，而我们常常用这些改造来欺骗自己。”［勒·柯布西耶（Le Corbusier），《明日的城市及其规划》（*The City of Tomorrow and its Planning*），1929］

伏瓦生规划是由勒·柯布西耶提出的，并于1925年首次在国际装饰艺术展览会的“新精神馆”（Pavilion of the Esprit Nouveau）展区展示。这项规划就是为了引发争论而有意提出的。当然，它确实完成了使命，而且还会一直延续下去。争论不只是来源于其设计尺度，还在于它提出这样一个问题，这同时也是我们一直在询问的，那就是——一座城市如何能够充分而又恰当地反映当时的经济、技术以及社会体系。

“伏瓦生规划”是由资助研究和设计工作的法国汽车制造商来命名的。柯布西耶曾经参与其中，但是由于雪铁龙公司和标致公司的反对被迫离开了。“伏瓦生规划”设计了一座垂直的城市，新的建筑技术使之成为可能，并且改进了被建筑师们视为“不健康的”街道（“unhealthy” streets），这些街道是从前工业革命时期继承下来的。正如柯布西耶在《明日的城市及其规划》一书中所描述的那样，这是“对于这个城市中弊病最多区域的一次前沿攻击”（勒·柯布西耶，1929: 280）。伏瓦生规划中所探讨的观点在其他规划方案中也被探讨过，如他于1922年提出的“三百万人口的现代城市”（Contemporary City for 3 Million）的规划方案和1933年提出的“光明城市”（Ville Radieuse）的规划方案。然而，这些方案中没有一个是将现有的城市作为它的背景。

这是一项浩大的工程：勒·柯布西耶提议将巴黎市中心250公顷的区域夷为平地，这块区域是位于黎沃利路北侧的一块L形地块。这块土地较长的一侧为东西走向，从凯旋门一直通往共和广场（Place de la République），而它较短的一侧则一直向北通往火车东站（Gare l' Est）。

柯布西耶设计了28座十字形高达180米、带玻璃幕墙的摩天大楼。他还在绿地景观带中设计了较矮的条形住宅楼，这些绿地有不同尺度的快速道路穿越。这个规划是一个正式的网格状体系，正如他所说的，这个体系是“建立在轴线基础之上的，就像每一座真正的建筑一样”，30年后他的构想在印度的昌迪加尔体现出来（勒·柯布西耶，1929：282）。

现在对于这项规划的解读留给人们的表面印象是愚蠢和讽刺。实际上，这一规划尝试着严肃地提出疑问，而且正如勒·柯布西耶所述，这拯救了他所爱的城市。这种拯救可以通过如外科手术般地拆除不健康的区域来实现。由于交通和商业区都从纪念碑和人行道中搬迁到了新的城市之中，就使得更加舒适的区域可以保留下来。他写道，这项规划能够“更好地尊重历史和我们共同的遗产。更重要的是，这项规划拯救了它们”（勒·柯布西耶，1929: 287）。尽管整个地区将会被拆除，但是一些教堂和具有历史意义的建筑会被保留。然而，正如他指出的那样，它们之所以会被保留下来是因为它们与伏瓦生规划相符。柯布西耶非常注意这项规划的尺度和范围，如果只看到这些，这种规模是很容易引发争议的。他还认识到在一个广阔的花园中建造摩天大楼“是超乎想象之外的”（勒·柯布西耶，1929: 281）。

“伏瓦生规划”曾经被而且现在依然被曲解。例如，将整个城市划分为住宅区和商业区。这个规划中描述的摩天大楼只作商业用途，而带有小庭院的、蜿蜒的小规模楼群才用作居住用途。

从21世纪早期的角度来看，这项规划是很容易受到批评的。在意识到想象力的运用之后，人们会大吃一惊，甚至从设计中看到了讽刺或者幽默。但是，这项规划的重要意义在于它引发了争论。如今，有些新的城市规划要求恢复怀旧的具有前现代主义社会体系和科技体系的建筑风格和城市风格。当我们面临这种规划时，我们要询问自己有没有其他的方法可以实现这种要求。勒·柯布西耶的提议在提出时并未被接受，但是，对于21世纪的现实问题来说，它却是一剂万能药。

伏瓦生规划轴测图

伏瓦生规划

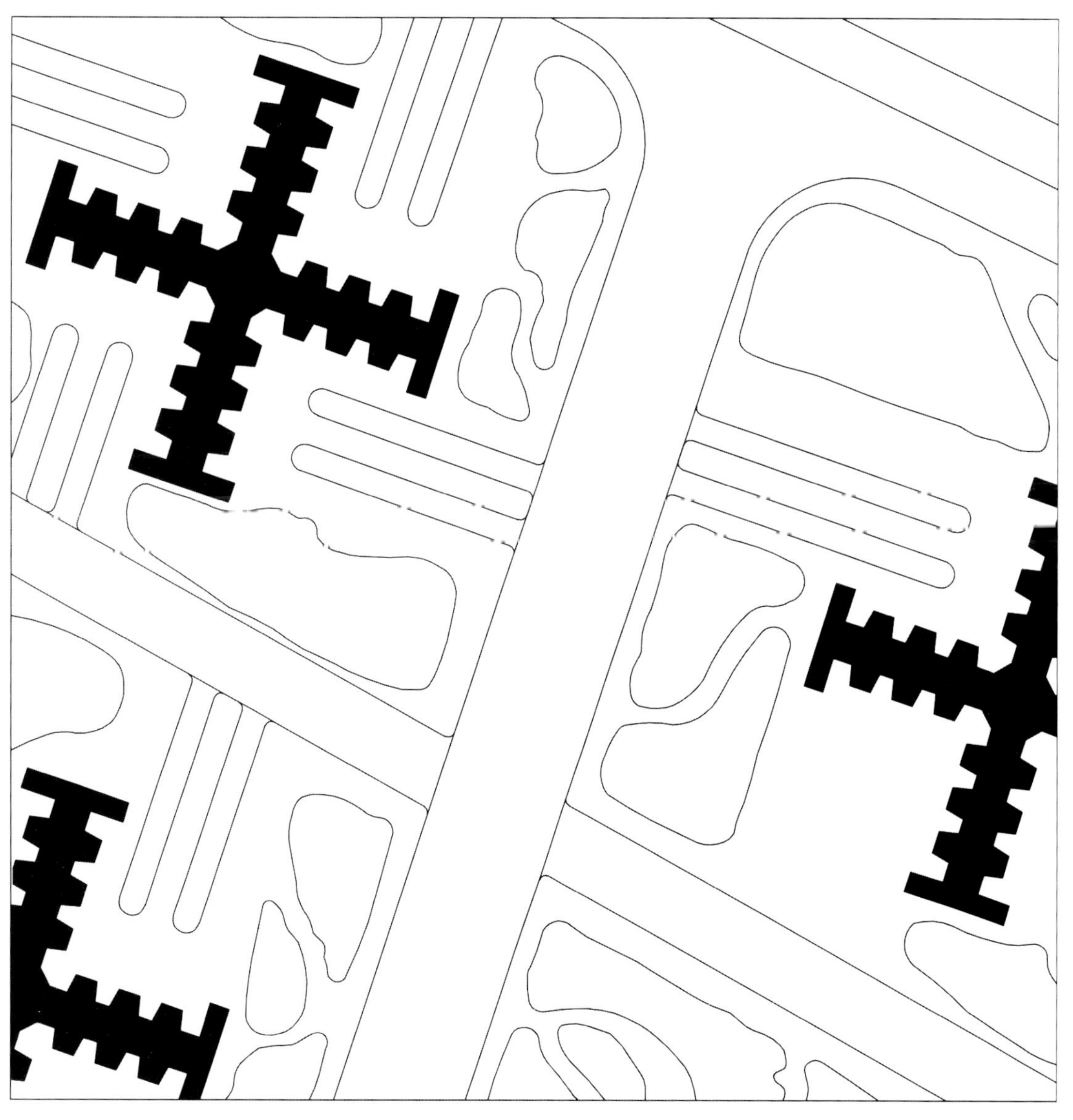

费城（Philadelphia）

69

里顿豪斯广场 (Rittenhouse Square)

在威廉·潘恩（William Penn）1681年的费城规划中，里顿豪斯广场被划归成费城五个公共用地之一。由于里顿豪斯广场周围的建筑物用途十分广泛，所以不管白天还是夜晚这里都是十分热闹的地方。同样地，威廉·潘恩提出了一个“绿色乡村式的城镇”的概念（green country town），并希望城镇中修建一些供人们休闲娱乐的广场，看来这样的概念变成了现实，而且广场是附近街区的中心（雷布斯，1965: 314）。里顿豪斯广场大部分仍保留了20世纪60年代的风貌。简·雅各布（Jane Jacobs）在《美国大城市的死与生》（*The Death and Life of Great American Cities*）中这样写到，“广场的边缘变化多端，广场周围的建筑物更是形形色色。由于周围建筑物用途的多元化，也使得广场上充满了各式各样的人，他们在不同时间进出于广场。这一切就让广场拥有了不同的用途和不同的使用者”（简·雅各布，1993: 124～126）。

里顿豪斯广场地处费城市中心的西南角。为纪念美国著名天文学家戴维·里顿豪斯（David Rittenhouse），特以他的名字为这座广场命名。1913年，由设计师保罗·克列特（Paul Cret）对其进行了重新设计。周围各种各样的商用楼和住宅楼中包括了柯蒂斯音乐学院（Curtis Institute of Music）、圣三一教堂（Church of the Holy Trinity）以及许多酒店、咖啡馆和公寓。20世纪90年代，广场周围出现了大量的住宅楼，也使得广场充满生气。不同于华盛顿市中心商业区的那些市民广场，里顿豪斯广场就算到了夜晚或是周末依然那么热闹。为了使这里变得更加繁华热闹，在这里还多了许多露天咖啡座和各式各样的餐馆。周边那些紧靠广场的建筑物非常重要，而那些离得较远的建筑也同样十分重要。从西南侧街区过来的人们穿过广场到达市政府（City Hall），潘恩中心（Penn Center）和沿着市场街（Market Street）的商业区。

尽管，在威廉·潘恩的规划中的其余四个公共用地保存得还不错，与里顿豪斯广场稍微有点可比性的也只有费城的华盛顿广场了。华盛顿广场的例子向我们展示了虽然有着相似的布局但效果却是完全不同的，而造成这种不同结果的原因就是背景的差别和市民参与度的差异。虽然华盛顿广场和里顿豪斯广场的规模、周边建筑的用途略有不同，但它们之间最大的差别应该是，华盛顿广场并非一个孤立于周围建筑物的独立个体，它与周围的建筑是有联系的。华盛顿广场紧挨着独立公园（Independence Park），这就使得广场变成了观光景点的一个部分，而并非仅仅只是一个公园邻近的广场。此外，由于和旁边的公园十分类似，因此华盛顿广场变得并不那么特别。

里顿豪斯广场

里顿豪斯广场

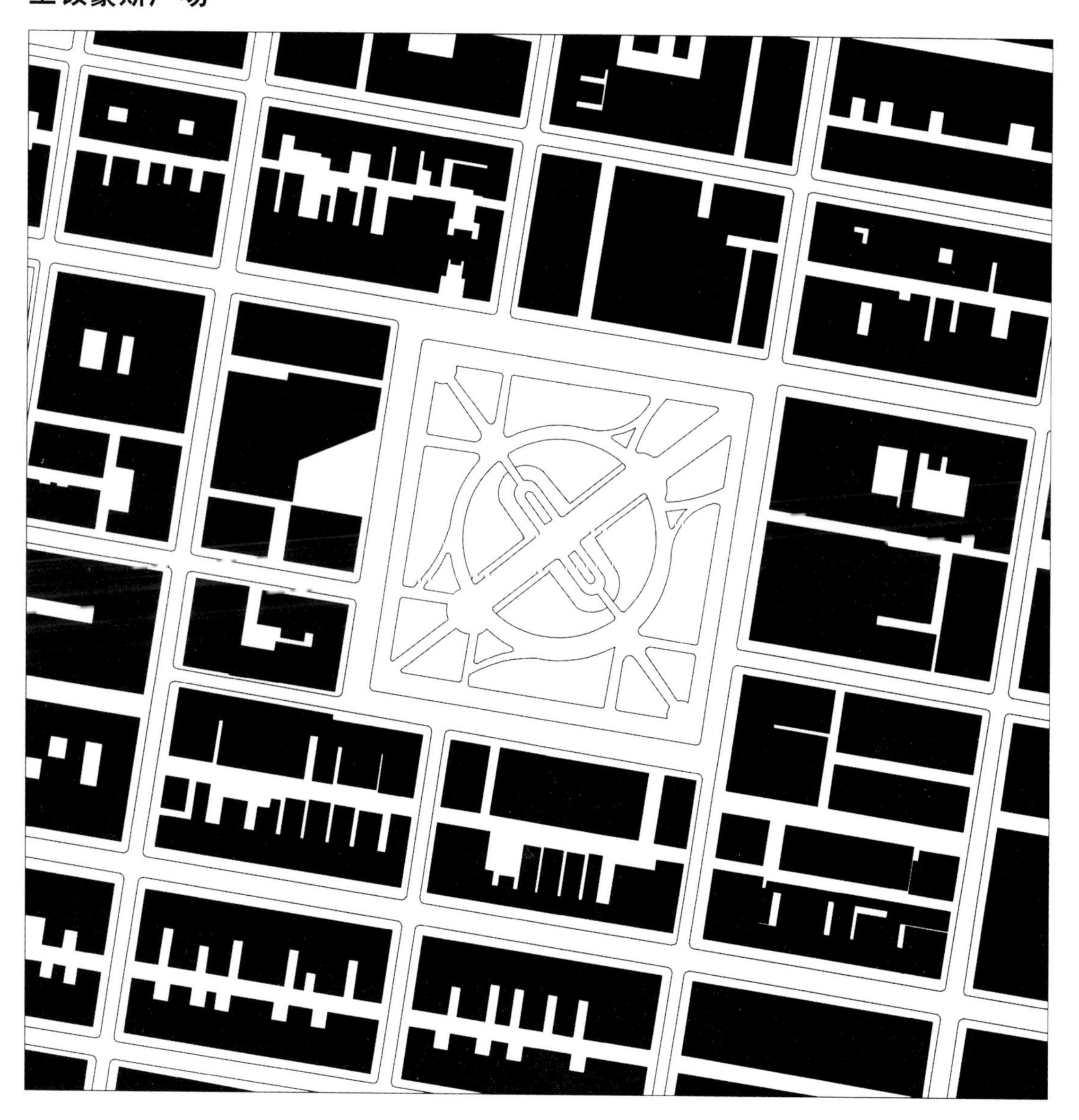

波特兰（Portland）

70

先锋法院广场 (Pioneer Courthouse Square)

先锋法院广场是由威拉德·马丁（Willard Martin）以及J. 道格拉斯·梅西（J. Douglas Macy）共同设计的作品。波特兰先锋法院广场已成为复兴波特兰市中心区的一个重要组成部分，它也是推进整体城市设计和改善交通运输的一个组成部分。今天，这座广场以及整个城市已经成为了经济可持续性的榜样，同时生态与社会的进步也推动了城市基础设施的建设，增强了人们的环保意识，改善了大众交通和都市生活。

先锋法院广场凝聚了波特兰市的居民、规划设计者以及政治家三十年来的努力，是波特兰人智慧和劳动的结晶。1951 年，波特兰酒店被拆除，取而代之的是一个停车场。此后在 1972 年，就在此处进行重新规划，准备修建一座公园。1979 年，政府将这块地买下，准备修建公园。1980 年，为此专门举行了一次设计竞赛，但是进度却十分缓慢。于是一个由市民组成的组织——“先锋广场朋友”（Friends of Pioneer Square）开始为广场的修建出谋划策，采取一系列的举措，他们把公园里的如道路铺设、街道设施的修建承包给一些个人或是合作赞助商。就这样，在公众的支持与资助下，广场终于在 1984 年建成，并正式开放。

和大多数美国的城市广场一样，先锋法院广场里有大量的独立建筑和空间元素集中于广场上的阶梯区域。在这种情况下，带有喷泉的圆形剧场成为了广场上的一个突出元素，周围是一行独立的圆柱、露天咖啡座和小型的休息区。虽然设计师想透过他的设计来表达“一系列的建筑片段”并以此使广场能够变得多功能化，但实际上，广场看上去有些让人感到出乎意料［勒克希斯（Leccese），1989: 61］。除了行道树、售货亭以及咨询处之外，广场上还有许多青铜材质的棋盘、一间回响室、一连串的青铜砖，这些青铜砖上雕刻的内容向世人展示了波特兰的历史，一块路标向路人提示从此处到波特兰姐妹城市间的距离，此外还有波特兰酒店的原有入口、一个瀑布式的喷泉、一个公共演讲台，当然还有一个与苏华德·约翰逊（Seward Johnson）真人相同比例高度的青铜塑像。

就像纽约的布莱恩特公园一样，先锋法院广场也由一个非营利组织对其进行日常管理，承接一些活动并负责维护治安，还要为广场的日常维护筹措资金。如果完全需要依赖于管理，广场设计是否成功和适用受到了质疑。公共空间工程（Project for Public Spaces）做出了这样的评论，“先锋法院广场是新生代的广场，它不再只是一个静态的死气沉沉的公共绿地，这些新型广场的设计是为了满足公众的不同需求。事实上，这些广场上的基础设施是固定的，广场管理组织的职能就是保证这些设施得到有效的利用”（www.pps.org）。

尽管，对于美国的这些城市广场进行适当的管理是很必要的，并且波特兰基础设施的公私共同出资养护体系是十分成功的。这样的运作确实是保证了基础设施的有效利用，但也造成了一些合理的担忧——这类运作造成美国共用空间的私有化程度加深了。

半圆形露天剧场

鸟瞰波特兰先锋法院广场

先锋法院广场

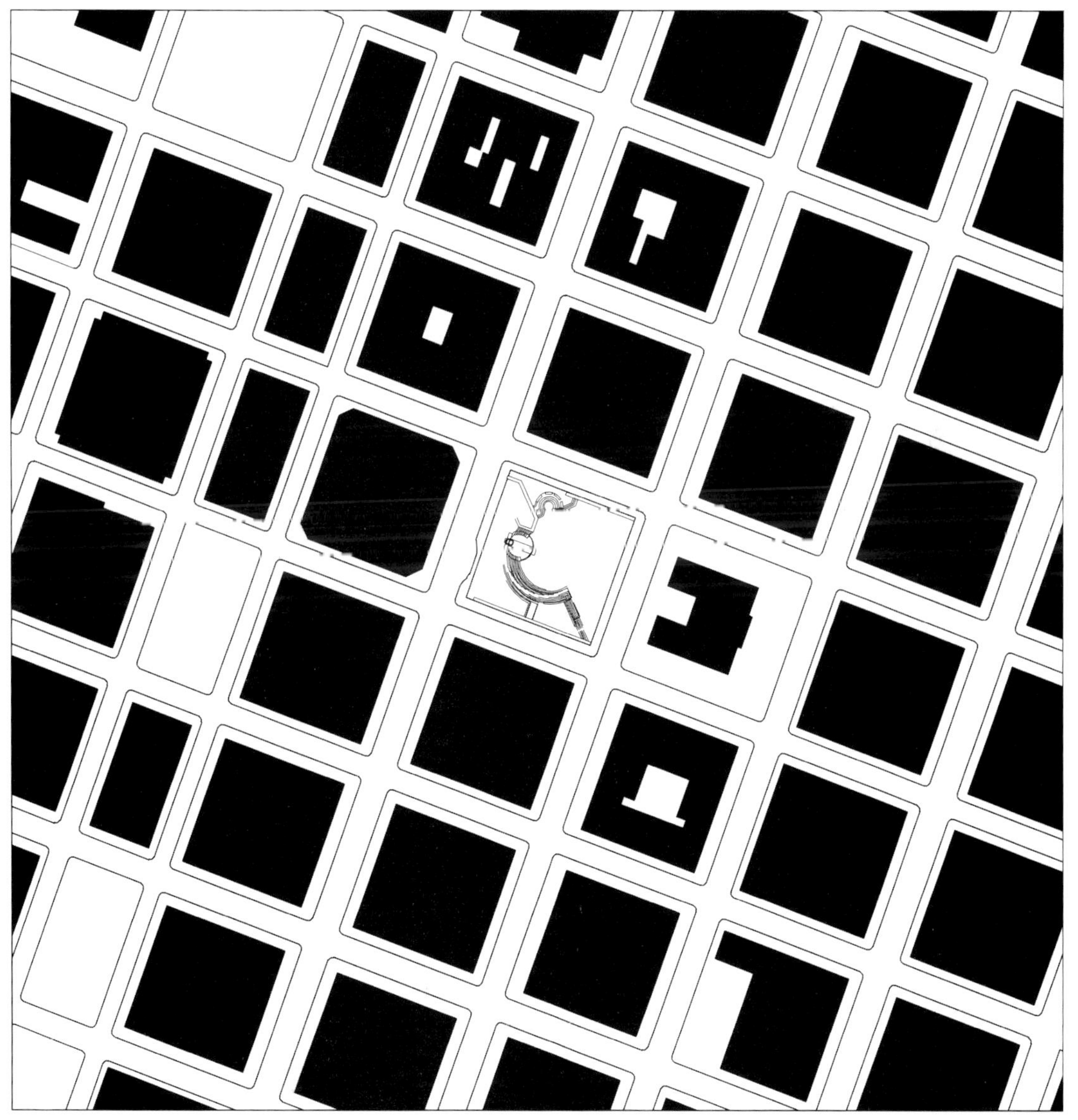

布拉格（Prague）

71

旧城广场 (Staroměstské Náměstí)

旧城广场位于布拉格的中心位置，这是一座中世纪式的广场，它坐落在商业路线的十字路口上。随着时代的变迁，广场也有了一些小小的变化，到了19、20世纪，广场的面貌发生了巨大的改变。从1893年开始到1896年，政府实施了一系列工程重整旧城中的北部犹太区，使之有了一个全新的面貌，修建拓宽了巴黎大街（Parizska Street），将伏尔塔瓦河（Vltava river）和广场连接起来。那时，广场周围所有的街道都通向广场，20世纪中期，广场上勾勒出广场西侧轮廓的市政厅的北翼遭受了严重破坏［斯坦科夫等（Stankova et. al.）1992: 42］。今天，广场周围有形形色色的建筑，在这里你能够看到哥特式、文艺复兴式以及巴洛克式的建筑。广场上的主体建筑一共有三座，它们包括位于广场东侧的哥特式泰恩双塔教堂（Gothic Church of Our Lady Before Tyn）、矗立在西侧的市政厅以及在西北侧的巴洛克式圣·尼古拉斯教堂（St. Nicholas Church）。

从市政厅的塔楼上看广场

广场的空地

整个广场最有特色的元素就是缺失胜于存在。这种缺失就是指广场西边的那片空地，那里曾经是市政厅的南翼和北翼。1945年5月捷克人民在这里发动布拉格起义，在纳粹镇压起义的过程中，两座建筑惨遭毁损。此后，这里一直就是一片空地，这样的空缺不仅仅是物质表面上的现象，同时也是文化上的一个空缺。有人提出保持原貌以纪念当时的那场起义，但这一想法一经提出，马上就成为了大家争论的焦点。大体上，大家争论的焦点就是如果在这里修建一座新的建筑，这座建筑是否能将广场的整体重建风格与现代的捷克文化做到完美的结合。

从西侧看广场

争论的双方，一方倾向于复制原来的哥特式建筑风格；另一方则认为，应该修建一个充满现代气息的建筑，并且使用现在流行的建筑材料，通过这一建筑重塑广场的空间构成，给广场带来一个崭新的面貌。幸运的是，大家对于战后建设的态度是，新旧结合，辩证地看待这一问题。新修的建筑必须能够代表捷克人独特的个性。捷克人试图通过他们有代表性的建筑物以及整个城市的设计风格告诉世界，他们乐于接受新鲜事物，愿意接受社会的变革，他们的国家是一个民主的国家。但遗憾的是这场争论最后演变成了1989年的"丝绒革命"（Velvet Revolution）[责编注]，然后接踵而来的是旅游业的蓬勃发展。渐渐地这个争论又上升到了哲学层面，它受到了经济因素和一些表面因素的影响。这些表面因素包括，一座新修的建筑会为旅游业的发展带来怎样的影响？是采用传统建筑形象还是其他形式的建筑？

［责编注］捷克斯洛伐克的"丝绒革命"是指东欧剧变时，没有经过大规模的暴力冲突就实现了政权更迭，如天鹅绒般平和柔滑，故得名。"丝绒革命"也成为非暴力的通过和平方式更迭政权的代名词。

旧城广场

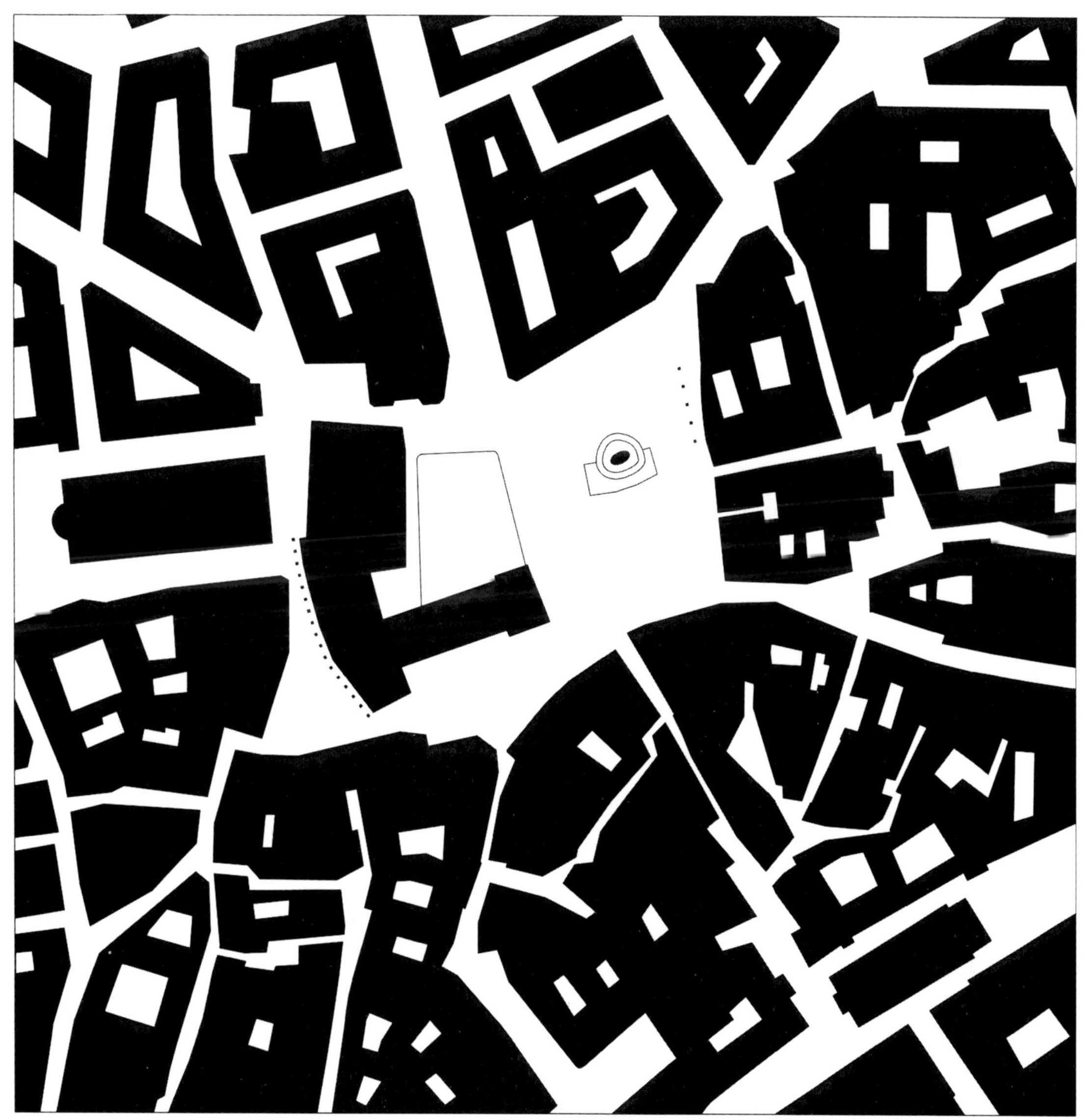

罗马（Rome）

72

卡比托利欧广场 (Piazza del Campidoglio)

卡比托利欧广场是由教皇保罗三世（Pope Paul III）于1536年下令修建的，它主要是一项文艺复兴时期的城市重建工程。尽管此广场从古代起曾是罗马的市政中心，但到16世纪时，这里已经衰败了。教皇保罗三世命令米开朗琪罗（Michelangelo）将卡比托林山（Capitoline Hill）重建为新的市政中心以象征罗马的复兴。

在那时，卡比托林是一片不规则的空地，两侧分别与两座古老的建筑相邻，它们是位于东南侧的元老院（Palazzo del Senatore）和西南侧的保守宫（Palazzo dei Conservatori）。米开朗琪罗重新清理并确定了这块儿不规则的空地，他首先修建了一条从元老院的中心向西北延伸至罗马的复兴之地（Renaissance Rome）的中轴线。根据这条中轴他选定了新建筑的位置，这个位置同保守宫所成的角度与其同元老院所成的角度相同，但方向相反。

这种设计的结果是一个统一的梯形广场，铺砌地面呈稍稍隆起的椭圆形，广场上矗立着一尊罗马皇帝马可·奥勒留（Marcus Aurelius）的骑马铜像。新旧宫殿微微倾斜的外墙借助于透视法构成了元老院的主立面。卡比托利欧广场的西北端是一条大斜路，即斜坡台阶（Cordonata），它通往当时的罗马复兴之地。

除了广场的规划和规模之外，米开朗琪罗提倡近乎完全一致的外表，使得建筑群进而整个广场显得统一、和谐。新修建的宫殿被恰当地称为"新宫"（Palazzo Nuovo），重新修葺的保守宫有两种尺度秩序。第一个是与广场比例协调、连接着建筑物两个楼层的庞大的科林斯圆柱。在这些庞大的圆柱之间插入的是位于敞廊和二层楼窗户两侧的小的爱奥尼克柱。

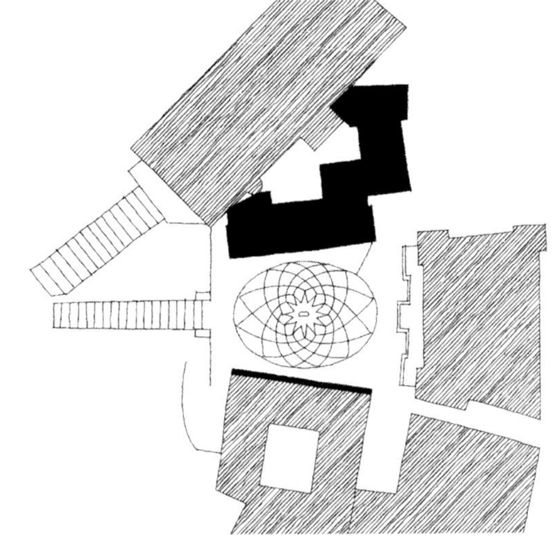

插入的新宫确定了空间

从很多方面来说，整体设计是优美而又简洁的，因为它包纳了现有的自然条件。米开朗琪罗并没有把原有的建筑夷为平地，而是利用它们创造了一个动态而统一的广场。在1967年的《城市设计》（*The Design of Cities*）一书中，埃德蒙·培根（Edmund Bacon）评论说，米开朗琪罗睿智的重建工作证明"谦逊与力量可以共存"，而且"在不毁灭原有建筑物的基础上创建新的伟大建筑是可以实现的"（培根，1967：102）。

卡比托利欧广场依旧是罗马的市政中心。正面由吉洛拉莫·拉伊纳尔迪（Girolamo Rainaldi）、卡洛·拉伊纳尔迪（Carlo Rainaldi）和贾克莫·德拉·波尔塔（Giacomo della Porta）设计的元老院是罗马市行政管理机构的所在地。保守宫现在是一座主要展出雕塑和油画的博物馆。新宫则成为卡皮托林博物馆（Capitoline Museum）的所在地，以丰富的展品和拥有世界上最古老的收藏品而著称。

卡比托利欧广场

卡比托利欧广场

罗马（Rome）

73

鲜花广场 (Campo dei Fiori)

鲜花广场之所以独特，是因为它保持了中世纪的有机形式和功用，而并没有被刻意打造成一颗珍贵的宝石。现在它仍然履行着自己的主要职责，作为罗马市民的日常市场存在着。尽管罗马的其他广场对于市民来说依然有其功能性，但很多广场，例如那佛纳广场（Piazza Navona）和圆厅广场（Piazza del Rotunda），都被旅行者淹没了。同样，与其说它们是当地的广场，不如说它们是世界的广场。从它的功用、规模、周边建筑以及使用它的人群等各个方面来说，鲜花广场都仍然是罗马市中一座自然的、令人感到舒适的广场。

鲜花广场的名字和起源仍然悬而未决，争议不断。它的名字按字面翻译是“花之田野”之意。整个中世纪，这里是一片被废弃的、野草丛生的空地，有鲜花在这里生长或者在这里出售，这便是广场名字的由来。直到15世纪，这里用来举行各种公众活动，包括集市、比赛、法场以及宣布法令。从鲜花广场延伸出的道路通向不同的广场和市内的重要建筑。在南侧，绳索之路（Via d'Corda）通往由米开朗琪罗所建的法尔尼斯广场（Piazza Farnese）。而在北边，天堂之路（Via Paradiso）则连接了由巴尔达萨雷·帕鲁齐（Baldassare Peruzzi）所建的马西莫宫（Palazzo Massimo）。

鲜花广场的独特之处还在于它周围有很多风格迥异的建筑，而这些建筑的随意性对于广场的真实与稳重来说显得恰到好处。这些建筑的一层大多是咖啡馆、商店和餐馆，上层则是住宅，包括膳宿公寓、旅馆和公寓，很多在罗马学习建筑的美国学生便居住于此。

如今，鲜花广场成为一个热闹的蔬菜和鲜花市场，一天二十四个小时都充满活力。早在太阳升起之前，摊主便来到这里支起他们的货摊。到7点钟时，这里便已人声嘈杂，人们来此购买新鲜的蔬菜和鲜花。每天下午1点钟的时候，鱼贩货摊叮当作响的声音标志着一天的集市将要结束了。到下午4点钟时，货摊基本上都已经收起了，清洁工们来此清扫场地，收拾垃圾。黄昏时分，咖啡馆便开始营业了。再晚些时候，附近的餐馆里慢慢地挤满了就餐的人群，这种情况能一直持续到凌晨。这时，看起来广场要入睡了，可实际上，它边上的酒吧是永远不会让它安安静静地休息的。不久，商贩们再次出现，一天的活动又开始了。

鲜花广场

鲜花广场强调了背景空间的重要性，这些空间能够继续满足市民的基本需求。对于很多城市，尤其是意大利的城市来说，驱逐原有的市民，取而代之旅行者以及那些满足旅行者需求的人，这是非常危险的。为了确保城市适宜居住并且如同鲜花广场一般真正充满活力，人们必须采取措施使得这些空间和市民真的可以生活在这些城市之中。广场不要过分考究，而且也不应该矫揉造作。广场有时也不怎么漂亮，但它却是真实的，然而这正是它成功的地方之一。

鲜花广场

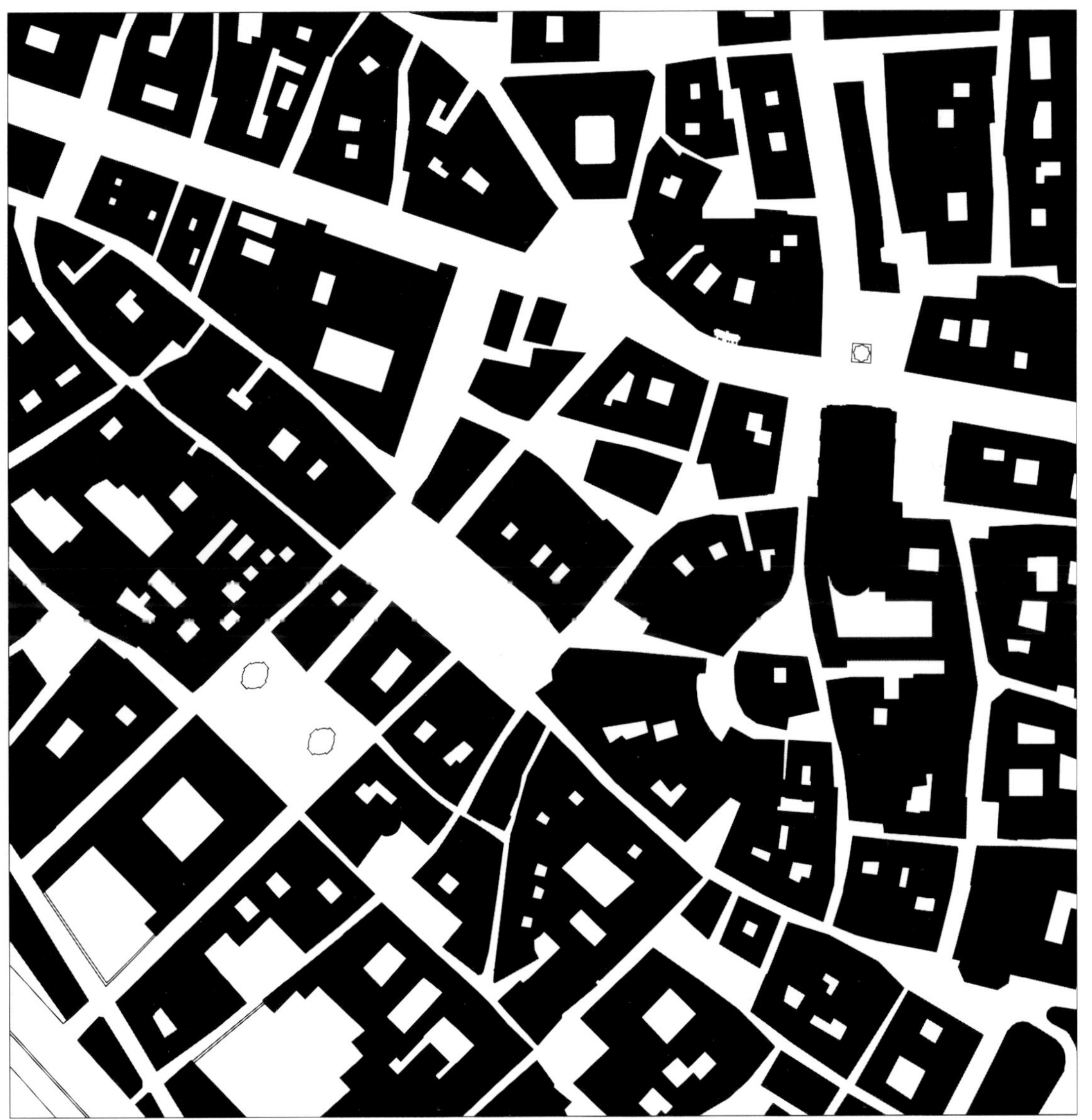

罗马（Rome）

74

那佛纳广场 (Piazza Navona)

那佛纳广场位于罗马市中心，万神殿的西侧，维托里奥·伊曼纽尔二世大街（Corso Vittorio Emanuele Ⅱ）的北侧，它在意大利的众多广场之中颇为独特。与从城市的缝隙中发展起来的更加集中的广场如鲜花广场不同，与故意建造的完美的文艺复兴式和巴洛克式的广场如圣彼得广场（Piazza San Pietro）也不同，那佛纳广场是1世纪时的罗马竞技场的遗迹，如同位于卢卡的圆形剧场广场一样，它的形状来源于一座古罗马的竞技场。在那佛纳广场，尽管有着突出的凸面（或许由于这里曾是运动场的缘故），但竞技场的带状设计仍然适宜于散步。

几乎广场上所有的围墙都由缺乏总体或统一规划的背景楼群组成，唯一例外的是两座教堂。第一座是位于东侧修建于15世纪的圣吉乔莫教堂（San Gicaomo degli Spagnuoli），另一座是位于西侧的由弗朗西斯科·博洛米尼（Francesco Borromini）于17世纪修建的圣艾格尼丝教堂（Sant' Agnese）。正是圣艾格尼丝教堂的正立面既解决了场地的问题，又强化了那佛纳广场围墙的独特性。首先，教堂的位置有些问题。这是一个非常浅，只能容纳一座建筑的场地，并且有一条街道恰好越过广场的西侧。此外，只能让人们间接地看到广场内部景象，以至于任何动态的流线都会消失在广场之中。从根本上说，博洛米尼创造了一种视觉上的幻觉，他压缩了建筑的正立面和圆屋顶或者使之扁平化，将侧面的塔楼包围起来，使得正立面比它看起来的要深。这种压缩使得教堂仍然是广场上的标志，而不会破坏广场的体积。

建筑师、城市规划师和历史学家已经注意到，尽管那佛纳广场公然违反了成功广场的系统规定，但其仍是一个成功的广场。城市史学家保罗·朱克尔（Paul Zucker）和克利夫·莫夫汀（Cliff Moughtin）认为，使得那佛纳广场取得成功的元素实际上是广场上的三座喷泉（朱克尔，1966: 153；莫夫汀，1999: 108）。其中最为突出的是位于圣艾格尼丝教堂前面的四河喷泉（Fountain of Four Rivers），这座喷泉是由吉安·劳伦佐·贝尼尼（Gian Lorenzo Bernini）于1650年设计。第二座喷泉是位于广场北端的海神喷泉（Fountain of Neptune），这座喷泉是基于贝尼尼的设计而建。第三座喷泉是位于广场南端，靠近圣吉乔莫教堂的摩尔人喷泉（Fountain of the Moor）。这些喷泉已经超越了雕刻之美，也并不只是作为水流和声音的来源，它们实际上为广场创造了乐曲般的和谐动感。这三座喷泉都位于广场的中心纵轴上，将带状的广场划分成了几个区域，以至于广场看起来要比实际上小并且更加紧凑。然而，更加有趣的是，尽管它们位于广场的中心轴线之上，四河喷泉和摩尔人喷泉都偏离邻近教堂的轴线。这种偏离使得教堂的轴线滑过喷泉，减轻了可能出现的紧凑感或者拥挤感。此外，这使得广场上产生一种空间流动感。如果它们排列在一起，就会显得过于正式和死气沉沉，不能为广场创造一种动感（朱克尔，1966: 153）。同位于佛罗伦萨领主广场（Piazza della Signoria）上的雕塑一样，设计师并没有非常规整地安排这些广场，而是巧妙地选择了地点。

那佛纳广场

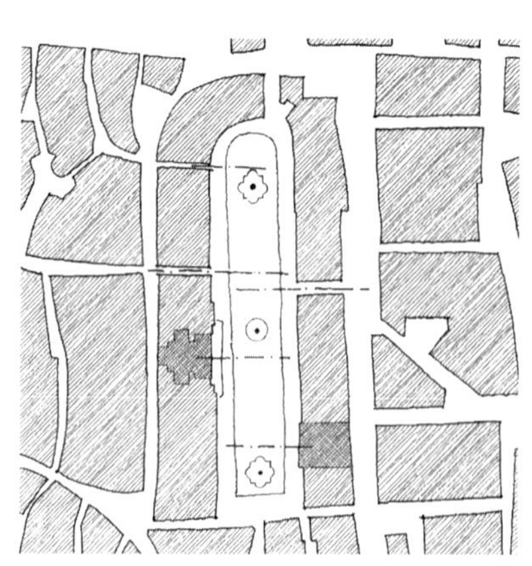

喷泉与教堂入口的关系

那佛纳广场

罗马（Rome）

75

梵蒂冈的圣彼得广场 (Piazza San Pietro in Vaticano)

位于梵蒂冈的圣彼得广场应该是本书中最为著名的广场之一。对于世界上将近十亿的天主教徒来说，这个巨大的广场有着特殊的意义。在每周教皇接见信徒以及一些特殊场合，如复活节和圣诞节，或教皇选圣夜时，它充满象征意义的环抱双臂必须要能容纳成千上万的朝圣者和游客。除了它的规模和象征意义之外，实际上圣彼得广场并不在意大利，而是位于根据1929年的《拉特朗协议》（Lateran Treaty）所建的独立城市国家——梵蒂冈。尽管在过去这很重要，但现在已无关紧要：告知你进入了一个独立国家的唯一标志是边界处的地上画着一条白线。

吉安·劳伦佐·贝尼尼（Gian Lorenzo Bernini）对圣彼得广场的最初设计是1656年构思的。设计是由沿圣彼得大教堂的中轴线所排列的三个独立而又相互依赖的空间部分组合而成的。第一个部分是距离圣彼得大教堂最近的方形广场（piazza retta）。占据这片区域的是一座平滑的大范围的台阶和一系列通向圣彼得广场的斜坡，这里主要是作为户外的人群祈祷祭拜的地方。它的围墙向圣彼得大教堂正面的方向倾斜，这同由米开朗琪罗所建造的卡比托利欧广场类似，使得其正面看起来要比实际上窄一些。

第二个部分，同时也是最容易辨认的部分是椭圆形的柱廊——椭圆广场（piazza obliqua）。贝尼尼并没有将这片空间拉长，而是在两组柱廊之间创造了一组相互交叉的轴线。正如保罗·朱克尔所说，这组交叉的轴线创造了“以后用巴洛克主义的眼光看来非常令人满意的空间张力”（朱克尔，1966：151）。第三个部分曾经是鲁斯提库奇广场（piazza rusticucci），邻近现在庇护十二世广场（Piazza Pio Ⅻ）的东端。这片区域与贝尼尼的设想非常接近：它是椭圆广场的前院。

圣彼得广场

从和解之路看到的景象

这三个部分之间微妙的空间感在于它们相连接的地方。贝尼尼通过一种过渡的平面表现了不断加强的神圣感。这让人们产生一种步入一个愈来愈神圣的领域的感觉，这种感觉在到达圣彼得大教堂的门口处时达到顶点。这个平面与两侧的廊柱形成一种巧妙的对比：两侧的廊柱拥有明确但却通透的边界而且在柱帘的遮掩下就像是一个从尘世进入圣域的过滤器。

除了增建，在1936年至1950年间这里还实施了拆迁工程。从20世纪30年代初开始，墨索里尼（Mussolini）任命的建筑师皮亚琴蒂尼（Piacentini）和斯帕卡雷列（Spaccarelli）设计了轴向的“和解之路”（Via della Conciliazione）用以庆祝意大利和梵蒂冈之间达成的协议，这条道路恰好位于圣彼得广场的东侧，通向罗马市中心。在此之前，这片区域充斥封闭的、拥挤的城市建筑物，当人们从拥挤的区域进入开阔的圣彼得广场时，由于空间体验的力量使人感到惊讶或者欣慰。如今，从距离1.5千米远的台伯河上便可以看到圣彼得大教堂和圣彼得广场，这就使得由此带来的空间惊奇感大大减少了。

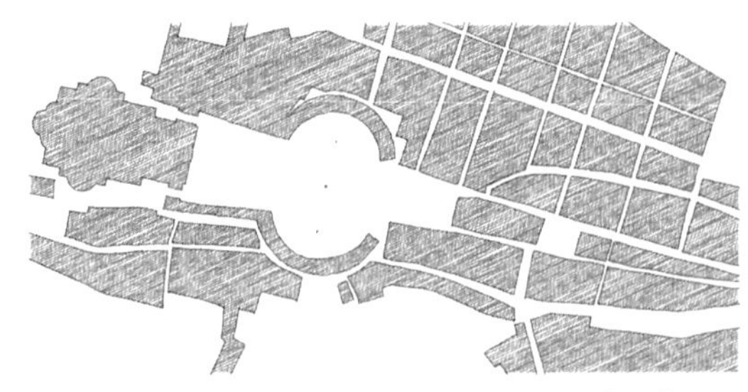

1936年前的平面

梵蒂冈的圣彼得广场

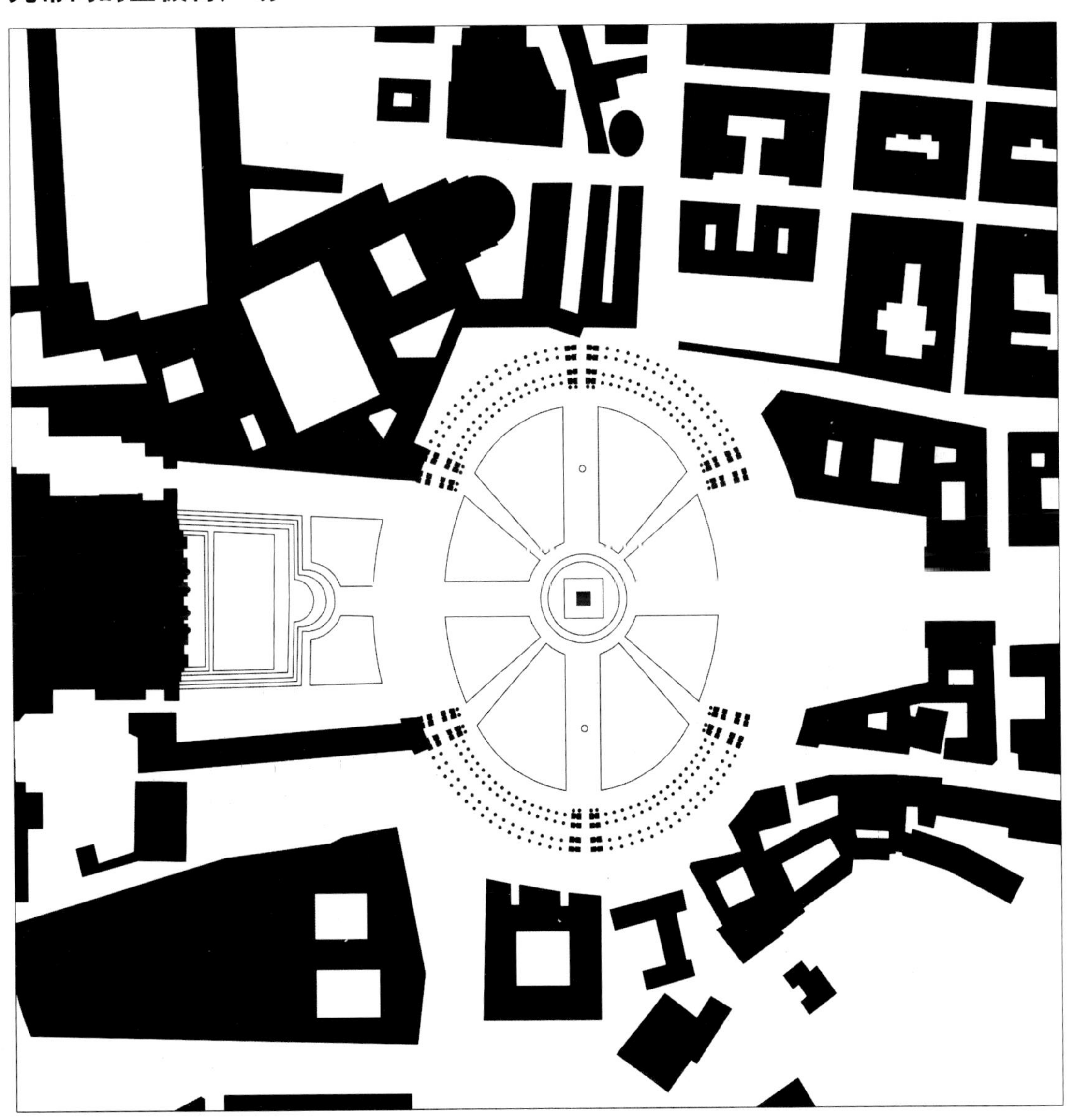

圣彼得堡（Saint Petersburg） 76

宫殿广场 (Dvortsóvaya Plóshchad)

宫殿广场设计、建造于19世纪早期，它的轮廓由拱形的总参谋部大楼（General Staff building）和直线型的冬宫（Winter Palace）所勾勒而出。总参谋部大楼和这个地区的其他政府大楼一样，满足了一个超级大国在军事和行政机构两方面的需要（伊格罗夫，1969: 85）。此外，这座广场和其他一些广场也成为了拿破仑战争后沙皇统治皇权和军事力量的象征。观察那些传统的军用场所，我们不难发现这些地方的设计都是为了保证盛大的庆典或是大型的演习能在此顺利进行，也通过这些向世人展示俄罗斯军事力量的强盛。总体说来，宫殿广场的面积大小合适，设计风格恰如其分，是世界上面积最大的封闭广场之一，整体风格看上去十分整齐统一。

宫殿广场是一连串大型广场在西南角空间上的顶点，这些广场包括了海军广场（Admiralty Square）、彼得广场（Peter Square）和圣・埃萨广场（St. Isaac's Square）。它们构成了整体的组成部分，圣彼得堡河滨皇家政府建筑群包括海军司令部（Admiralty）、冬宫、大剧院、国家博物馆以及大理石宫（Marble Palace）、夏宫花园（Summer Garden）等。1819年由卡罗・罗斯（Karlo Rossi）设计修建了总参谋部大楼，一条起始于凯旋门的大街将这座大楼一分为二，并且这条大街与亚历山大石柱（Alexander column）及冬宫的中心处于同一直线之上。在《圣彼得堡的建筑规划》（*The Architectural Planning of St.Petersburg*）一书中，历史学家伊格罗夫（I. A. Egorov）指出罗斯仔细研究了圆柱的位置，圆柱是沿着凯旋门和冬宫间的轴线而建的（伊格罗夫，1969: 149）。伊格罗夫的分析向我们展示了，圆柱依然位于主轴之上，这种沿轴线设置柱位深刻地影响了广场的空间布局。和罗马那佛纳广场上的喷泉或是佛罗伦萨的领主广场上的雕塑一样，这座圆柱的战略意义远胜过了它本身的形式。

第二个组成部分就是总参谋部大厦，它并不是一个规则的半圆外形，而是一个展开的半圆建筑。不同于规则的半圆形，这样展开的蜿蜒曲线更具灵动之感，使得空间极具流畅性。相似的例子我们可以在梵蒂冈的圣彼得广场看到，在这个广场的一边上有一段段的拱门，而在巴斯的皇家新月楼，是一个收缩拱门的一部分。

宫殿广场

罗斯对于宫殿广场的设计，给了我们很多提示。从他的设计中，我们能够看到如何把一些已经存在的建筑融入到整个设计中去，做出很好的互动。当开始着手设计之后，罗斯发现在广场西南边有一些很难把握的建筑物的片段，在东北边则是一些不同种类的建筑组合（伊格罗夫，1969: 138）。罗斯的解决方案十分简单且巧妙。他利用那些已经存在的弧形拱门，并在东北边修建了与之相似的建筑。在这两个拱形建筑的交汇处罗斯再次设计建造了一座凯旋门。从建筑学的角度上来说，罗斯将冬宫设计成新式曲线外形的建筑，他并不是一味地抄袭和模仿，而是在原有基础上加以提炼（伊格罗夫，1969: 142）。虽然他运用了线条和韵律，但是总参谋部大楼以简约的造型来衬托冬宫复杂的巴洛克式建筑立面。与罗马的卡比托利欧广场以及南锡的斯坦尼斯拉斯广场一样，大多数的城市设计都是仔细观察和运用已经存在的建筑，并为这些建筑增色。这种增色并不是盲目地模仿和复制，而是对这些已存建筑做出回应，与之相呼应。

现址上的罗斯
新建筑方案

宫殿广场

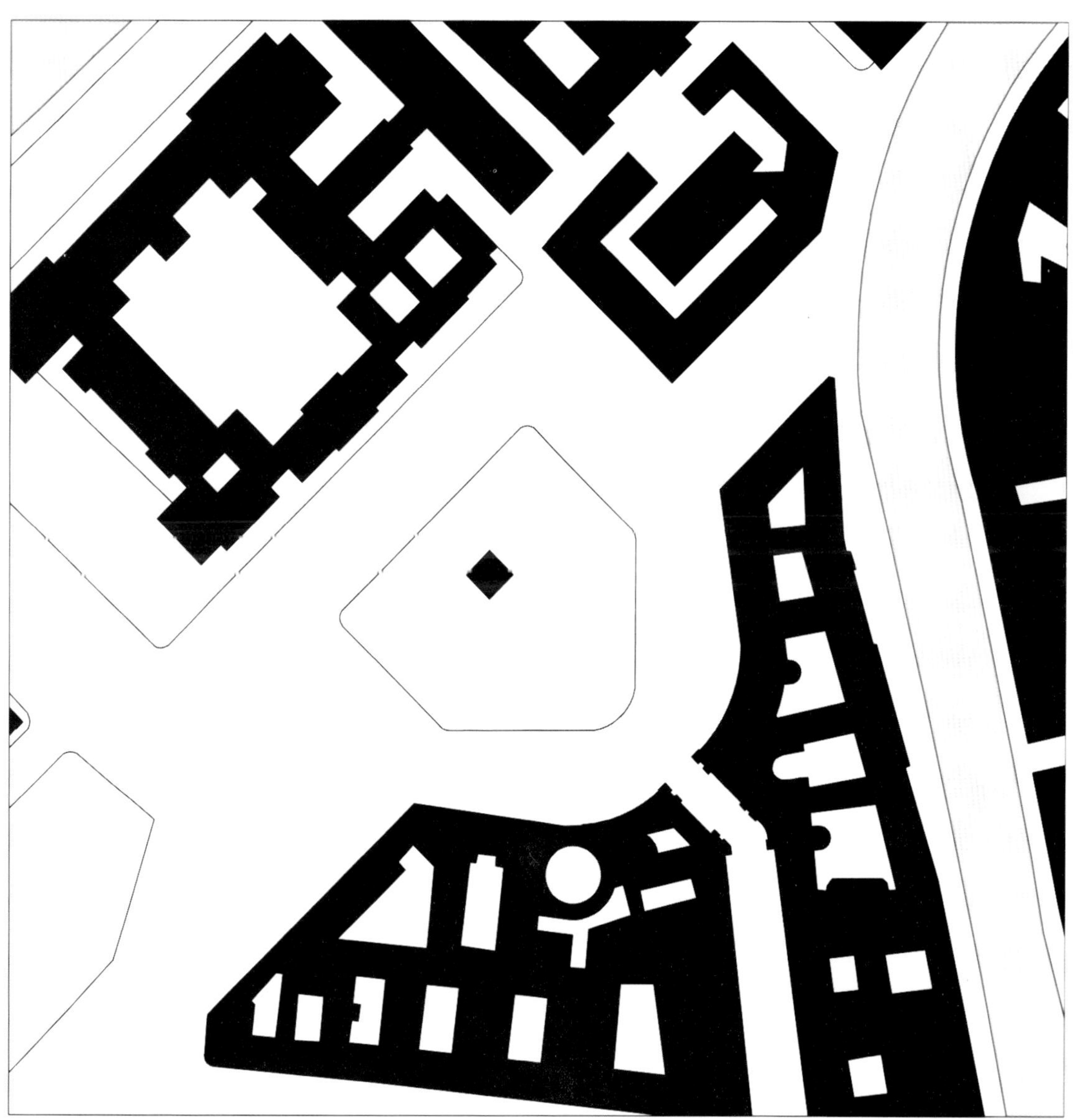

萨拉曼卡（Salamanca） 77

五月广场 (Plaza Mayor)

被看作西班牙最美丽广场之一的五月广场拥有着精巧的比例，它正面的水平和垂直的线条处理得十分巧妙，两者达到了完美的平衡。埃尔温·古特金德（Erwin Gutkind）将萨拉曼卡巴洛克风格的五月广场描述成“没有什么非同寻常之处”却是“城市设计成就的顶峰”（古特金德，1967: 275）。整个广场的有趣之处在于，虽然广场的设计布局无法超越，但它的成功并不是依靠巧妙的手法，而是依靠简约和繁复方法的结合。那些难以超越的城市广场如罗马的卡比托利欧广场或是巴塞罗那皇家广场（Plaza Reial）的设计手法也采用了与五月广场相同的构思。

1720至1750年间，设计师安德里亚斯·加西亚·德·奎纽内斯（Andreas Garcia de Quinones）、J. 加西亚·德·奎纽内斯（J. Garcia de Quinones）、何塞·德·劳拉（Jose de Lara）以及尼古拉斯·丘里格拉（Nicolas Churriguera）设计并建造了这座广场。广场被统一的四层高的住宅楼所包围，广场的北侧是市政厅。这些建筑的一层都是商店、餐馆或是咖啡馆。

广场的入口以及市政厅的修筑使得周围建筑看上去更加千篇一律。尽管有7条以上的街道通入广场，其中的三条与拱廊衔接在一起，就如同马德里的五月广场那样。剩下有三条街道则被两层高的拱廊式建筑标记出来。而另一个变化是市政厅的正面，它从广场内部的表面突出出来并高于北边的住宅建筑。市政厅拱廊的规模比广场周围拱廊的规模略大一些。

和马德里的五月广场一样，萨拉曼卡的五月广场四周是突出于立面的阳台花饰窗格。与马德里五月广场不同的是，这些阳台是连贯的，因此就营造出一种强烈的视觉效果——沿着整个立面的是水平镶边的装饰效果，并且这样的设计使人们回想起观看西班牙斗牛比赛时的场景。

这座广场看上去就像是萨拉曼卡城市建筑结构自然的延伸，也正是由于大学城坐落于此，而使其变得更加著名。广场的南边是圣马丁大教堂（Cathedral of San Martin），在它的旁边是一个很小的前院广场。广场的东边是一个市场。

如保罗·朱克尔所说，“萨拉曼卡的五月广场拥有其自身不朽的辉煌之处，而这一辉煌之处就在于广场周围那些整齐划一的建筑”（朱克尔，1966: 229）。同样地，这样的规律或者说是精确严密使得萨拉曼卡具备了建立统一秩序的能力，同时也打破了这样的秩序只是重点强调那些重要的时刻。当然，在萨拉曼卡进行这样的设计尝试，是移除这种潜在的设计秩序，或是打破这样的设计秩序。当这种秩序被移除之后，这些特点变成独立的元素而它们之间的联系也就不复存在。当这样的杂乱状态被解决之后，这座广场也就变得平淡无奇。

五月广场

五月广场

五月广场

萨尔茨堡（Salzburg） 78

教堂广场、居民广场和首都广场 (Domplatz, Residenzplatz and Kapitalplatz)

萨尔茨堡教堂是由几个明显分区的广场所包围的。这些广场意味着半独立却相互依存的公共空间在城市文明生活中扮演着非常特殊而又互补的角色。这个教堂最初是由斯卡莫齐（Scamozzi）设计，最终由桑提诺·索拉里（Santino Solari）完成建造。它是整个萨尔茨堡广场的象征。把教堂安放在硕大的广场中心更有效地创造出三个各具特色的广场，分别代表着：宗教、政府、商业。其中，最正式的要数教堂广场了。这个纯几何图形、紧凑的广场从根本上说算是教堂的前院，用于举行宗教仪式。教堂的其他三面分别是教堂立面、居民广场和圣彼得修道院，其中轴线从教堂的主干道，通向后面较小的圣彼得教堂。除了明确的轴向结构和紧密环绕，处于教堂正立面两侧的两个柱廊，在空间上围绕着教堂。与梵蒂冈的圣彼得广场一样，廊柱发挥了围合作用，创造了一个连接人行道和上层空间的边沿。这些廊柱同样强调出从规整的教堂前柱廊通过空间压缩，然后豁然开朗过渡到北边的居民广场再到南面的首都广场。

居民广场是城市的市政广场。这个广场不如教堂广场正式。它没有像教堂广场一样有居民广场中心塔楼形成的直线形式，而是在拐角处有入口。在教堂广场廊柱的对面是拐角，通向莫扎特广场（Mozartplatz），它被认为是广场整体中的第四个广场。教堂的对面是首都广场，主要用于商业活动。在三个广场中，首都广场是最难定义的，它几乎是城市里的剩余空间。除了它的形状，它是一个可辨认的空间，因为它作为一个市场而且它在一个整体中是一个在规模和形式间变化的空间。在某种意义上，每个广场都是互补的，因此为教堂周围增添了活跃的空间。

从南侧看大教堂

教堂广场、居民广场和首都广场

旧金山（San Francisco）

79

联合广场 (Union Square)

联合广场坐落于旧金山的商业区，和美国其他的城市广场一样，旧金山联合广场经历过无数次的变迁。无论是建筑设计师还是景观设计师，他们都希望将美国城市不断变化的社会风貌以及经济发展这些元素统统融入到他们的设计当中去，希望这些方方面面的因素都能在广场设计上得到体现。这也就使得景观设计师们挖空心思在方案上做文章，于是空间便越来越复杂，波浪曲折的表面、形形色色的亭台楼阁还有其他一些繁复的工程项目便应运而生。例如辛辛那提的喷泉广场、洛杉矶的潘兴广场和波特兰的先锋法院广场，使人感觉美国公共广场那种程式化的布局和空间的连接看上去都是那样的累赘，不得不让人感到这样的广场已不堪重负。产生了令人担心的结果就是使得广场变成了为特定的日子而特殊设计的场所，只有在特定的时间才能光临的地方。从而使广场从原本应是轻松的场合变得气氛隆重起来。

1851年旧金山联合广场成为了公共保留地，在1849年淘金热潮的带动之下，范围逐步扩大。20世纪初，联合广场的附近区域成为众多商铺和剧院的聚集地。1942年，在广场的地下，建成一座4层的地下停车场。今天，广场四周依然分布着商店、剧院、酒店以及办公写字楼。

1997年，旧金山规划及城市研究协会（San Francisco Planning and Urban Research Association）组织了联合广场的设计竞赛，并借此机会评选出最佳的设计方案使广场重新恢复生机，组委会收到了320套方案。最后由景观设计师菲利浦斯与弗特林汉姆设计事务所（Phillips+ Fotheringham Partnership）提交的设计方案赢得此次大赛（菲利浦斯与弗特林汉姆设计事务所，2002: 3～4）。这个设计方案旨在将联合广场转变为一个社会"舞台"，各种形式，其风格无论是正式或是非正式的社会文化活动都能在这里展现。整个设计包括一个中心广场，四周由成行的绿树和进入地下停车库的斜坡作为广场的边界。在广场短边上设有咖啡座和售票亭。一个平台横跨于广场的中心，平台的轴线与广场上1903年树立的圆柱形纪念碑形成一条直线。这座纪念碑是用于纪念在美国与西班牙战争中取得胜利的杜威将军（Admiral Dewey）。沿着广场的南边分布着一系列的建筑物，如薄雾喷泉、纪念性的轻型雕塑。广场满足了不同人群的各种需要。周末，辛苦工作了一周的上班族通常会选择来到联合广场吃上一顿午餐顺便享受一下日光浴。傍晚和周末你还能看到各式各样的表演。

广场的一个重要功能就是广场的地下停车场。早在20世纪40年代就修建了这座地下停车场，成为了最早地下车库的范例之一。但这些范例中有许多最后没能获得成功，其失败的原因在于，大量进出的汽车造成了进入车库的斜坡严重磨损，同时也使得种植在车库上面的植物缺乏泥土的滋润，最终枯死。这就直接导致绿色植物的大量减少，就像洛杉矶的潘兴广场一样，植物的数量锐减使公园变得不像公园，而像一个露天的停车场。当然成功的案例还是有的（尽管本书并未提及），位于波士顿的邮局广场（Post Office Square）就是一个成功的例子。邮局广场的地下是一个7层的地下停车场，为了使广场建筑以及绿化植物不再遭受汽车的蹂躏，广场周围修建了另外的通道供汽车来回进出。

联合广场

联合广场

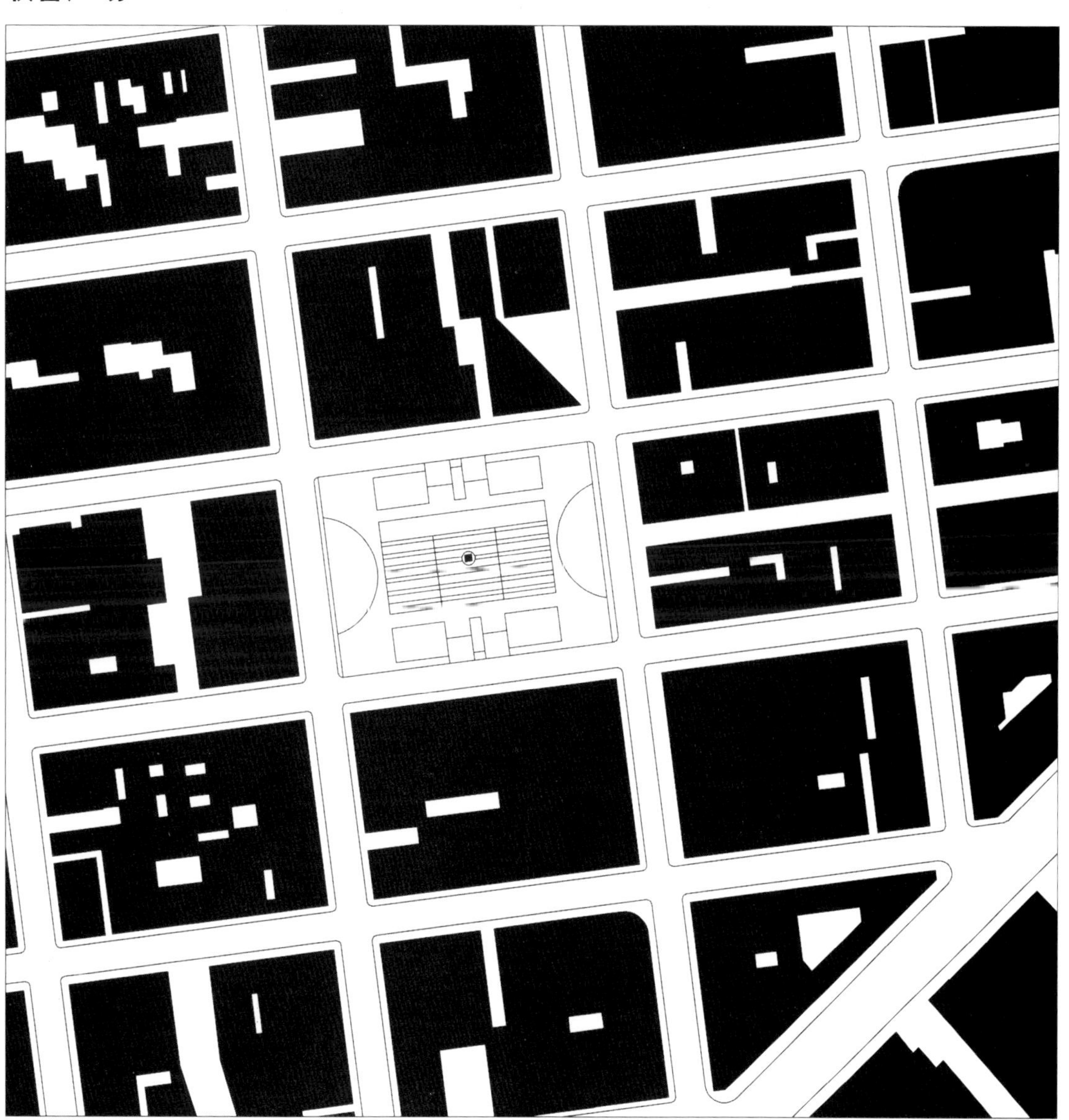

圣地亚哥（Santiago） 80

武器广场 (Plaza de Armas)

圣地亚哥的武器广场是西班牙殖民城市广场中的一员，这座广场可谓是在这些广场中风景最美的广场，看上去就像一座公园。武器广场依然是城市建筑以及城市生活中一个完整的组成部分。墨西哥城索卡洛广场（Zócalo）开放的、硬景硬质的广场（译者注：硬质，指砖石等铺地材料；软质，指植被铺地），布宜诺斯艾利斯的五月广场（Plaza de Mayo）景观优美，但它们都侧重在政治生活中扮演重要的角色，与人们的日常生活却保持着一段距离。

1541年，佩德罗•德•瓦尔迪维亚（Pedro de Valdivia）修建了圣地亚哥城，它位于安第斯山脚下，前临马波乔河（Mapocho River），距太平洋大约100公里。和其他的西班牙殖民城市一样，圣地亚哥的城市布局是遵从皇家法令的规定，与传统的布局模式相一致。这里的广场也是四四方方的有着规则形状的广场，周围都修建有教堂、政府建筑以及以前的最高法院（Real Audiencia），而现在这里已经变成了智利国家历史博物馆（Museo Nacional Historico）。圣地亚哥有很多著名的广场。除了1575年修建的武器广场，1703年人们又在其周围修建了集市，以及相邻的其他一些广场。今天这些紧邻广场的区域禁止车辆通行，是一个完整的步行区，圣地亚哥人总是在广场上进行着各种各样的日常活动。时至今日，圣地亚哥仍然是智利的政治、经济以及文化中心。

本书前文曾论及布宜诺斯艾利斯的城市建设，我们不难发现《西印度法》（*Laws of the Indies*）非常适合于殖民城市的建设，并且便于划分殖民城市的一些建筑。为了满足政治以及意识形态发展的需求，西班牙的《西印度法》是一部详细完备的规划指南，它受到了一些罗马以及伊斯兰传统的影响。根据D. P.克劳奇（D. P. Crouch）、D. J.加尔（D. J. Garr）和A. L.曼迪格（A. L. Mundigo）的研究成果，最终的结论是，西班牙人在1493年至1781年这段时期在美洲大陆上建立了350多座殖民城镇（克劳奇等，1982，27）。虽然从15世纪后期人们就开始运用各种布局规则法令，到了1573年菲利普十世（Philip X）时将这些规则整理、编辑，归结为共计有148项条款的法典，明确地从政治、社会和宗教几个方面阐述了殖民地的修建方式以及设计布局。在这种严格规定之下，殖民城市的风格看上去都十分相似，但是我们也能从这些整齐的城市之中发现一些不同元素，以适合实地情况。例如在条款中通常都会有这样的规定，那就是要适应当地的气候状况——看其地处沿海还是内陆；此外，规定要与当地的物质基础以及经济条件相适应；法规中还特意提及了应当尊重当地人，但同时想方设法使他们皈依成为基督徒。

法规最为基本的方面就是整齐的网格式布局能够使人们迅速且顺利地进行土地划分，这一方法也有助于18世纪至19世纪美国大多数地区的土地划分。这种网格式结构仍然在今天的城市设计中扮演重要角色，它使土地的划分更加简便，并且为城市的建立和细分提供了很好的基础。

从西侧看广场

从西北侧看广场

武器广场

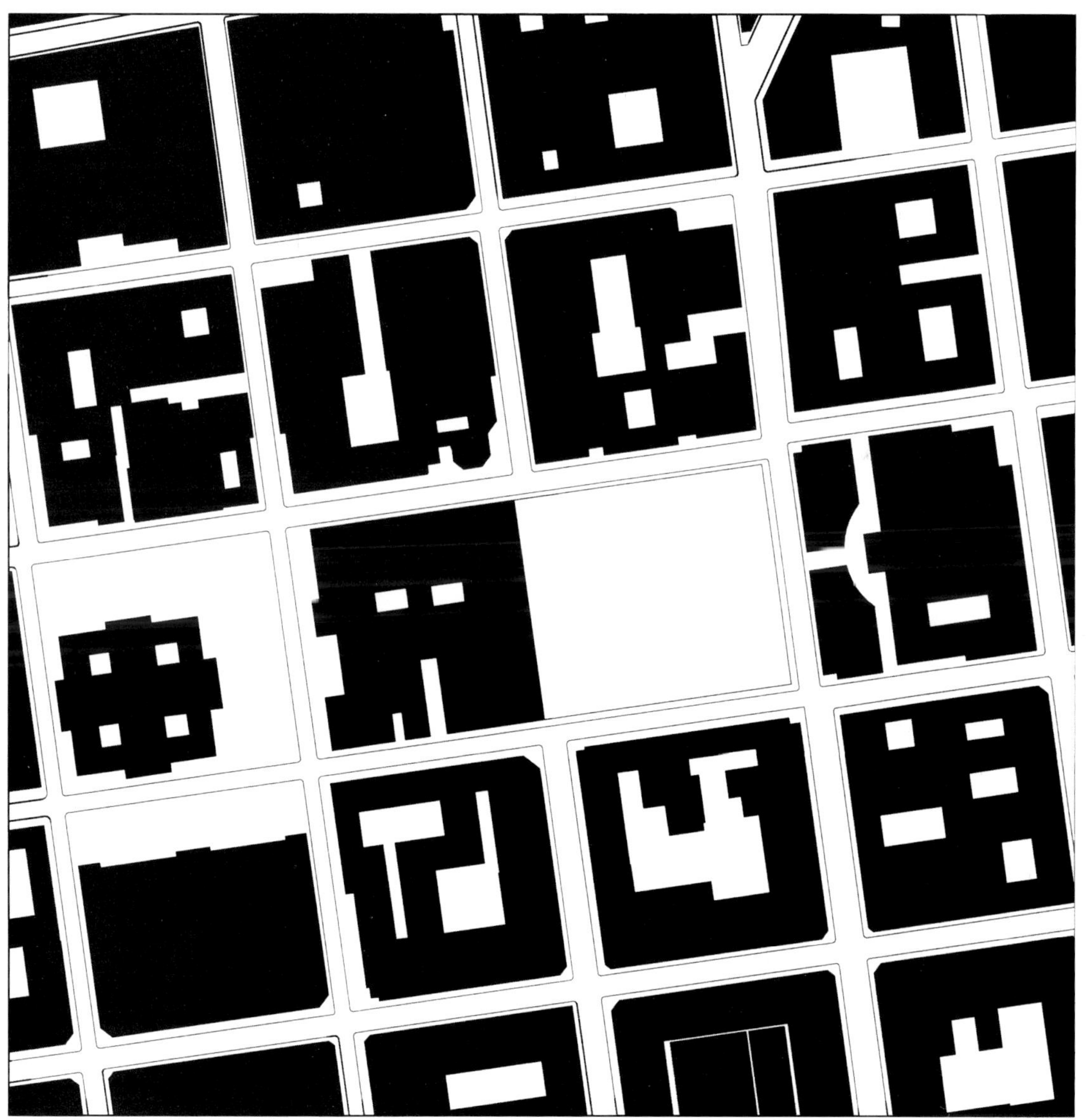

萨凡纳（Savannah） 81

历史街区 (Historic District)

萨凡纳1733年的规划是将街道与公园独具匠心地安排成一个整体。这个规划纷繁复杂、等级分明的网格状设计像苏格兰的花格呢子一样，它紧密围绕一个基本构成元素展开设计：带有中心公共广场的直线单元，也称“区”（ward）。每一个区都大体相似，都有一条坐落在轴线上的南北贯通的街道；同时，在广场的南北两侧有两条东西向的街道。另外三条东西向的街道把街区二等分，就形成了可以修建40户住宅的12小块土地。规划中对这种分区形式不断加以复制。两区相连的地方就成为贯穿城市的街道。如今，每个广场都有自身的特色：包括住宅、商业、市政等方面的特色。这里要介绍的是按顺时针顺序从右上方起：约翰逊广场（Johnson Square）、沃伦广场（Warren Square）、奥格尔索普广场（Oglethorpe Square）、莱特广场（Wright Sqaure）和圣•詹姆斯广场（St. James Square）。

萨凡纳的创建者是詹姆斯•奥格尔索普（James Oglethorpe），他是国会议员和社会改革家。如托宾•班尼斯特（Turpin Bannister）1961年时所说，奥格尔索普的观点很大程度上受文艺复兴理想主义的影响，例如彼得洛•德•贾科莫•加泰尼奥（Pietro di Giacomo Cataneo）在1554年出版的《建筑学》（*L'Architettura*）一书中所描述的城市规划或文森佐•斯卡莫齐（Vincenzo Scamozzi）1593年为新帕尔玛城（Palma Nova）所做的规划（班尼斯特，1961：56～57）。斯坦福•安德森（Stanford Anderson）提出另一个更直接的来源是理查德•纽科（Richard Newcourt）1666年重建伦敦的规划（安德森，1993：126）。在这些规划中，只有萨凡纳没有进行城市整体规划的等级划分。虽然设计者理念的来源并不十分确定，但是其住宅广场的设计思路在英格兰和爱尔兰很常见，即围绕一块公共绿地的住宅群设计被认为可以产生文明愉悦的氛围。

如斯皮罗•古斯塔夫（Spiro Kostof）指出，萨凡纳设计给人们的启示是：他证明了网格状结构绝不仅仅是分割土地的蓝图。然而，萨凡纳的网格状结构在美国的“西进运动”中从未被仿效过。虽然原因尚不明确，但是可以确定的是它的网格状结构比标准的网格结构更加复杂，大量的划分和计算工作简直就像噩梦一般，因此很难被仿效。在芝加哥、凤凰城、盐湖城和其他美国城市均为统一的庞大网格，修建、租售或者开辟公园等程序也都十分简单。

鸟瞰萨凡纳

另一个重要启示是萨凡纳的空间排列顺序。虽然由方格组成，但是每一条街道的人行道和交通网的空间排列都是不同的。由于行人是沿南北向移动，空间排列也会有规律地排列为广场—街道—广场的结构，同时人行道与穿越广场的道路平行。当我们沿东西向或者沿广场侧面经过每一幢建筑时的体验都不同。从交通上来讲，规划满足了环绕广场的区域性交通需求和划分街区的主干道交通需求。商业性车辆可以在街区外围行使而不必穿过广场。因为它是由一系列的单位组成，穿越萨凡纳时能感觉到仿佛置身于众多城市花园之中，而不仅仅是一座花园城市。总的来说，萨凡纳提供了一个简约、整洁但结构复杂的城市模式。

萨凡纳规划平面中复杂的编排形式

历史街区

西雅图（Seattle） 82

先锋广场 (Pioneer Square)

实际上，西雅图先锋广场所指的并不是单纯的一个广场，而是包含两个主要城市广场的一片区域。它们分别是三角形的先锋广场公园（Pioneer Place Park）和西方公园（Occidental Park）。就像“先锋广场”名字的含义一样，这里是19世纪中期，由一群先锋开拓者所建立的，最初他们在这里建立广场的目的是建立新的城市工业以及港口基地。与本书中所提及的许多城市相比，西雅图是一座年轻的城市，它建立于1852年，由于紧靠水岸，它很快成为美国西北部商业和贸易的中心。1889年的火灾使这个地区遭到严重破坏，但是人们在那里重建起很多砖结构的商业建筑。20世纪初，在阿拉斯加淘金热的带动下，使这个地区的发展达到了顶峰，这也使得资金和人口大量流入，建成了商业建筑、码头、货仓和两个火车站。1906年建成了国王街火车站（King Street station），1911年建成了联合火车站（Union Station）[米勒斯（Miles），1989: 8]。

20世纪20年代，当西雅图开始向北发展时，地区经济发生衰退，这一地区很快就因它的酒吧、慈善机构以及贫民窟而闻名全国。20世纪末，整个地区开始缓慢但平稳地复兴。虽然有人严厉批评了20世纪60年代城市的全面复兴，但是这座城市独立的商业利益和西雅图市民的勤奋工作反驳了这样的指责。通过西雅图人的努力，1970年时，先锋广场这片地区成为了历史性街区（Historic District），并且在20世纪80年代又把几块土地划归了这片区域，扩大了这片地域的面积（米勒斯，1989: 8）。现在，先锋广场周围地区都是一些画廊、书店以及其他一些商业设施。此外，为了使这个地区全天候都充满生机，政府还在附近地区安排修建了一些多用途的建筑开发。同时，还成功避免了由于修建高架道路对其带来的一些负面影响。

先锋广场公园的路面全部用砖铺设而成。先锋大厦（Pioneer Building）环绕着这个公园，公园里绿树成荫，为居住在喧嚣城市里的人们提供了一处休憩之所。广场是属于南北走向步道的一部分，步道与通往市中心的第一大道（First Avenue）相连接，这条步道通向南面五个街区外的西雅图海鹰橄榄球馆（Seahawks football stadium）和海员棒球场（Mariner' s baseball park）。在第一大道东边一个街区是西方广场（Occidental Square）。西方广场是南西方大道（Occidental Avenue South）的一个步行区，与先锋广场公园一样，它的道路也是用砖铺设的，道旁的大树枝干也是郁郁葱葱，十分浓密。与整个先锋广场相比，西方广场就是一块空地。

从南侧看先锋广场

20世纪70年代，西雅图的城市设计师们和其他许多美国城市设计师一样有这样一种错误认识，那就是希望创造城市公共空间，他们要让人们走进广场并与城市相融合，于是移除很多机动车车道，取而代之更多的步行街。这样做的目的是：由于道路仅适于人们步行，步行街便能吸引更多的人流。不幸的是，由于这些新的纯步行区不属于现有的步行区模式，又没有引入一些新的步行区空间形式，而且移除了机动车道路等设施，导致大片空空荡荡的区域上鲜有人们的活动，街区顿时失去了生气。到了20世纪80年代，人们开始意识到汽车来回地行驶能为街道带来生气，而且通过合理规划和整合，这些行驶的车辆并不会给行人的生命安全造成威胁，也不会使原来的街道失去美感。

尽管这是相当不错的方式，但西方广场始终保留着步行区的形式。而能够使先锋广场复兴的方法，也许可以借鉴巴塞罗那河渠大道（Ramblas）的经验——在广场中修建一些机动车道。虽然巴塞罗那的河渠大道只拥有两条机动车道，但其中一条就因它徘徊弯曲的道路而使其成为欧洲闻名的特色街道之一。此外河渠大道的街道修建模式，为其他那些老式步行街的改造提供了设计灵感，让这些街道恢复到原来熙熙攘攘的热闹繁华景象。但遗憾的是，这个概念并未被2006年的重建计划所采纳。相反，为了使广场恢复生机，就像其他美国广场所采取过的解决方案一样，人们决定通过放映电影、举行音乐会或者其他的娱乐项目来实现复兴的目的。

这幅图反映了西方广场脱离了南北向的主干人行道

先锋广场

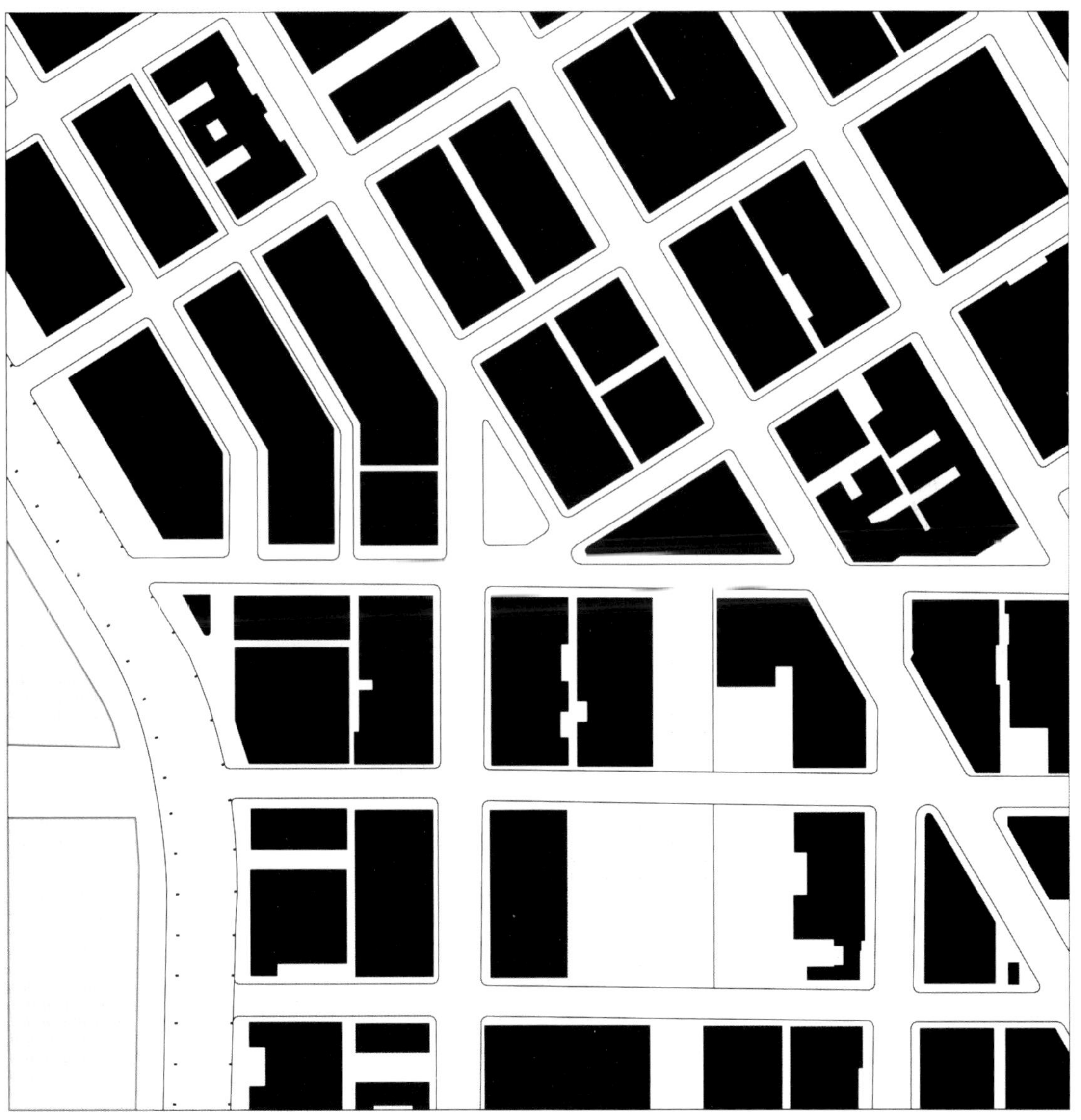

塞维利亚（Seville）

83

凯旋广场、橘院和阿卡萨王宫（Plaza del Triunfo, Patio de los Naranjos and Real Alcázar）

在塞维利亚我们可以看到许多的林荫道、广场、花园以及天井，而修建它们的目的就在于为人们提供一个阴凉的休息场所，以免受到阳光以及酷热天气的折磨。本篇中提到的三个广场：凯旋广场、橘院以及阿卡萨王宫就是它们的代表。这三座广场都位于塞维利亚的圣克鲁兹区（Santa Cruz Quarter），它们构成了一连串独立的广场，它们的形成是由于当地的气候条件以及几个世纪以来的文化融合。

望向凯旋广场的视线

鸟瞰橘院

虽然塞维利亚早在罗马时代之前就已经存在了，但是在它成为罗马殖民地之后，这座城市才开始变得重要起来。塞维利亚的附近就是图拉真纳（Trajana），那里是罗马皇帝哈德良（Hadrian）和图拉真（Trajan）的出生地。从8世纪到13世纪这段期间，塞维利亚由摩尔人（Moors）统治，我们现在还能从这座城市的建筑以及城市规划中看出摩尔人统治的一些痕迹，尤其是一些伊斯兰城市特有的庭院。与耶路撒冷和突尼斯这样的城市一样，在塞维利亚的中心它仍是一座伊斯兰城市，虽经几代西班牙人的改造，狭窄的街道开始穿梭于这些紧凑的面积不大的庭院之中。由于塞维利亚气候炎热，因此在街道上时常可以看到人们打起帆布伞为路人遮蔽太阳，并且人们在天井以及广场之中还种植了大量的树木，让路人可以在荫凉下行走。当西班牙开始开发新大陆后，国王授予该市特权与新大陆开展贸易，于是城市逐渐变得发达富裕起来。但是它的面积始终不算太大，布局也是十分紧凑。一连串分布紧密的广场成为辨认这座城市的标志，这些广场都由狭窄的街道相连接，现在这里大部分的街道都布满了建筑物以及遮阳篷。

凯旋广场

正如埃尔温·古特金德（Erwin Gutkind）评价的那样，作为一个面积不大的城市，它“反映出富有美感、高密度和变化的氛围”（古特金德，1967: 502）。这一特点在圣克鲁兹区表现得最为充分。以往人们通过修建狭窄的街道、小径、庭院以及广场来保护人们免遭阳光的伤害。凯旋广场在这个区域的中心，它是一个L形的广场，由南侧的阿卡萨王宫、一座证券交易大厦和位于广场一角的大教堂围合而成。与整个城市的设计风格一样，这座教堂仍保留着些许伊斯兰教建筑的特色，最能体现它起源于伊斯兰建筑风格的莫过于钟楼，钟楼是尖塔式的设计。紧靠教堂的是曲线型的橘院，院里种植着大片的橘树，这里曾是一座清真寺的前院［拉凡（Laffón），1966: 21～22］。走到广场南边就是阿卡萨王宫，它的前身是一座堡垒，像塞维利亚城里的其他地区一样，这里也有许多花园，这样的设计使我们能够清晰地感受到摩尔人的设计技法同西班牙文艺复兴设计技巧的融合。

凯旋广场、橘院和阿卡萨王宫

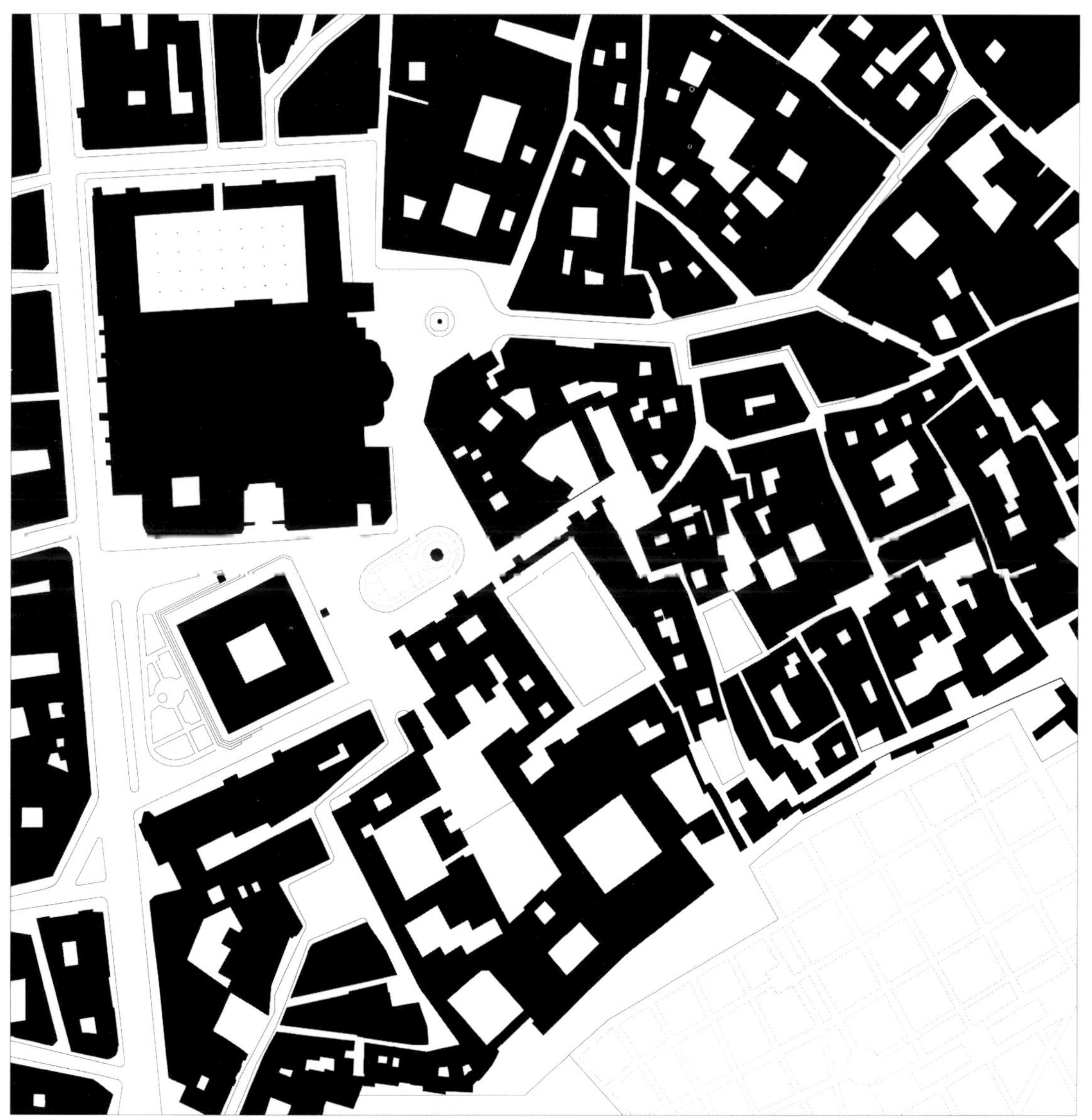

西耶那（Siena）

84

坎波广场 (Piazza del Campo)

坎波广场是典型的中世纪意大利公共广场。这里作为每年一度的派力奥（Palio）赛马节的举办地而闻名于世，参加赛马节的是西耶那城内的各个地区。作为西耶那最主要的市民广场，坎波广场充斥着来自世界各地的游客，但它仍然是西耶那市民集会的场所。

由于潜在的山坡地形，坎波广场被设计成了扇贝的形状。它的地面从弯曲的侧边逐渐向中心部位倾斜。广场平直的侧边斜坡的焦点是带塔楼的市政厅、曼琪亚钟塔（Torre del Mangia）以及广场礼拜堂（Cappella di Piazza）。市政厅属于市民所有，而广场曲边上环绕的楼群则属于商人和贵族。坎波广场地面的形状可以使水从高处流往低处，流向位于广场中心的“欢乐喷泉”（Fonte Gaia, Fountain of Joy）。广场的地面被分为九个部分，象征着14世纪时掌管西耶那城权力的九个理事会。

建筑学和城市规划学的课本中极少谈及意大利广场的斜坡。无论是为了适应某一种特定的地形，还是为了集中表现广场的一个独特方面，实际上广场的地面坡度在构建这个室外之地时发挥了重要作用。例如，位于罗马的卡比托利欧广场（Piazza del Campidoglio）的地面稍稍隆起，强调了特权阶层的地位并且在两座相对而立的宫殿之间创造了一种几乎不为人察觉的互动。

我们从中得到的第二点启示是西耶那是一个或多或少有机发展的中世纪广场。刘易斯・芒福德（Lewis Mumford）在其1961年的《城市发展史》（*The City in History*）中说道，有机规划是“根据需要和机会在一系列使其自身变得更加连贯一致和更富有目的性的适应中发展起来的。因此，它们最终创造了一种复杂的形状，这种形状与预先设定的几何图形相比同样具有高度的统一性。”（芒福德，1961：302）。同样的，缓慢发展的城市结构也符合一种被普遍接受的不成文的规定。这些潜在的规定或者协定导致了一种非常明确的结构层次。例如，背景建筑不会比市政厅更占优势。西耶那是有组织发展起来的，它仍是最早依靠成文建筑规定规划建设的城市之一。从13世纪初开始，城市居民便认识到了市民广场的重要性，并且要求位于广场周围建筑物上的窗户必须要做成和市政厅大楼相同的模样。对于西耶那来说，有机发展考虑了地形问题，并且将那些有可能成为设计难点的地方都转化成了设计亮点。

广场入口

西耶那的市政厅

鸟瞰广场

坎波广场

斯德哥尔摩（Stockholm） 85

坡道广场和大广场 (Slottsbacken and Stortorget)

坡道广场（Slottsbacken, Place Slope）和大广场（Stortorget, Big Square）是位于斯德哥尔摩市中心的一连串广场，它们成为连接海港和旧城区的纽带，斯德哥尔摩的城市设计并不是将皇宫和其他建筑孤立开来，而是使它们在最大程度上组成一个整体，形成一个全面的城市规划。同样的，随着建筑物的出现以及城市的发展，整个城市发展日趋成熟，渐渐成为了一个统一的整体。建筑物不单单只是一个存在的物体，它们成为"参与者"，在整个城市的空间中扮演着不同且重要的角色。

斯德哥尔摩的老城始建于13世纪中期，或者说是，镶嵌于位于美兰湖（Lake Mälaren）和萨尔特湖（Lake Saltsjön）之间、东西走向的峡湾之中的斯塔霍尔曼岛（Stadsholmen Island）上，修建它的目的在于辅助波罗的海以及沿岸的商路运输［阿斯托姆（Åström），1967: 14］。这座城市的成功之处在于在岛屿的东北角上修筑了堡垒实现对这些重要枢纽的管理。而现在，这里成了皇宫的所在地。

在老城的规划中，这座岛屿原始的轮廓以及码头和防波堤都延伸进入了港口。在城区的边缘，是一些狭窄的街道，这些街道从岛的中心向码头延伸，城内那些微微弯曲的道路勾画出岛屿原来的轮廓。在之后发展起来的老城以外的区域，我们可以看到有文艺复兴风格的街道网以及宫殿［安德松（Andersson），1998: 36～37］。

《威斯特伐利亚和平条约》（Peace of Westphalia）签订后，在造船业、钢铁以及铜生产的带动下，斯德哥尔摩获得了稳定的发展并成为了波罗的海沿岸一只重要力量。17世纪斯德哥尔摩向大陆方向拓展，北方延伸至北城（Norrmalm），南方延伸到南城（Södermalm）。经过一翻努力，斯塔霍尔曼岛与城市的北部区域更加统一了。1697年的一场大火使整个城市遭受了相当大的破坏，因此市政府和皇室一致同意，任命小尼古拉斯·泰欣（Nicodemus Tessin the Younger）来设计一座新皇宫。1709年，瑞典在与俄罗斯的战争中战败，瑞典经历了一场大衰退，随后在1721年签订了停战条约，这推迟了斯德哥尔摩城市发展的步伐。到了1727年，重新恢复了宫殿的重建工程，这一次由建筑师卡尔·海勒曼（Carl Hårleman）来负责监督这项工程（阿斯托姆，1967: 24～25）。

鸟瞰斯德哥尔摩

从西南看坡道广场

一连串的桥梁以及街道将老城以及北部文艺复兴式的城区连接了起来，这些街道和桥梁贯穿于高等法院等城市建筑之间，并且跨过"圣灵"岛（island of Helgeandsholmen）与瑞典议会大厦连接起来。把东北部码头和老城连接起来的是坡道广场。它是一个微微倾斜的锥形广场，皇宫勾勒出了广场北部的轮廓，老城区的边缘勾勒出广场的南部轮廓。倾斜的顶端是斯德哥尔摩大教堂（Storkyrkan church）。这里可以通向大广场，大广场位于老城的中心，现在证券交易所成为了广场上的标志性建筑。

坡道广场和大广场

塔林（Tallinn）

86

市政厅广场 (Raekoja Plats)

塔林同布鲁日一样，是世界上少有的几个保持了中世纪城市建筑风格的地方。蜿蜒的街道从港口一直通向城区广场。高高的城堡揭示了城市的商业传统，塔林是中世纪东欧地区重要的贸易中心。塔林是爱沙尼亚的首都，地处波罗的海东岸的一个小海湾中。从11世纪开始，这里就是俄国和欧洲之间贸易的重要港口。此外，城区是沿着几条覆盖城市主要广场的大道分布的。

塔林分为两个部分——又称“上城区”[Upper Town，又称“堡垒山”(Toompea)]和“下城区”[Lower Town，又称“塔林”(All-inn)]。上城区主要由防御城堡构成[H.米勒（H. Miller），1998: 3～4]。这个区域像挪威的卑尔根一样，居住的都是属于汉萨同盟(Hanseatic League)的德国商人。塔林区大都是市场、行会会馆、市政厅和教堂。总的来讲，这里是日常生活的所在。虽然被称为“下城区”，但是其地势是高于海港的，有几条倾斜的道路从海港通向市中心，即市政厅广场。

这个广场是一个传统的中世纪广场，最初是一个被行会会馆围绕的市场。附近的街道都是以世界闻名的手工艺来命名，包括鞋匠街（Shoemaker Street）、金匠街（Goldsmith Street）（米勒，1998: 21）。广场由四层的灰泥所筑的新古典主义建筑构成，但主要建筑还是15世纪的市政厅。如今，广场周围建筑的一层都是咖啡店、商店和餐馆，而广场本身多用于节日、音乐会和民间市场。

塔林的重要性在于它代表了许多中世纪的城镇，特别是属于汉萨同盟的城镇，并不是孤立的乡村，而是延伸到整个欧洲的一个贸易整体（朱克尔，1996: 71）。这些城镇的组织结构都是建立在街道、广场、建筑的商业基础上，形成了一种贸易手段。与阿拉斯、伯尔尼和布鲁日一样，这些城镇形成了复杂的社会、商业秩序，一直持续到15、16世纪世界海洋贸易兴起。

市政厅

从街道旁边看市政厅

市政厅广场

泰尔契（Telč）

87

中心广场 (Náměstí Zachariáše z Hradce)

在本书所介绍的三个捷克城市中，其中有两个——契斯凯·布达札维（České Budějovice）和泰尔契（Telč）是由于选取了它们的公共广场而被介绍。第一种是契斯凯·布达札维类型，包括科姆瑞兹（Kormĕříž）、柯林（Kolín）、诺维·吉辛（Nový Jicín），这是一个广泛分布于波希米亚王国（Bohemian kingdom）和摩拉维亚王国（Moravian kingdom）的典型殖民小镇设计，具有一个规则、封闭的中央广场。第二种类型就是泰尔契类型，包括契尔伯（Chleb）、奥洛穆茨（Olomouc）等城市，城市广场被拉长，有点像三角形，广场是根据地势和贸易路线建造。这两种有代表性的波西米亚和摩拉维亚广场，在过去几个世纪里都未曾改变过。尽管有区别，两种风格的广场都十分成功。

从南看广场

泰尔契位于摩拉维亚的南部，距契斯凯·布达札维约 75 公里，距布拉格（Prague）125 公里，被认为是捷克最美丽的城镇之一。泰尔契始建于 14 世纪，这个城镇是波希米亚、摩拉维亚和奥地利的贸易枢纽。

泰尔契被天然形成的护城河环绕，城镇坐落于一片细长的地块之上，南面和北面分布着小湖泊，还修建有东北—西南走向的城墙围护［莫里斯（Morris），1994: 101］。像其他的捷克城市一样，护城河也作为渔场，成为市民收入和食物的来源。在城市的最北面是 14 世纪建造的宫殿，在文艺复兴和巴洛克时期宫殿被加以重建。

从北看广场

泰尔契最著名的建筑是沿广场分布的带长走廊和拱形三角墙的酿酒厂。这些房子因为它们文艺复兴式和巴洛克式风格的建筑立面而闻名，但是它们中的大部分被涂鸦了。这些房子统一的三角墙样式、精致的细部和鲜明的色彩产生了优雅的城市空间。

幸运的是，尽管随着今天工业的发展，住宅开始向郊区拓展，但泰尔契的巴洛克式风格并未受到破坏。临近两个湖附近的大部分土地被辟为公园，更强化了这座城镇超然于时代的怀旧氛围。

泰尔契的广场很漂亮，但是存在着一些空间上的瑕疵，特别是广场的南端，显得孤立不像是广场的一部分。主要的大道并没有起连接作用，而是伸向南方。第二个不足是它的样式。被拉长的广场缺少中心或焦点，尽管广场是从西北向东南朝中心倾斜的斜坡却难找到一个人们可以歇息停留的地方。虽然在南端有一些小雕像和喷泉，但形状是孤立的条形区域，而不是一片使人歇息的区域。

中心广场

东京（Tokyo） 88

浅草仲见世街 (Asakusa Nakamise Dori)

从南看浅草仲见世街

从北看浅草仲见世街

抬着神龛穿过街道

坐落于东京浅草区（Asakusa）的仲见世街（Nakamise）是旅行者和东京居民喜爱的旅游点。户外狭窄的人行道旁有一连串一层的售货亭，贩卖各种各样的玩意儿，比如便宜的纪念品、饰物、衣服等。对城市设计者和建筑师来说，这里代表着以寺庙和街道为核心的典型日本公共空间的设计理念。

仲见世街是一条购物街。初建于17世纪末，20世纪重建了两次。它是浅草观音寺（Sensoji temple）的主要轴向街道。275米长的街道连接着巨大的雷门（Kaminarimon Gate）和南端的前院，穿过宝藏门（Hozomon Gate）到了寺庙的北端。浅草在东京算得上是一个相对特殊的地方，因为它有稠密的网格状布局的街道，商店分布在2、3层的建筑底层，上面则是商用和住宅。结构轻巧、色彩明亮像凉亭似的售货亭成为由浅草—新仲见世购物长廊南北分割街区的特色。

如文学评论家罗兰·巴特（Roland Barthes）在1982年的《大国标志》（*Empire of Signs*）一书中提到，"东京只能从人种理论角度去了解：你必须融入这座城市，而不仅仅是从书本上、从地图上了解它。你必须要到处走走看看，居住在那里，体验那里的生活"（巴特，1982: 36）。与西方传统的、孤立的景观广场不同，日本像其他亚洲和中东国家的文化一样，公共空间通常与宗教中心和街道生活联系起来。这源于日本的社会生活传统——日常生活、与宗教无关的活动都是在家里或者在私密的场所度过而不是在公共开放的地方。过去，如果陌生人之间要进行社会交往的话，日本人并没有固定的、等级森严的场所，正如建筑师阵内秀信（Jinnai Hidenobu）在《东京：空间人类学》（*Tokyo: A Spatial Anthropology*）中所述，日本人通常是在光线明亮的空间中会面（阵内秀信，1995: 91）。明亮的空间最初是与剧院相关联的，它们不是实际的空间，而是临时而又热闹的环境。这种环境是由有意或无意间的暂时性事件所促成，从而成为公共氛围。虽然不是欧洲那种真实的广场，但它们的出现和消失是伴随着时间和事件而变化的。建筑师神田旬（Shun Kanda）解释到，日文中的"hiroba"（广场）一词，字面意思是"露天的开敞空间"，常用来识别与时间而不是与地点有关的人类活动的场所（神田旬，1974: 85～86）。

虽然历史上的浅草是娱乐区，是日本典型的开敞空间广场，但是这样的场所在东京的其他地方，如涩谷区（Shibuya district）的阿八广场（Hachiko Square），甚至在那些具有西方特色的公共场所都随处可见。1854年日本开放以后，特别是二战后，日本出现了一些非日本特色（或是外国特点）的广场。尽管在东京，有上野公园（Ueno Park）和大楼底层的广场，但纯粹的公共广场，甚至公共的长椅等在日本仍然不多见。

抬着神龛穿过街道

浅草仲见世街

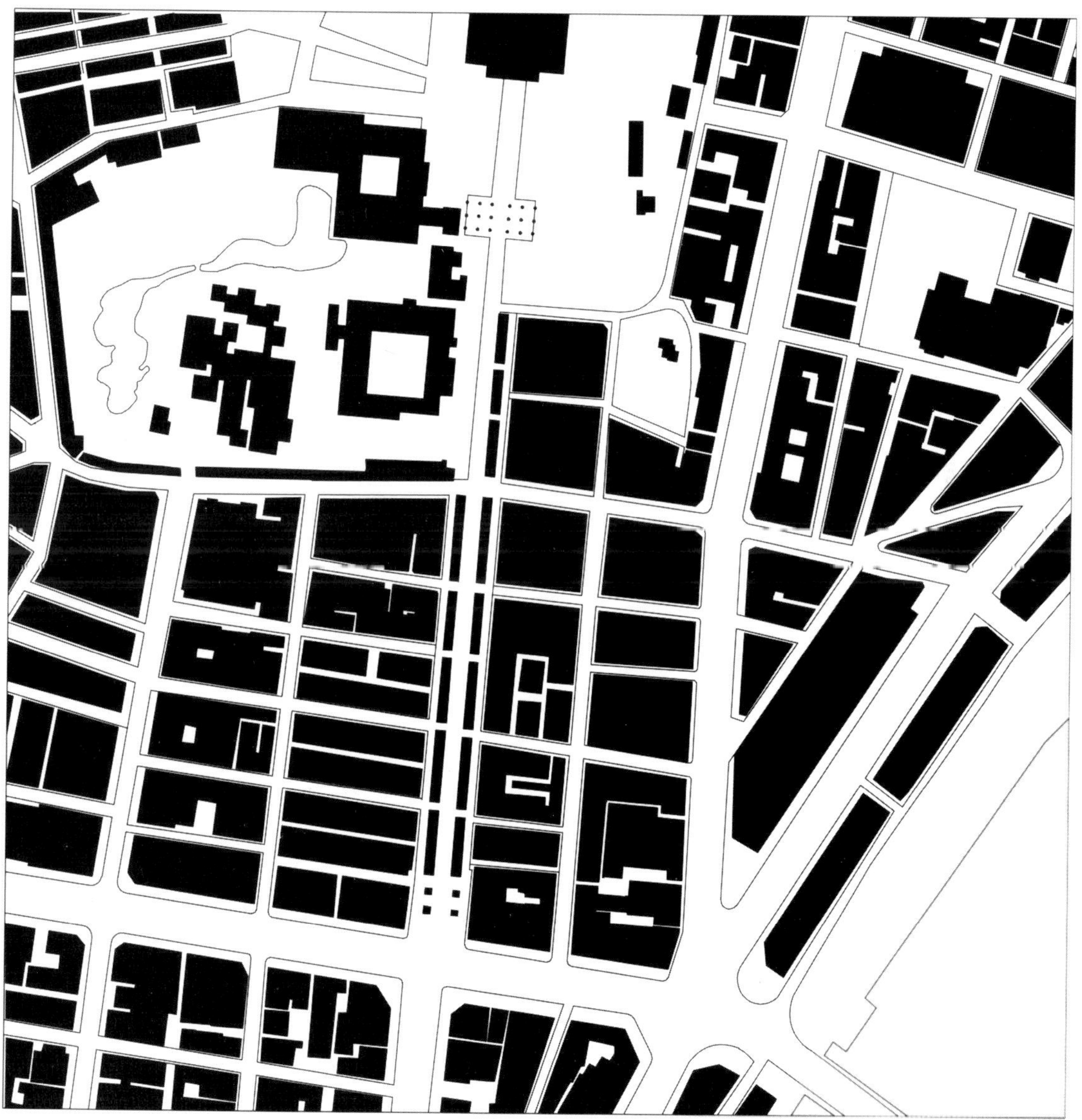

东京（Tokyo）

89

阿八广场 / 涩谷广场 (Hachiko Square)

坐落于东京涩谷区的阿八广场是一个繁华的交通枢纽，被高层办公大楼、百货商场、酒店、公寓、多功能的建筑以及灯光明亮的广告牌和电视大屏幕所围绕。如同日本其他的公共空间一样，与其说它是一个传统广场，倒不如说是一个公共活动中心。阿八广场更是具有壮观的场面——最佳的观察地点在一家美国咖啡店的楼上，这里好像是专门为了观赏目的设置的。在这个最佳的观测点，可以欣赏到有“巴恩斯舞蹈”（Barnes Dance，也称“全绿灯十字路口”）之称的繁忙的路口。这个著名的路口由亨利·巴恩斯（Henry Barnes） 设计，他是美国前交通部长，虽然不是由巴恩斯发明却是由他首先在丹佛运用了这个系统。交通信号指示所有方向的来往车辆同时停车。几秒钟之内，整个十字路口就可以被穿流的人群填满。但是，几分钟后，人潮消失，车辆再次穿行于广场。

正如前文所提到的“浅草仲见世”，日本的公共空间基本上只局限于寺庙附近和街道。1854 年后修建的公园、由公司投资的广场以及铁路车站、轻轨车站、地铁车站的广场等已有所不同。阿八广场就是一个规模巨大的车站广场，位于上上下下六条铁路交汇处的涩谷站，包括银座线（Ginza line）和国有铁道（JNR line）。除此之外，它还是 4 条公路干线和几条辅路的交会处，由于它的多层次，其设计比西方一般的广场空间具有更多的地方特色。

如阵内秀信 1995 年在《东京：空间人类学》一书中所描述的其他明亮的空间一样， 阿八广场每日、每时、每秒都在若隐若现地变化（阵内秀信，1995: 91）。它是狂乱多面的日本公共空间的典型，而且是 21 和 22 世纪城市空间设计的一个缩影。正如雷德利·斯科特（Ridley Scott）1982 年在电影《银翼杀手》（*Blade Runner*）中所描述的洛杉矶和拉斯维加斯，城市的公共生活已不局限于地面，而是纵向横向垂直上下地全面展开。

日本公共空间的理念，已不局限于地面上固定的等级结构组织，也不像西方城市中的垂直结构。与西方城市中那种逐层不断增加的个人私密空间不同，在日本，到处都是通过楼梯、电梯和自动扶梯通达的零售商店和餐馆。

虽然这种形式也是由房地产开发所驱使，但它作为城市生活的一部分也为日本人所欢迎。事实证明，在日本对城市空间设计和房地产开发没有一个更好的解决办法。但是一项优秀的设计需要在设计过程中精心考察场地和文化背景。这种纵向的、不分等级的考察，毫无疑问会预示着将来由经济因素和环境因素形成的城市空间，可能会进一步在垂直纵向发展来满足各种使用需求。城市中到处都是高层的商铺和胡同餐馆。虽然日本公共空间的理念与西方的不同，但是成功的空间设计取决于附近的人群活动，如地铁、人口稠密的居住区和多功能化倾向。

在信号灯转换前

信号灯指示可通行

阿八广场 / 涩谷广场

都灵（Torino）

90

圣卡罗广场 (Piazza San Carlo)

位于都灵的圣卡罗广场最初名为“王宫广场”（Piazza Reale），是由卡罗·伊曼纽尔一世公爵（Duke Carlo Emanuelle I）下令修建的，是其权力和仁爱的象征，并且表明他的政府有能力将都灵建设成为16世纪和17世纪的首府。这个高贵的广场四周都修建有拱廊，很可能是受到了法王亨利四世（Henry IV）下令修建的巴黎王宫广场（孚日广场）的影响。亨利四世的女儿克莉丝汀娜（Cristina）就是嫁给了卡罗·伊曼纽尔一世公爵的儿子维托里奥·阿梅迪奥二世（Vittorio Amedeo）。

圣卡罗广场由阿斯卡尼奥·维托奇（Ascanio Vittozzi）设计，由卡罗·迪·卡斯特拉蒙特（Carlo di Castellamonte）于1637年竣工完成。整个设计和建造过程一直持续了三十多年。这座广场是都灵整体再开发工程的一部分，开发的范围是从城市中心到位于城市南端的新典礼门之间的地区。在十二个街区的中心，网格状的再开发工程就是修建将皇宫和南部的新典礼门连接起来的一条宽阔的街道。圣卡罗广场是商业市场和游行集会等市民活动的中心。如今，圣卡罗广场仍然更像是一条交通要道，在广场的拱廊之下开办有金融机构、咖啡馆和服装店。

圣卡罗广场是一个带状广场，一条南北向的街道——罗马大街（Via Roma），从广场中间穿过。罗马大街起自广场北面距此三个街区的卡斯特罗广场（Piazza Castello），一直向南延伸至三个街区远的卡洛·菲利斯广场（Piazza Carlo Felice）和新门火车站（Porta Nueva train station），这里原本是都灵的南城门。带有流畅飞檐的三层高的统一正立面确定了广场的范围以及汇集于此的道路的风格。位于圣卡罗广场南端，罗马大街两侧的是两座巴洛克式的教堂，西面是圣·克莉丝汀娜教堂（San Cristina），东面是圣卡罗教堂（San Carlo）。这两座教堂位于一个与人民广场（Piazza del Popolo）相似的广场之上，但是这里的组织结构却与众不同。很多封闭的广场在边上都有主要的街道入口，而圣卡罗广场与此不同，它在广场的中央有一个主要的入口。此外，人民广场上的两个教堂高耸入空，使得它们成为抢眼的巴洛克风格建筑。与此不同的是，都灵的两座教堂几乎只是广场上进行活动的一个背景。

向南看圣卡罗广场

圣卡罗广场在建成之后有两个重大的变化，从而改变了它作为一个庄严广场的外观和功用。第一个变化发生于18世纪，周围拱廊双柱之间的空间被新建的圆柱占据。这就使得拱廊不再精致，而且这些不透明的障碍物还将位于拱廊之下的建筑与广场隔离开来。第二点变化是外部的变化，从广场穿过的车辆速度加快了。如今，圣卡罗广场通常留给人们的印象是透过汽车车窗观察到的，这显然与从马背上或者马车里看到的感受不同。从20世纪初起，很多广场都面临着这种明显的变化。这种变化又进一步将圣卡罗广场变成拓宽了的马路，而不再是一个供步行者休息的地方。

圣卡罗广场

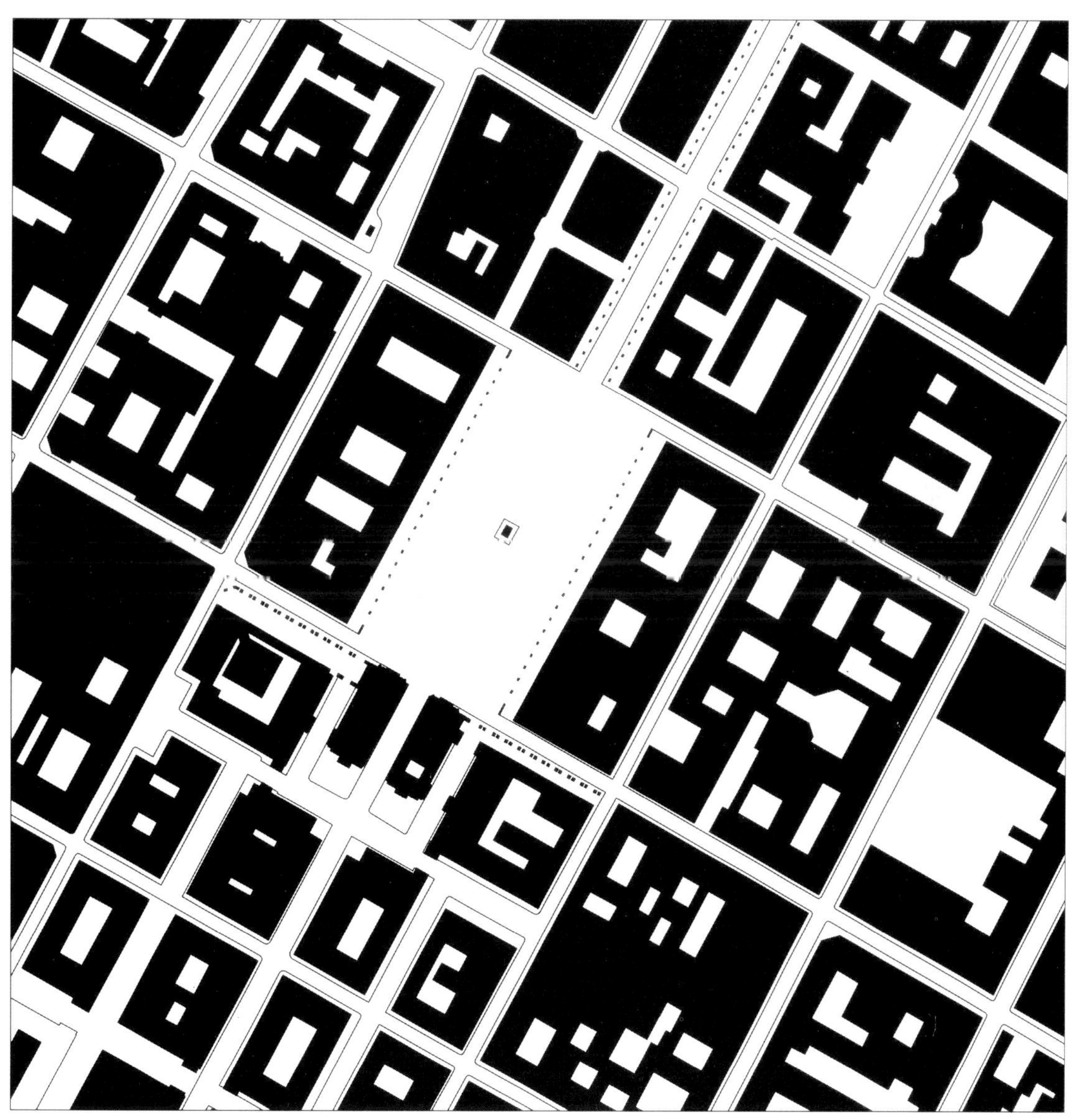

德里雅斯特（Trieste） 91

大运河 (Canal Grande)

德里雅斯特的大运河是这座城市的象征，其原因正如珍·莫里斯（Jan Morris）(2001: 153）在《德里雅斯特和无名之地的意义》(*Trieste and the Meaning of Nowhere*）一书中所说的那样，大运河“不完全是日耳曼式的，也并不完全是意大利式的”。尽管大运河像是一条威尼斯的运河，但它实际上是人工开凿的，运河意大利式的风格被富有浓郁日耳曼气息的建筑掩盖了。大运河这种混合型的特质影响了德里雅斯特的城市布局。

德里雅斯特只是通过亚得里亚海北端的一窄条陆地与意大利相连，而且距离斯洛文尼亚的边界仅有五英里，这里是日耳曼、斯拉夫和意大利文化混合的产物。从14世纪开始直到20世纪，德里雅斯特一直处于奥地利的统治之下，这里是从中欧到达地中海的通道，是繁荣的商业和银行业中心。

奥地利在18世纪早期时对德里雅斯特非常重视，于是动工兴建了一系列城市工程。其中最早的是大运河周围称为“城市中心”(Borgo Teresiano）的地区。18世纪中期威尼斯建筑师马提欧·皮罗纳（Matteo Pirona）和鲁道夫·德雷提（Rodolfo Deretti）设计了由五十个街区构成的网格状规划方案。这项房地产发展工程兴建于一片盐场之上［法比亚尼（Fabiani)，2003: 10］。建筑师在1754年和1756年间拓宽了盐场的运河，构成了大运河。这样，小商船就可以直接驶向附近的仓库卸货（法比亚尼，2003: 41)。位于大运河沿岸的18世纪和19世纪新古典主义建筑具有明显的奥匈帝国风格，并且让人们联想起布达佩斯和维也纳，这是由于德里雅斯特与这两座城市十分相似，都有一种失落的权力和褪色的辉煌。圣安东尼奥·陶马图尔古教堂（Church of Sant' Antonio Taumaturgo）位于大运河的东端，这座教堂初建于1768年，重建于19世纪中叶。这个圆顶教堂曾经紧挨着大运河，但这段运河在1934年被填为了平地。这周围的地区通向几个较小的市民广场和集市广场。运河中段的岸边是被用作集市的庞特罗素广场（Piazza del Ponterosso)。罗马大街（Via Roma）从这座广场的中央穿过，连接了广场北侧一个更小些的广场，最终到达了城市的南部。

第一次世界大战后，德里雅斯特被意大利托管。但是，意大利已经有了与其国土更近的热那亚、那不勒斯和威尼斯，并不需要德里雅斯特这个偏远的港口。尽管这个城市在第二次世界大战期间再次被德国短暂占领，南斯拉夫对其仍有极大的兴趣，但这一要求遭到了美国和英国的反对，这两个国家担心这里会成为苏联及其盟国的一个不冻港。

大运河

大运河

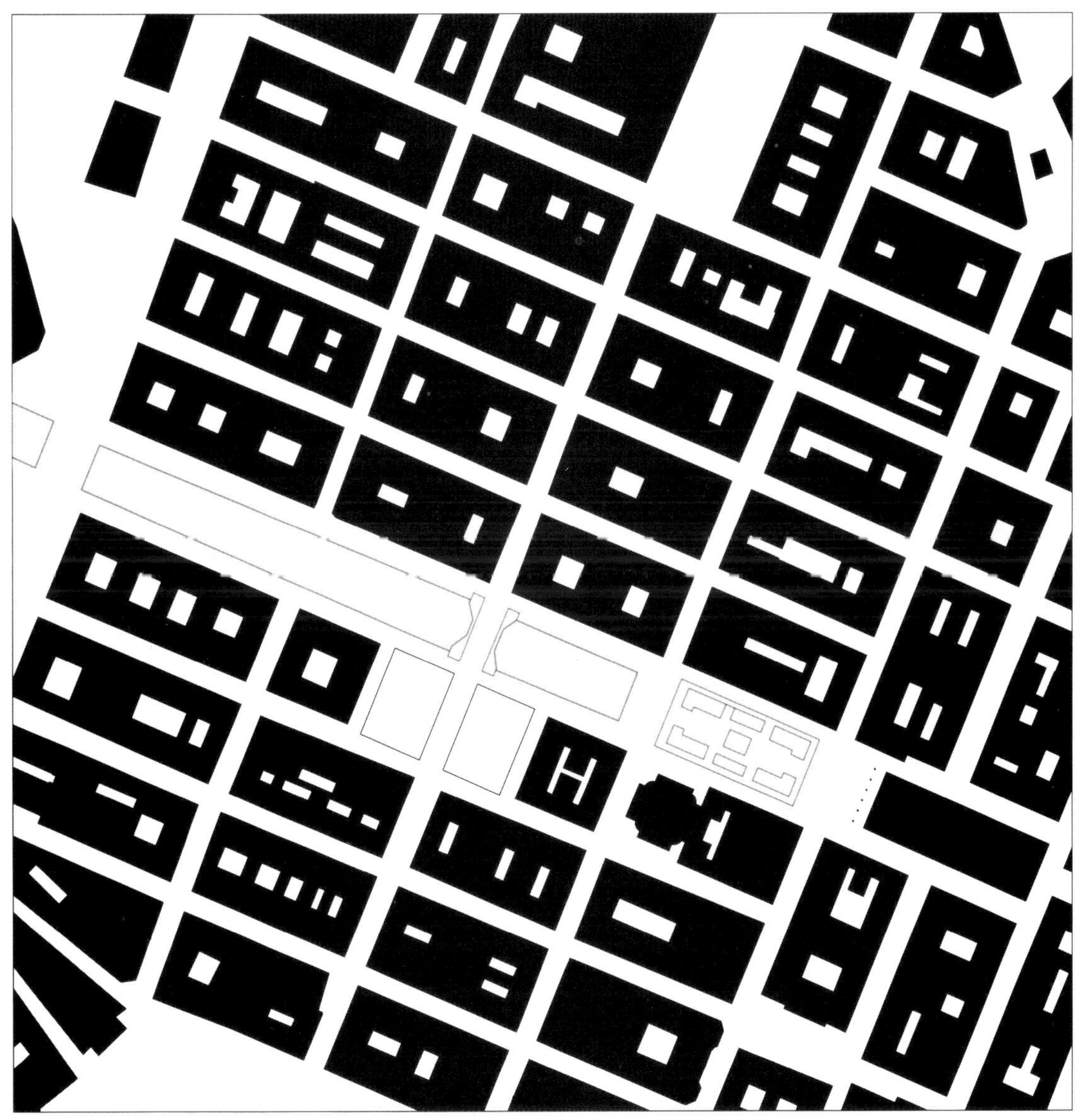

突尼斯（Tunis）

92

麦地那 (Medina)

位于北非和中东的阿拉伯人聚居区的式样明显受到伊斯兰传统的影响，突尼斯麦地那的城市设计便有力地证明了这一点。尽管不同地区之间存在着变化，而且特别是在20世纪，出现了非宗教的机构和样式，但是先知穆罕默德（Prophet Muhammad）的教义仍然支配着个人和公众生活，并且规范着城市的样式。起先，这些阿拉伯—伊斯兰风格的城市样式看起来很随意而且很不正式，然而它掩盖了一种严密控制的社会体系，表现了一种实际上与之相去甚远的风格。

如同其他任何一种文化，城镇建立在个人和公众生活的传统之上。对于一个信奉真主安拉的穆斯林来说，这种传统则建立于伊斯兰教至上的信条。这些信条是由真主安拉传授给先知的，并在《古兰经》中加以描述。这些信条在伊斯兰教教规中进一步加以整理，并在其中描述了具体的空间聚居地，甚至是单个房屋的样式。大体上说来，它加强了关于隐私、街道宽度、保护不受噪声污染的权利、污水处理、供水设施和其他相关的观念。

穆斯林的生活建立在家庭基础之上，而且被认为是神圣不可侵犯。同样的，住宅和周围的环境也被认为是神圣而且是自主的。此外，房屋被建造为以内向为导向的家族聚居区，划定了私人领地。死胡同限制了与特定人群的接触，并且将这些私人领域连接起来，保护了隐私。与之相反的是，公共街道大大地缩短，只满足最基本的需要。除了那些是市场的道路以外，其他道路的主要功用是作为城市中的过道。

穆斯林相信真主安拉是无处不在的，因此，他们认为所有地方都可以用作朝拜。阿拉伯—伊斯兰风格的城市布局并不是由世俗的和极为神圣的广场和楼群所构成的，它们在空间上的等级划分并不十分明确，清真寺与这种布局融合在一起。恰恰由于它们的融合，清真寺承担了通常与市政机构相关的责任。因此，这里传统上没有修建市政机构的必要，其原因正如斯特法诺·比安卡（Stefano Bianca）在2000年的《阿拉伯世界的城市样式》（*Urban Form in the Arab World*）一书中所说的，穆斯林“仪式化的生活方式免除了对于很多正式机构的需求”（比安卡，2000: 30）。因此，人造的建筑结构可能会与真主安拉的自然指令相冲突，从而阻隔与真主安拉的联系。同样的，大规模的城市公共设施或城市规划在这里都是缺失的，或者只能建设在城市的外围。城市按照需求向外扩展，这通过增建个人居所而实现。如果有建造大型公共场所（例如市场）的必要，它们通常是临时的，而且会位于城市的边界之上。

这样就产生了一个不同的城市，这个城市有着以内向为导向的典型子系统。这里几乎没有公共广场的概念。但这里也有例外，如福利设施和天堂花园，这些与位于伊朗伊斯法罕的广场类似。简而言之，在这里并没有建造广场的社会需要和文化需要，因此也就没有建造普通公共广场的兴趣。

阿拉伯—伊斯兰风格的城市样式说明了城市规划或者任何一种规划是如何由个体支配发展而仍然能够提供适合生存的环境。这在今天看来是很重要的，因为虽然一座城市、社区或者住宅可以被有序地安排，但是这种安排过于刻意，而且只对于居住在其中的人有用。从某种意义上讲，建造城市的方式并不局限于特定的正规模式，而是由生活在城市中的人们的社会、文化和宗教体系来决定的。

麦地那的街道

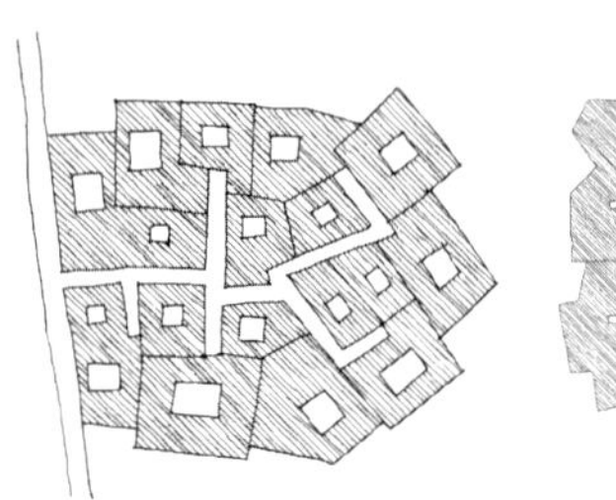

当地的房屋住宅群

房屋住宅群的肌理

麦地那

温哥华（Vancouver）

93

罗宾逊广场 (Robson Square)

虽然温哥华是一个相对年轻的城市，但是从19世纪后半期建立之初至今，它已经经历了一系列快速的变化。像大多数北美城市一样，温哥华发展得十分迅速，但是也同样经历了战后的衰退。从20世纪80年代初起在一系列循序渐进地发展住房与水滨计划的推动之下，温哥华很快恢复了往日的繁荣。也就因为这种发展模式获得了成功，于是成为其他重整复兴的模范榜样，许多城市纷纷采用这样的发展模式。

1870年人们在一座半岛上建立了一个名为“格兰维尔”（Granville）的地方，这就是温哥华的前身。这个半岛被福溪（False Creek）、英吉利海湾（English Bay）、巴拉德湾（Burrard Inlet）所环绕，背靠一片风景如画的山脉。正是凭借这些得天独厚的地理条件使得温哥华成为北美最适合人类居住的城市之一。这种城市在其发展中取得的成功包括了那些具有特色的文化，正是由于这样的特殊性推进了社会意识的增长以及经济的长远发展。此外还包括那些修缮完整的便民设施，例如公园、沙滩、市场以及海滨大道等。

罗宾逊广场最初只是一个单独的街区，四周是罗宾逊大街（Robson Street）、乔治亚大街（Georgia Street）、霍恩比大街（Hornby Street），还有豪威大街（Howe Street），广场的中心是1912年修建的新古典主义建筑风格的地方法院大楼（Provincial Courthouse）。20世纪70年代，政府实施了一系列广泛针对城市复兴的工程计划，法院迁至跨过罗宾逊大街的新综合大楼，大楼由加拿大建筑师亚瑟·埃里克森（Arthur Erikson）设计，而原来的地方法院就变成了温哥华艺术馆（Vancouver Art Gallery）。现在罗宾逊广场是一片横跨三个街区的区域，广场从乔治亚大街起始一直延伸到史密斯大街（Smithe Street）。广场周围是一些各式各样用途的建筑，其中包括商店、大学、会议中心、酒店、住宅以及写字楼。埃里克森设计的新法院挑战了那些传统的法院建筑布局组合，这座新的地方法院建筑将一些独特的非正式台阶式花园引入了更为规整的网格状城市布局之中［伊格劳尔（Iglauer），1981: 110～111］。

罗宾逊广场的设计方案是对常规的“优秀”城市广场设计的挑战。这种非正式的花园并没有一个很清晰的轮廓，它没有明确的边界并且车辆还可以穿梭于广场或者是绕广场而行，这样就使得整个设计并不成功，并且类似于很多美国的当代城市广场。尽管这样，也无法阻止罗宾逊广场成为这个城市活动的中心，每天来到这里的当地人或观光客可谓络绎不绝。在艺术博物馆废弃的台阶上，年轻艺术家们向来往的行人做着各式各样的表演，地下广场的建立并不是一项成功的举措，但是近来人们开始尝试将不列颠哥伦比亚大学（University of British Columbia）迁至此地，以带动整个地区的发展，让整个地区充满活力。这样的活动对于改善广场外形的作用并不是很大，但能够在一定程度上缓解城市公共空间缺乏的现象。此外广场的健康发展并不仅仅是因为旅游的带动，而且这里是船只的停泊港，除此之外为这里带来繁荣的原因还有从20世纪90年代早期人们在广场周围修建了高密度的建筑。蒙特利尔的人们还准备把这里建成一个充满活力的广场，并且使整个广场充满欧洲风情。但是有意思的是，罗宾逊广场的设计比起遵守空间设计的法则和一些建筑规则，人们更多考虑到的是地区的文化以及背景。

从北侧看罗宾逊广场

下沉广场、会议中心和跳舞地板组成的罗宾逊广场

美术馆的台阶没有引导向入口，而是成为供人们观看业余艺术家演示、售卖作品的场所

罗宾逊广场

威尼斯（Venice）

94

圣马可广场 (Piazza San Marco and Piazzetta di San Marco)

圣马可广场在严格一致和微妙而模糊的差别之间求得平衡。这座广场初看时显得广博而且简单，但是，它隐藏了使之不再是一个简单的封闭式规则广场的变化。圣马可广场成功的原因大部分要归功于一层建有拱廊的正立面。就像位于梵蒂冈的圣彼得广场和位于维吉瓦诺（Vigévano）的公爵广场（Piazza Ducale）一样，圣马可广场上的拱廊是通透的表面，为人们在从拥挤的城市建筑群中进入广场时提供一种过渡。尽管这种边界非常统一，但实际上，它并不像看起来的那样统一。最为明显的变化就是它的梯形设计方案。在此方案中，广场的围墙向着圣马可大教堂倾斜，转移了人们的视角，挑战了对于广场规模和距离的期望。一个更加细微的变化在于广场北侧有一些较为细小的柱子和一个使得广场显得有弹性的弓形面。

圣马可广场并不是一次性就建好的，而是经历了几个世纪的时间。刘易斯·芒福德（Lewis Mumford）在1961年时指出，圣马可广场作为一个公共场所始建于10世纪晚期，但其四周的建筑物是慢慢出现的。南侧圣索维诺（Sansovino）设计建造的图书馆是1520年添加进来的，而位于圣马可大教堂对面广场的西端则是在1805年完工的。芒福德认为，“简单说来，圣马可广场的形式和内涵都是服务于城市设计目的而逐渐积累起来的产物，根据环境、功能及时间不断调整；是没有哪个天才能够在几个月的时间里建成的有机产物”（芒福德，1961: 322）。圣马可广场不是一成不变、一蹴而就的工程，而是在不断地适应威尼斯文化和社会。不幸的是，尤其自20世纪50年代以来，圣马可广场更多地成为一个僵化的旅行目的地，而不是威尼斯文化的一个活跃的组成部分。

来自圣马可广场的教训是多方面的。然而，在这里值得指出的是威尼斯街道和广场之间的对比及其表面和周边建筑的微妙组合，这为广场创造了一种动态的空间体验。

圣马可广场需要感谢威尼斯的周边城市结构。与广场形成对比的是，这个结构主要由一些拥挤的街道与一系列小广场和横纵交错的运河交织在一起构成的。在这里，开阔与拥挤交错变换，塑造了一种空间张力与期待。然后，当穿过一个带顶棚的柱廊后，拥挤消失了，取而代之的是圣马可广场。除了大运河之外，这里是威尼斯市中唯一一个开阔的空间。

圣马可广场本身也有引人注目的变化。第一点变化是广场分散的围墙。除了转移视角以外，建造这些围墙只是为了使其在两处地方相连，同时又隐藏其他的拐角。例如，这些围墙并没有与圣马可大教堂相连，而是从教堂的旁边擦过，使得大教堂看起来像是漂浮在广场上一样。这与维吉瓦诺的状况相似，在那里，广场和教堂的正面并没有实质性的接触，而是通过侧面将它们“相连”。第二点变化是脱离了广场围墙的钟楼。这个钟楼本身是作为广场的中心点出现的。作为一个支点，它突出了主广场（main piazza）和小广场（piazzetta）的连接点，并且在从大广场步入小广场时提供了一种动态的变化。实际上，如果移除了或者规范了这些变化以及其他的各种变化，它们的存在就会变得显而易见或者意义重大。例如，如果围墙都在拐角处相连接或者完全被拆除了，圣马可广场就会完全改观，很有可能成为一个平淡无奇的广场。

从东侧看圣马可广场

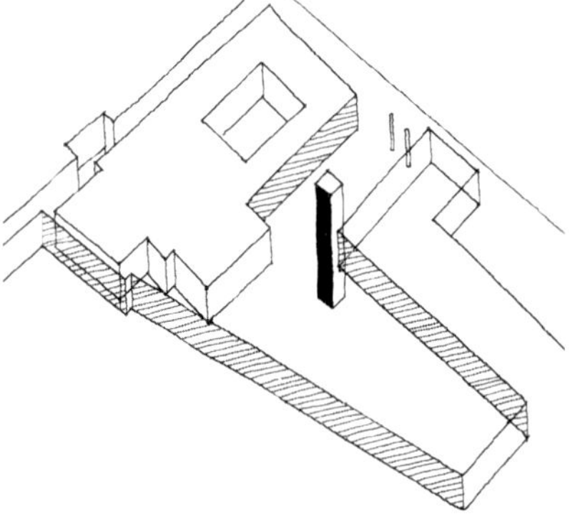

显示了平面的流动和未定义的交点

圣马可广场

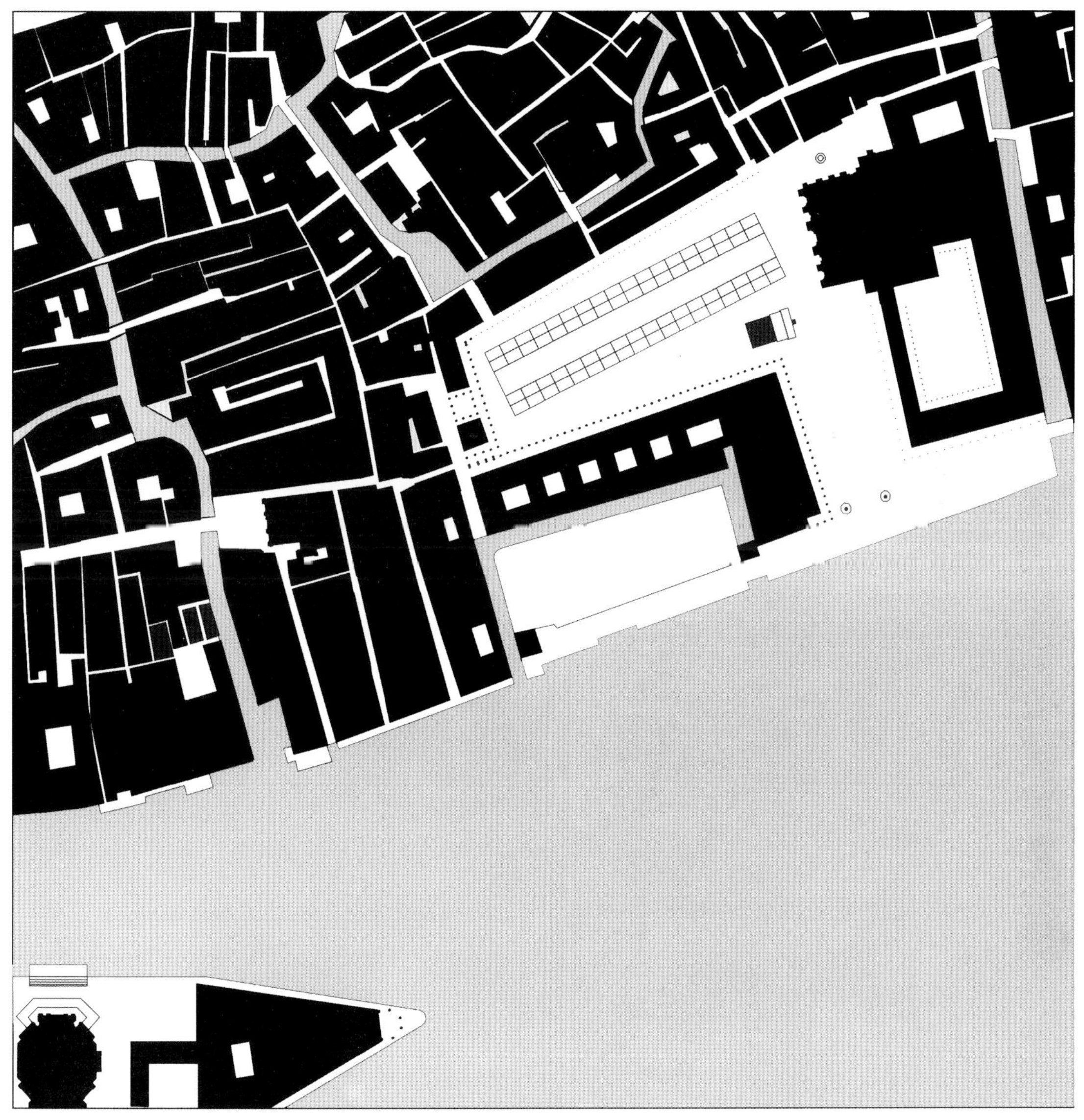

维罗纳（Verona）

香草广场和绅士广场 (Piazza delle Erbe and Piazza dei Signori)

如同位于法国阿拉斯和意大利萨尔斯堡的那些广场一样，香草广场和绅士广场这两座中世纪广场都是广场群，分别在城市中扮演着特殊的角色——香草广场用作商业用途，而绅士广场用于政治用途，分别拥有各自的特征、外形和气氛。每个广场都是独特而又互补的。此外，建筑语言和广场的环境都参与界定了广场。这些城市与建筑的结合物并不是随意的建筑，而是与它们的功用相符。与位于佛罗伦萨的领主广场相似，独立式的结构和塔楼在空间中扮演着非常重要的角色（朱克尔，1966: 88）。这个二维的设计与三维的连接同样成功。

与许多其他意大利的城镇相同，维罗纳是由一个古罗马的殖民地发展而来的。城中的网格状街区和公共广场都非常显眼。香草广场占据的大致上是原来古罗马广场的所在地。如今，除了市政厅和巴洛克式的马费宫（Palazzo Maffei）之外，香草广场的边界基本上都是三四层楼高的建筑物，这些建筑物的底层开设有商店和咖啡馆。香草广场是维罗纳主要的集市广场，就像位于罗马的鲜花广场一样，这里的摊位需要每天支架和收起。沿着广场的中心是四座独立的建筑，包括市集之柱（colonna del Mercato）、维罗纳的爱人喷泉（fontana di Madonna Verona）、圣马可柱（colonna di San Marco）和一个小小的天篷状的眺望台。这些建筑元素充当着这个中部稍稍隆起的广场的坐标。

另外，香草广场上的两座塔楼——位于广场东北侧市政厅的伦巴底塔（Tower Lamberti）和位于西北侧较小一些的加迪罗塔（Torre del Gardello）——为广场提供了一种视觉上的平衡。如果没有市政厅塔楼，尽管固定了中心，广场还是会显得更像一条宽阔的马路。同时加迪罗塔表明了广场的范围，并且为广场的终端提供了一种变化的样式。这两座垂直的建筑物帮助定位了整个广场，为游客们提供了一种到达了此地的感觉。这样就产生了一个动态的集市广场，它由广场的两个终端和靠近中心的次级街道所构成，既是通道的一部分又是一个目的地。

与这个活跃的市场形成鲜明对比的是稍显保守的绅士广场。这个广场通过一系列带有拱门的狭窄街道与香草广场和城市的其他部分隔离开来，并且被市政厅、法院和其他政府机构的建筑物所包围。这里留给人们这样一种清楚的印象，即这里更像是一个大庭院，而不是一个公共广场。造成这种庭院感觉的目的是为了使广场正立面显得格调统一。

鸟瞰香草广场

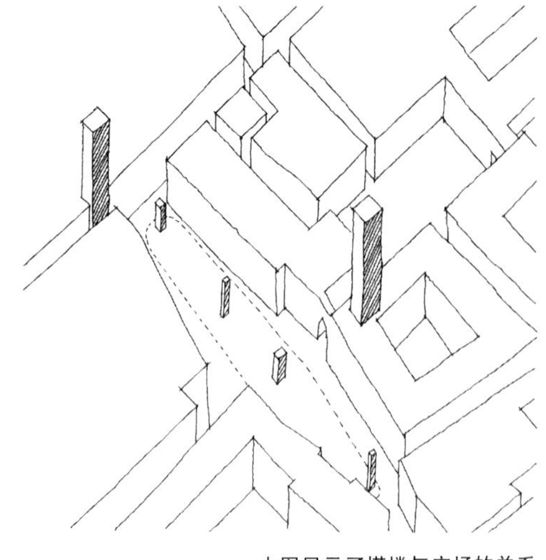

本图显示了塔楼与广场的关系

香草广场和绅士广场

维也纳（Vienna）

96

环城大道 (Ringstrasse)

几个世纪以来由于面临奥斯曼土耳其军队潜在的并且是经常性的侵扰，处于欧洲大陆东部边缘的维也纳城周围修建了一系列的防御工事，并且一直保持到19世纪中期。城市在城墙和护城河的保护下发展受到限制，内城从中世纪起就没有什么变化。直到1857年，国王弗兰茨·约瑟夫一世（Franz Josef I）颁布法令拆除堡垒。这样，整个环绕城市的防御地带宽达400米，是重要的城市复兴区域，也是皇宫的广场。国王还颁布法令勾画出歌剧院、博物馆、图书馆、档案馆以及其他政府办公建筑。如今被称为“环城大道”的地区从19世纪晚期的庆典用途变成了一个独立的区域。

环城大道大体是沿着被分割的堡垒的轮廓布局，它由两条平行的街道组成，正好形成了两个平行的区域用于城市建筑和空间布局。主干道，也就是环城大道本身，横穿两个区之间，而另一条较窄的路沿环路外缘分布。与同时代的奥斯曼规划的巴黎大道的持续远景不同，环城大道两条平行的大街以一定的弧度环绕着城市。每一个部分都是相对独立、几乎没有联系的区域。这些区域都又被更加细化，一些用来给中产阶级用作股票交易场所、银联大厦，政府区域围绕在市政厅广场（Rathausplatz）附近，国会也坐落在这里，此外还有大学建筑、歌剧院和朝着霍夫堡皇宫（Hofburg Imperial Palace）的博物馆。规划中最为重要的一个部分是跨过城堡剧院（Burgtheater）的市政厅广场。环城大道的整体设计简单明了。公共集会的建筑如歌剧院、戏剧院、教堂都是相互独立的，而博物馆、法院、大学和市政厅则是城市公共空间的背景。

如今，城市发展所面临最为重大的问题是大型的基础设施建设日渐过时和废旧了。18、19世纪，在欧洲像布拉格和克拉科夫这样的城市堡垒随处可见。每座城市都有一套它自身的当代城市规划，为稠密的城市结构内外部都提供了发展机会。这种局面就如同19、20世纪美国实施联邦住房、工厂和公路计划而导致的21世纪城市发展机遇非常相似。例如，穿越波士顿市中心的旧中央干道（Central Artery）在20世纪90年代末被拆除，它以穿越城市的带状公园的形式为城市提供了更多商业与市政建设的机会。

市政厅

环城大道与老城的关系

环城大道

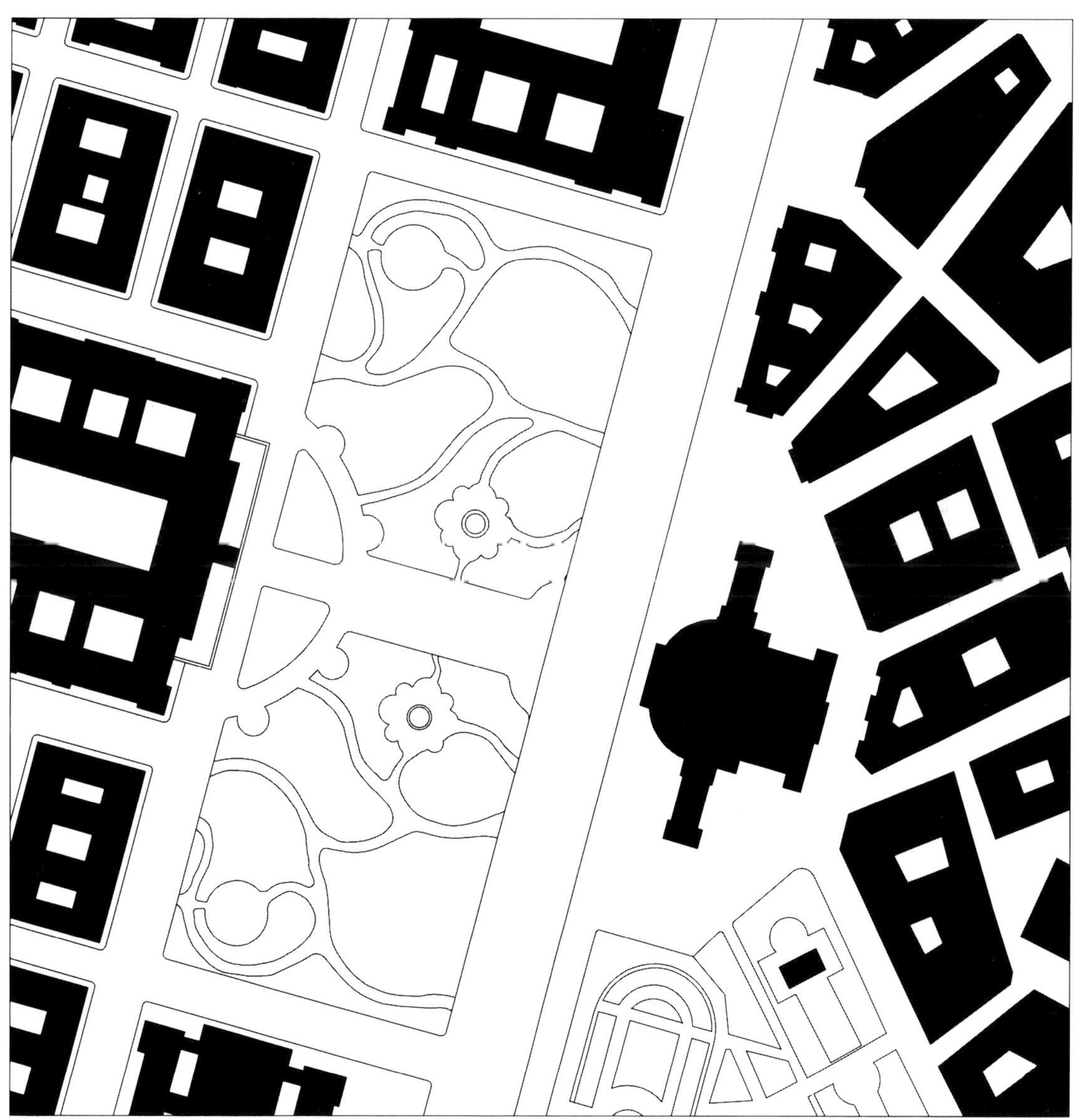

维吉瓦诺（Vigévano）

97

公爵广场 (Piazza Ducale)

公爵广场被认为是文艺复兴时期最早完全建成的广场之一。广场是由多纳托·布拉孟特（Donato Bramante）和列奥纳多·达·芬奇（Leonardo da Vinci）设计的，但是这一点从来没有被充分证明过。它表现了 15 世纪晚期古典主义理念的影响。古典主义由维特鲁威（Vitruvius）提出，随后由埃维里奥·费拉莱特（Averlino Filerete）和利昂纳·巴蒂斯塔·阿尔伯蒂（Leone Battista Alberti）进一步整理完善。规范和有序是公爵广场的主要特点。广场的秩序和形式主要来源于构成整体环境的背景建筑，这些建筑在塑造一个脱胎于中世纪建筑且比例匀称的广场过程中发挥了第二位的重要作用。

为了使广场显得有序，三面都排列着整齐统一的拱廊，以掩盖其后不整齐的中世纪建筑。广场的第四面是修建于 17 世纪的圣安波罗奇奥教堂（San Ambrogio）的正面，这座教堂决定了广场的高度和设计，它的高度是那些稍带弧度的拱廊侧墙的两倍。它的立面是凹进去的，并且承受着纵轴带来的压力。此外，曲形表面掩盖了一个有趣的秘密。尽管教堂正立面的中心位于广场的纵轴之上，但实际上，教堂的轴线向北偏离了大约 15 度。教堂的曲形表面使得从广场轴线到教堂轴线的偏转变得更为容易。为了进一步解决这个偏转，教堂的正立面一直延伸到教堂的内部，所以，教堂的第四个大门实际上是一条侧面的街道。

尽管这个设计方案近乎完美，但是学者们发现历史上的公爵广场并不总像现在看起来的那样完美而统一。它曾经是一个 L 形的广场，与其南侧的宫殿相连。而且，广场的柱廊之中添加了凯旋门，以强调它长长的交叉轴线［斯科菲尔德（Schofield），1992-1993: 161～162］。

与威尼斯相似，广场最主要的入口位于穿越柱廊的中世纪街道之上，这为从封闭的街道步入开阔的广场时提供了一种动态的空间感。这其中的一个例外是一条沿圣安波罗奇奥教堂的正面而建的街道。这条横向的街道可以使人们不必真正进入就可以通过广场。这条存在于拱廊和教堂之间的缝隙还起到了连接墙的作用，使得这两者之间的连接不需要它们接触就可以实现。这种运用空间衬垫的解决方案在其他关于教堂正面和广场围墙的设计中也可以看到，包括位于威尼斯的圣马可广场以及小范围运用的梵蒂冈圣彼得广场。

公爵广场及其潜在的理念继续影响着欧洲和美洲的广场。位于意大利都灵的圣卡罗广场（Piazza San Carlo）、位于法国巴黎的孚日广场、位于美国新奥尔良市的杰克逊广场以及由托马斯·杰斐逊（Thomas Jefferson）创建的弗吉尼亚大学，很明显都是脱胎于在维吉瓦诺运用的理念［库特曼（Kultermann），1982: 115］。

从西面沿公爵广场轴线的景象

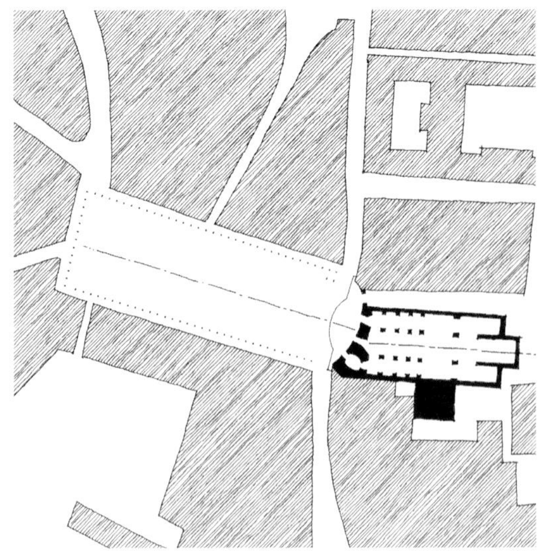

公爵广场的轴线以及与圣安波罗奇奥教堂的关系

公爵广场

华盛顿（Washington, DC） 98

杜邦圆环 (Dupont Circle)

从19世纪起，杜邦圆环已经成为华盛顿颇具活力而且时尚地区的中心。它是这座城市北部的重要核心，也是商业区和居民区的节点和开端。杜邦圆环沿着康涅狄格大道（Connecticut Avenue）而建，康涅狄格大道是一条狭长的走廊地带，从白宫起始向西北延伸长达八个街区。杜邦圆环位于新罕布什尔大道（New Hampshire Avenue）和马萨诸塞大道（Massachusetts Avenue）的斜交点以及P大街（P Street）和第19街（19th Street）的交界处。虽然圆环旁边是三车道的道路，但周围建筑的高度层次不齐，有的是8到10层的写字楼，有的则是只有3层楼高的商铺。圆环周围的商铺分布在南侧和东侧，商店和住宅则分布在北侧和西侧。而圆环就成为了一个交通枢纽，各条街道在此交会。除了上述的五条街道以外，在圆环的下面是三级交通体系，包括拥有四条行车道的康涅狄格大道、地铁以及一个鲜为人知的废弃半圆形电车终点站。

杜邦圆环本身拥有3个同心向外分布的区域。最外一圈是修建有长椅的小径，长椅朝向圆环内部，并且在东侧还修筑了一些象棋桌。中间的一环是一块绿地，常有一些在此工作的上班族以及周围的居民在此小憩或是来这里野餐。最里边的一圈是圆形结构空间，在这里有19世纪修建的大理石喷泉，环绕大理石喷泉的是一圈高1米修剪整齐的篱笆。最内环的面积很小，你可以很清楚地看见来往于此的人，并且这也是人们约会碰面的好地点。

杜邦圆环很好地诠释了“类型”怎样呈现完全不同的结果。与华盛顿圆环（Washington Circle）和洛根圆环（Logan Circle）一样，它是华盛顿地区一个颇具代表性的交通圆环，尺度超过了两千米，而且位置大小基本相同。与这两个圆环相比，杜邦圆环的灵动性是其他两个圆环所无法比拟的，使得杜邦圆环看上去之所以如此具有动态感的因素就是：街道、地表形状和背景。

虽然圆环中都有街道穿插在其中，但是只有杜邦圆环里有超过两条以上斜向相交的道路穿插于其中。这一点降低了圆环的封闭性，同时增加了交通的灵活性。杜邦圆环的地面形状不同于华盛顿圆环和洛根圆环，杜邦圆环坐落在一个小高坡上。人们十分喜欢从市中心散步来这里休息放松。虽然其他因素也在发挥作用，但是导致杜邦圆环受欢迎的最重要元素就是背景。不同于华盛顿圆环和洛根圆环，它周围的建筑各式各样，住宅、写字楼、商铺以及电车站应有尽有。此外，这些楼房高低不同，错落有致地密布于杜邦圆环的周围。大量各色人等也来到这里，使得这里无论白天还是黑夜都十分热闹，人气十足。白天，周围居民和白领们来到这里，在这儿举行各种各样的商业活动，气氛十分活跃；同时也使这个空间得到了很好的利用，既活泼又充满兴味，治安状况良好。因此，人们都希望在这里生活、工作与放松休闲。杜邦圆环是一个构造十分简单的空间，没有许多的人工刻意雕琢，它的动态之感完全来源于周围五花八门的建筑和多种用途的区域。

杜邦圆环的外边缘

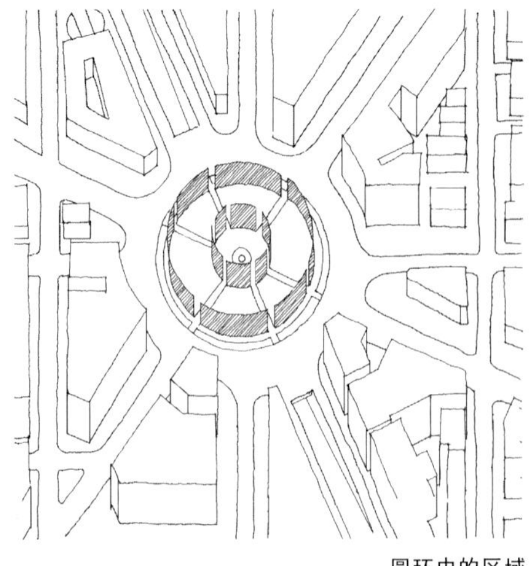

圆环中的区域

杜邦圆环

华盛顿（Washington, DC）

大广场、伍德罗·威尔逊广场和丹尼尔·帕特里克·莫尼汉广场（Grand Plaza, Woodrow Wilson Plaza and Daniel Patrick Moynihan Place）

当初修建大广场的目的在于将它建成华盛顿整座城市的中心装饰物，构成三角形的联邦政府办公建筑，并以此作为美国民主的象征。从华盛顿城市的街道、公共建筑以及纪念碑的布局上看，人们试图将美国这种开放民主的精神和理想注入到它的建筑当中去。相对地，由于对安全的考虑以及犯罪率的上升，许多华盛顿的公共广场被关闭或是限制开放。像一些大的广场一样，为了安全起见，这里修建起了水泥路障、封闭的道路和电子监控系统。

大广场呈圆形，南北走向的第12大道将它一分为二，第12大街上的两侧沿街建筑充满新浪漫主义风格以及美术学院派艺术风格（Beaux-Arts）的建筑。由于广场东边的那座建于1892-1899年的浪漫主义风格的邮局迟迟未被拆除，致使广场的东半部始终未能完工。由于受到经济大萧条以及二战的影响，最终这座维多利亚式建筑得以保留，未被拆除。

广场西边是半圆形的艾瑞尔·里奥斯联邦大楼（Ariel Rios Federal Building），也称“美国邮政大楼”（United States Post Office building）；而在广场东南角是国税局分局大楼（Internal Revenue Service）。这些建筑是在1931年到1935年间由德兰诺和阿达奇设计公司（Delano & Aldrich）设计完成的，这些建筑的一层都修建有拱廊，通向一个东西走向的步行区。一个大型的柱廊标识出步行区的轴线，同时第12大街两侧精心装点的建筑标识出广场的入口［斯科特（Scott）和李（Lee），1993:173～174］。

20世纪90年代三角形联邦大楼（Federal Triangle）最终完工了。美国邮政大楼构成了广场的西半部，是一个面积较小的反转的半圆形，它沿着步行区的东西轴线而建。历经70年的变迁，在这个小型的半圆区域正对面就是华盛顿市中心一个最大的停车场。随着贝聿铭和弗里德建筑师事务所（Pei and Freed）的罗纳德·里根大厦（Ronald Reagan Building）、国际贸易中心（International Trade Center）以及伍德罗·威尔逊广场以及莫尼汉广场的建成，这座广场的边缘以及连接部分也随之竣工了。威尔逊广场将大广场的轴线一直延伸至罗纳德·里根大厦的入口处，莫尼汉广场则将第13大街的轴线从北一直向南延伸，穿过南边的宪法大道（Constitution Avenue），与美国历史博物馆（American History Museum）连接在一起。

从老邮局的塔楼上眺望

第12大街的景象

随着1995年俄克拉何马城爆炸案以及2001年“9.11”恐怖袭击事件的发生，人们越来越关注安全问题，但是这三座广场、拱廊以及步廊始终对公众开发。虽然广场实施了严格的监控，但是它的开放还是使得民众感到些许惊喜和满足。这是一个乐观的决定，我们应该赞成和支持这一做法。它给我们带来了希望，那些由于担心会遭受恐怖袭击而被迫关闭的公共广场总有一天会对公众再度开放，再次成为开放民主的象征。

鸟瞰三角形联邦大楼

从第13大街向北看到的伍德罗·威尔逊广场和丹尼尔·帕特里克·莫尼汉广场

大广场、伍德罗·威尔逊广场和丹尼尔·帕特里克·莫尼汉广场

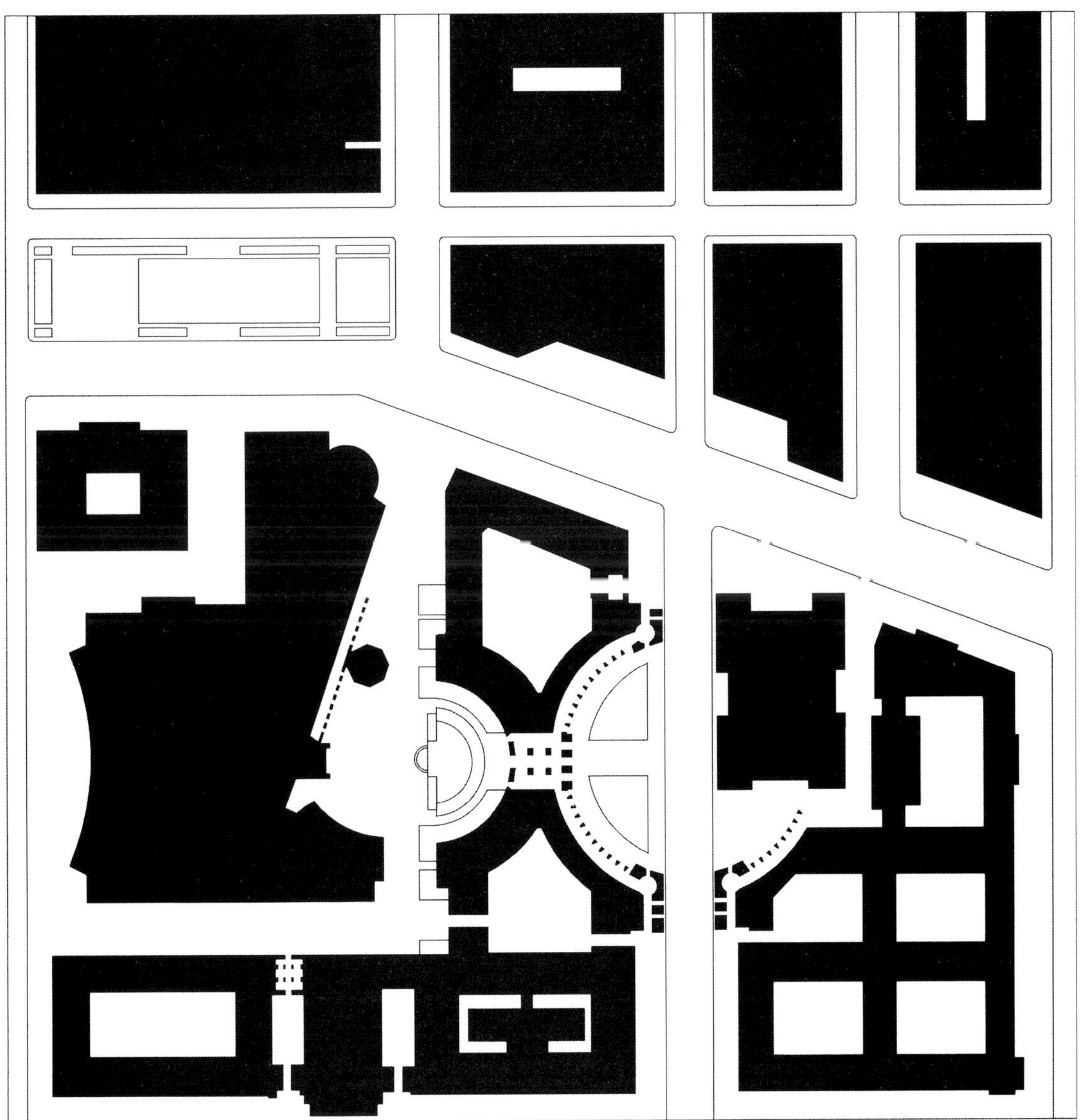

华盛顿（Washington, DC）

100

司法广场 (Judiciary Square)

司法广场最著名的部分就是修建在此的国家执法人员纪念馆（National Law Enforcement Officers Memorial）以及国家建筑博物馆（National Building Museum）的前庭，原先这里是美国养老金大楼（United States Pension Building）。广场本身属于哥伦比亚区（District of Columbia）一片很大区域的一部分，乔治·华盛顿总统和托马斯·杰斐逊总统决定这里辟建司法广场。在皮埃尔·朗方（Pierre L' Enfant）1791年的华盛顿规划设计中，还将此地保留用作修建美国最高法院（Supreme Court）。整片区域的北边是G大街，南边是印第安纳大道（Indiana Avenue），东边是第四大街（4th Street），西边是第五大街（5th Street）。这块区域是首都华盛顿城内留作一些特殊用途的17片区域之一。虽然高级法院最终没有落户于此，但是从19世纪早期开始，这里成为哥伦比亚区地方法院、联邦地区法院以及当地政府机构的所在地。

现在，司法广场的中心是绿树环绕的国家执法人员纪念馆，它位于分别坐落于E大街和F大街的两座法院建筑之间。纪念馆的主题元素是一个椭圆形的空间，其中修有两面高1米的花岗岩围墙，墙面上镌刻着那些为执法而献身的官员的名字，供人们缅怀纪念。与这两面墙平行的是两排修剪得十分整齐的落叶树。这样的线条划分出一系列有层次的区域，这些区域的功用各不相同。正是由于这样的分层，行人可以通过选择三条不同的小径来穿过整个广场。如果你想抄近道穿过广场，那就可以沿着中轴线而行，穿过广场，或顺着石墙的内侧穿行来瞻仰那些英雄的名字，或是沿着石墙外侧漫步于树木与建筑之间的林荫大道。

虽然这里设计的是一个纪念性的场所兼是中心广场，人们在这个中心广场上举行各式各样的庆祝仪式，但是修建广场的最初目的是为了给人们提供一个休闲的好去处。除此之外，这里还作为去往北面国家建筑博物馆的通道，而且还是博物馆的前庭；它与南面的法院建筑并未相连。法院的前庭或后院被E大街分隔开来，因此这块区域就成为一个停车场，但是停在这里的车辆并不能直接驶向法院大楼。幸运的是，这样的划分或许能为法院大楼的北边提供一个新的入口以及前院。

在法国南锡的卡里埃勒广场（Place de la Carriere）以及巴黎的皇家广场也有类似司法广场上这种道两旁布满精心修剪树木的小径。这也为我们很好示范了如何通过植被来划分区域并且创造出不同的层次感。对华盛顿的规划设计者与居民而言，纪念馆设计规划的另一个重要方面是向我们展示了在城市内部如何规划修建纪念馆。1994年，美国国会通过了一项法令，法令阻止了在越来越拥挤的国家广场（National Mall）中修建新纪念馆的提议。这项法令是对过于拥挤的城市现状以及规划者发展旅游的想法做出的回应。国家执法人员纪念馆是于1991年由建筑师戴维斯·巴克利建筑事务所（Davis Buckley Architects）负责设计。自从司法广场建成之时，这里就成为法院以及执法部门的聚集地，因此将国家执法人员纪念馆设置于此是再合适不过的。这座纪念馆现在已经成为市民日常生活的一个组成部分，成为一处舒适的城市广场，它为市民提供了无限的安全感。作为充满活力的纪念馆，虽然远离国家广场，但它并没有成为闹市中的一座孤岛，而是成为人们日常生活不可或缺的一个部分。

从国家建筑博物馆看司法广场

从南侧看司法广场

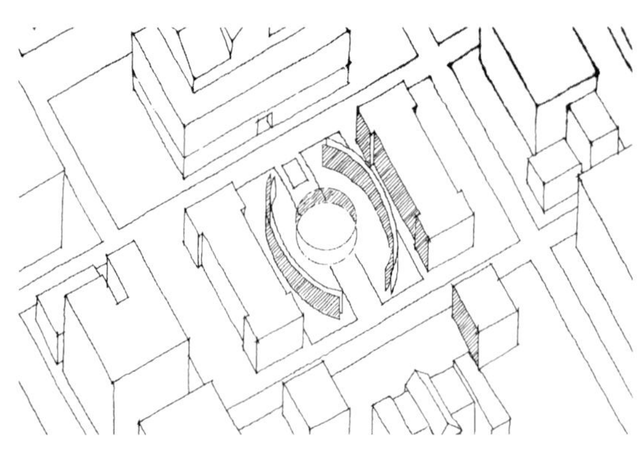

广场中定义了空间的线条

司法广场

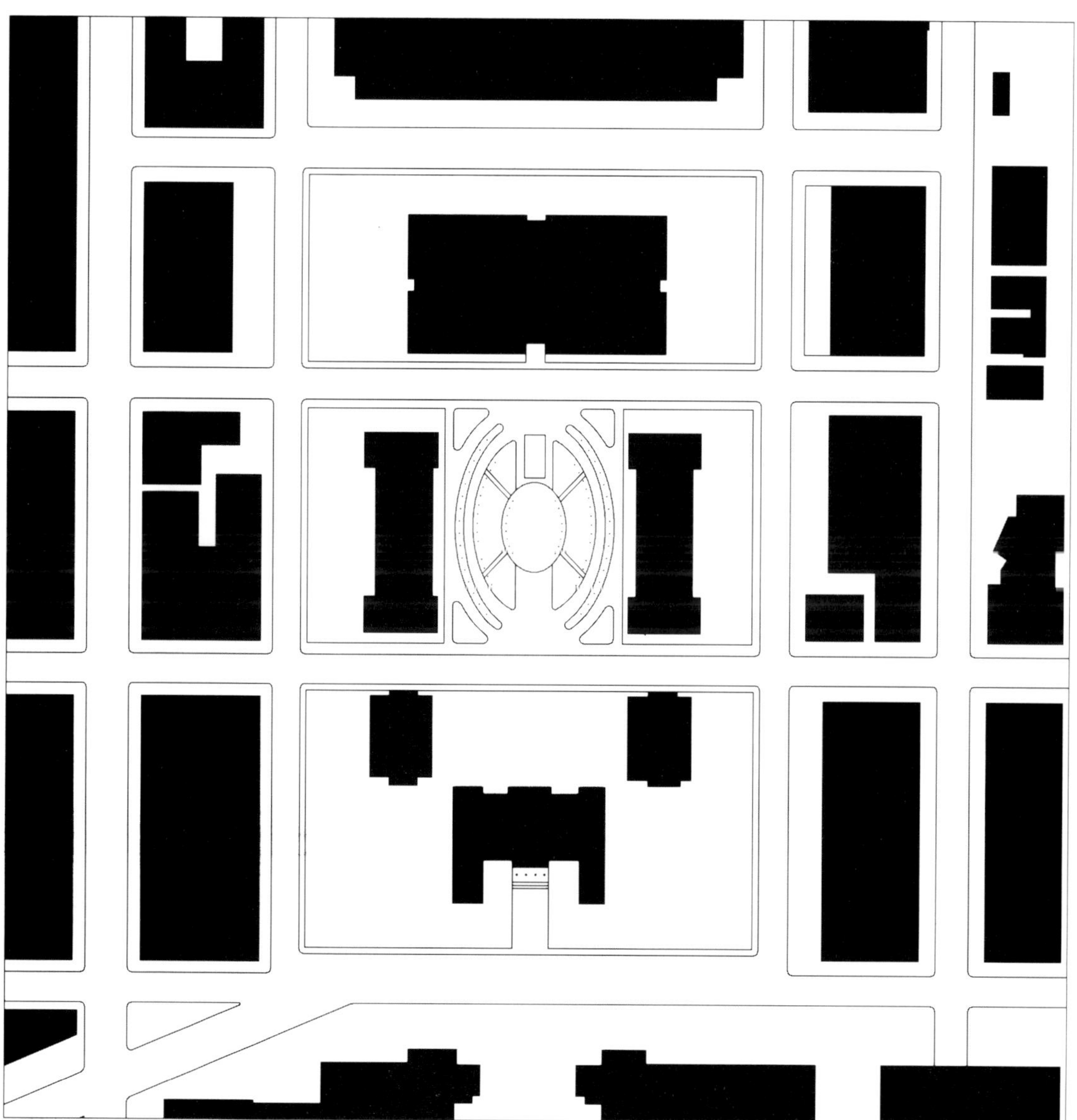

规划图来源(Plan sources)

Amsterdam

Amsterdam Dienst der Publieke Werken (1976) *Kaart van Amsterdam*, Amsterdam: Dienst der Publieke Werken.

Atlas Amsterdam Stadsplattegrond, http://adres.asp4all.nl/asp/get.asp?zoom=2500&×dl= Stadsplattegrond

Arras

Arras Ministère de I'équipement et du logement (1969) *Arras (Pasde-Calais),* Cartographie issue d'orthophotoplan hypsometrique type 1969. Etabli sous la direction de la Division des travaux topographiques.

Auzelle, R (1947) *Encyclopédie de l'urbanisme,* Paris: Vincent, Fréal.

Athens

Hyperesia Oikismou (1960) *Lekanopedion-Athenon 1:5000,* Hypourgeion Synkoin. & Dem. Ergon, Hyperesia Oikismou.

Baltimore

City of Baltimore, Department of Public Works, *Planimetric Base Map,* April 2000.

Barcelona

Servico Topografio del Ayuntamiento (1930) *Plano de Barcelona,* Barcelona.

Barcelona, Servicio del Plano de la Ciudad (1949) *Plano de Barcelona en nueve hojas; hoja especial del casco antiguo,* Barcelona.

Editorial Pamias (1971) *Barcelona plano guía urbana,* Barcelona.

Comisión de Urbanismo y Servicios Comunes de Barcelona y Otros Municipios (1970) *Plano topográfico del área metropolitana de Barcelona,* Barcelona.

Bath

Great Britain Ordnance Survey (1989) *Georgian Bath, Historical Map and Guide,* Southampton: Ordnance Survey.

Great Britain Ordnance Survey (1982) *Bath City Map,* Southampton: Ordnance Survey.

Auzelle, R (1947) *Encyclopédie de l'urbanisme,* Paris: Vincent, Fréal.

Beijing

United States Central Intelligence Agency (1988) *Beijing,* Washington, DC: Central Intelligence Agency.

Di tu chu ban she (1957) *Beijing you lan tu,* Beijing.

Bergen

Bergen Kommune, *Kommunedelplan Store Lungegårdsvann* http://www.bergen.kommune.no/ planavdelingen_/ekstern/

Bergen Kommune, KDP Sentrum-Arealdelen, *Arealbruk,* http://www.bergen.kommune.no/planavdelingen_/ekstern/

Berlin

Karte von Berlin 1: 4000, Senator fur Bua-und Wohnungswesen, 1985.

Great Britain Directorate of Military Survey (1982) *Germany City Maps: West Berlin,* produced under the direction of the Director of Military Survey, Ministry of Defence, United Kingdom, Ed.-GSGs, London: HMSO.

Germany (East), Verwaltung Vermessungs- und Kartenwesen (1960) *Topographische Karte 1:2000,* DDR Berlin: Ministerium des Innern, Verwaltung Vermessungs- und Kartenwesen.

Stimmann, H. (2000) *Berlino, 1940, 1953, 1989, 2000, 2010: fisionomia di una grande città= Berlin: Physiognomy of a Metropolis*, Milan: Skira.

Bern

Bern Vermessungsamt (1953) *Bern 1: 2000,* Bern.

Stadt, Bern, *City Map of Bern,* http:/ /www.stadtplan.bern.ch/default.asp

Bologna

Favole, P (1971) *Piazze d'ltalia: Architettura e urbanistica della pizazza in Italia,* Milan: Bramante.

Bocchi. F. (1995) *Bologna,* Bologna: Grafis.

Auzelle, R. (1947) *Encyclopédie de l'urbanisme,* Paris: Vincent, Fréal.

Gottarelli, E. (1978) *Urbanistica e Architettura a Bologna Agli esordi dell'unità d'ltalia,* Bologna: Cappelli.

Gresleri, G. and Massaretti, P.G. (2001) *Norma e arbitrio: architetti e ingegneri a Bologna 1850-1950.* Venice: Marsilio.

Commune di Bologna: *Carta Tecnica Comunale,* http://sit.comune.bologna.it/sit/doc_scaricabili/panoramica_ct_web.pdf

Commune di Bologna: *Carta Tecnica Comunale,* http://sit.comune.bologna.it/sit/ctweb.htm?name=tecnica&ch=1&nu=0&t=936570&l=677231&b=921434&r=693529&d=0&mm =i&i=21&cr34=1&cr36=1&Navigatore =netscape&Version=4.5#

Bordeaux

Auzelle, R. (1947) *Encyclopédie de l'urbanisme,* Paris: Vincent, Fréal.

France Ministère de la Culture, Secteur Sauvegardé de Saint Emilion, http://www.culture.gouv.fr/culture/sites-sdaps/sdap33/protec/ss/bdx_psmv.htm

Atlas de la communauté urbaine de Bordeaux, Talence, France: Centre d'études des espaces urbains, Maison des sciences I'homme d'Aquitaine, 1983.

Boston

Boston Redevelopment Authority (BRA), *The Boston Atlas,* http://www.mapjunction.com/places/Boston_BRA/main.pl?ht=864

Brasília

Companhia do Desenvolvimento do Planalto Central (1991) *Plantas urbanas do Distrito Federal,* Brasilia: CODEPLAN.

Distrito Federal (Brazil), Departamento de Estradas de Rodagem (1984) *Distrito Federal,* mapa rodoviário-84. Brasília, Brazil: DER DF.

Bruges

Belgium, Service de topographie et de photogrammétrie, Brugge, Brussel: Ministerie van Openbare Werken, Dienst voor Topografie en Fotogrammetrie, 1961.

Vereeniging van Officieel Gidiplomeerde Gidsen, Brugge centrum, Eeklo, Belgium: Druk. Pauwels 1978.

Buenos Aires

Gobierno de la Ciudad de Buenos Aires, *Mapa Interactive,* http://usig.buenosaires.gov.ar

Buenos Aires Departamento Geotopográfico División Fotogrametría, *Buenos Aires, Partido de General Juan Madariagz zona urbana y alrededores,* Departamento Geotopográfico, División Fotogrametría y División Cargtografía, Buenos Aires, Provincia de Buenos Aires, MOP, Dirección de Geodesia, 1976.

Buenos Aires (Argentina: Province), Departamento Fotocartográfico, División Fotogrametría, *Partido de General Alvear, General Alvear, zona urbana y alrededores/Departamento Fotocartográfico, División Fotogrametría(y) División Cartografía,* República Argentina, Provincia de Buenos Aires, MOP, Dirección de Geodesia, 1977.

Cairo

Quality Standards Information Technology, *egymaps.com,* copyright © 2004 EgyMaps.

Amin, N.Y. (1987) *Downtown Cairo and Garden City Map Guide,* Cairo: N.Y. Amin.

České Budějovice

Paměť měst: mestské památkové rezervace v Ceských zemích, Prague: Odeon, 1975.

České Budějovice, Planning and Architecture Department, *Mapa města,* http://www.c-budejovice.cz/EN/01/

Nakladatelství Olympus, *České Budějovice plán mesta,* České Budějovice: Nakl. Olympus, 1991.

Chandigarh

Le Corbusier (1996) *OEuvre complète 1952-1957,* publiée par W. Boesiger, 4th edn, Zurich: Les Editions d'Architecture, Artémis.

Chandigarh Administration, Department of Urban Planning Town Planning Unit, http://sampark.chd.nic.in/pls/esampark_web/city_map

Chicago

Blaser, W. (2004) *Mies van der Rohe, Federal Center, Chicago,* Basel: Birkhäuser.

Chicago Department of Development and Planning (1974) *Chicago Land Use Atlas, 1970,* Chicago, IL: Department of Development and Planning.

Chicago Bureau of Maps and Plats (1980-1981) *Atlas of City of Chicago,* Bureau of Maps and Plats.

City of Chicago, Zoning Department, *Interactive Map,* http://w28.cityofchicago.org/website/zoning/

Cincinnati

City of Cincinnati, Cincinnati Area Geographic Information

Systems, Cincinnati and Hamilton County Interactive Map, http://cagis.hamilton-co.org/map/cagis.htm

Ohio Department of Transportation (1991) *Downtown Cincinnati,* Columbus, OH: Ohio Department of Transportation.

Cleveland

Ohio Department of Transportation (1991) *Downtown Cleveland,* Columbus, OH: Ohio Department of Transportation.

City of Cleveland City Planning Commission, *Basemap,* http://planning.city.cleveland.oh.us/gis/cpc/basemap.jsp

Copenhagen

Auzelle, R. (1947) *Encyclopédie de l'urbanisme,* Paris: Vincent, Fréal.

Bollmann Bildkarten Verlag (1978) *København,* Bollmann-Bildkarten-Verlag KG, Braunschweig. Arhus, Denmark: Skandinaviske billedkort I/S.

Rasmussen, S.E. (1969) *Towns and Buildings,* Cambridge, MA: MIT Press.

Cuzco

Instituto Ceográfico Militar Peru (IGM) (1969) *Cuzco: Ciudad del Cuzco/pictomapa preparado por el IGM en colaboración con el I.A.G.S. con fotografías aéreas tomadas en 1962 elaborado a base de fotomosaico no controlado,* Lima, Peru: IGM.

Will, W. (1989) *Atlas Urbano de la Ciudad del Cusco,* Cusco, Peru: Centro de Estudios Rurales Andinos, Bartolomé de las Casas.

Denver

Barkema, K. (1987) *Denver Central Business District,* Denver, CO: Denver Metro Building Owners and Managers Association.

Vantage Advertising, Inc. (1982) *Zoning Map of Downtown Denver,* Denver, CO: Denver Equities.

Detroit

Detroit 300, *Campus Martius Park,* http://www.campusmartiuspark.org/park_siteplan. htm

City of Detroit, Planning and Development Departemnt, Planning Division, *Advanced Planning and Mapping,* http://www.ci.detroit. mi.us/plandevl/advplanning/cinfo/adv/default. htm

Dresden

Landkartenverlag (1970) *Stadtplan Dresden,* Berlin: VEB Landkartenverlag.

Landeshauptstadt Dresden, Department for City Development, City Surveyor's Office, *Thematic Map,* http://www.dresden.de/index.html?node=6947

Dublin

Dublin City Council, Dublin City Development Plan, 2005-2011 from the Ordnance Survey of Ireland, 2005.

Dubrovnik

Grad Dubrovnik http://www.dubrovnik.hr/

The Institute for the Restoration of Dubrovnik, http://orlando.laus.hr/~zzod_web/

Futagawa. Y. (1974) *Adoriakai No Mura to Machi,* Tokyo: A.D.A. EDITA.

Kartográfiai Vállalat (1988) *Dubrovnik,* Kartográfiai Vállalat, 6. jav. Kiad, Budapest Kartográfiai Vállallat.

Edinburgh

Great Britain Ordnance Survey (1895) *Edinburgh and its Environs,* Southampton: Ordnance Survey.

Ordnance Survey National Grid maps, 1944-1991, http://geo.nls.uk/indexes/default.html

Craig, J. (1965) *Plan of the New Streets and Squares Intended for the City of Edinburgh,* Ithaca, NY: Historic Urban Plans.

Florence

Bacon, E (1967) *The Design of Cities,* New York: Viking Press.

Italy Istituto Geografico Militare (IGM) (1952) *Florence,* Florence: IGM.

Atlante di Firenze: La Forma del Centro Storico in Scala 1:1000 nel Fotopiano e nella Carta Numerica / Compagnia Generale Ripresaeree, Selca, Venice: Marsilio; Florence: Assessorato all'urbanistica ed edlizia privata del Comune di Firenze, 1993.

Fanelli, G. (1982) *Città antica in Toscana,* Florence: Sensoni.

Genoa

Mazzino, E. (1969) *Il centro storico di Genova,* Genoa: Stringa Editore.

Provincia di Genova, *Cartografia Tematica On-Line,* http://cartogis.provincia.genova.it/cartogis/pdb/

Provincia di Genova, http://cartogis.provincia. genova.it/cartogis/pdb/ambito14/ambito14/13_fasce_centro.htm

Poleggi, E (2005) *De Ferrari: La Piazza dei Genovesi,* Genoa: De Ferrari.

Indianapolis

City of Indianapolis, Department of Metropolitan Development, Division of Planning, *Zoning Base Map,* http://imaps.indygov.org/prod/GeneralViewer/viewer.htm

Indianapolis City Plan Commission (1922) *Indianapolis Zoning Ordinance Map,* Indianapolis, IN.

Isfahan

Herdeg, K. (1991) *Formal Structure in Islamic Architecture of Iran and Turkistan,* New Yrok: Rizzoli.

Istanbul

Ístanbul Beledívesi, Ímar Planlama Müdürlügü EskÍ Eseler Bürosunda, 1965 Subat Taríhlerí Arasinda.

Fincancilar Yokusu Haliç Sahili Arasi, 19º Asir Sonu Itibari Ile, 1/500, DGSA YMB, Rölöve Kürsüsü, 6/3/79.

Ístanbul Büyüksehir Beledíyesi Kent Harita, http://kentrehberi.ibb.gov.tr/

Sumner-Boyd, H. and Freely, J. (1987) *Strolling through Istanbul: A Guide to the City,* London: KPI.

Jerusalem

Israel, Mahleket ha-medidot (1972) *Jerusalem: The Old City.* Tel-Aviv: Survey of Israel.

Israel. Agaf ha-medidot (1976) *Jerusalem: The Old City.* Tel-Aviv: Survey of Israel.

Kraków

Państwowe Przedsiebiorstwo Wydawnictw Kartograficznych (1973) *Kraków,* Warsaw: Redaktor Teresa Zakrzewska.

Wydawnictwo Kartograficzne Witański (1992) *Kraków, Stare Miasto, mapa,* Katowice, Poland: Wydawn. Kartograficzne Witański.

Lisbon

Auzelle, R. (1947) *Encyclopédie de l'urbanism,* Paris: Vincent, Fréal.

Portugal Servicos Geológicos (1935) *Carta geológica dos arredores de Lisboa,* Lisboa.

London

Great Britain Ordnance Survey (1935) *London,* Southampton: Ordance Survey.

John Bartholomew and Son (1972) *Central London,* Edinburgh: John Bartholomew and Son.

Ed. J Burrow & Co. (1940) *Street Plan of Holborn,* designed, Ed. J. Burrow & Co. Ltd. And Holborn Borough Council, 2nd edn, Cheltenham: Burrow, 195-.

Auzelle R. (1947) *Encyclopédie de l'urbanisme,* Paris: Vincent, Fréal.

Moos, S. (1999) *Venturi, Scott Brown & Associates: Buildings and Projects, 1986-1998,* New York: Monacelli Press.

City of London, Planning and Development, http://planning.london.gov.uk/LDD/LDD/PublicMapInvoke.do?querytype=london

City of London, PublicAccess Home-Mapping, http://www.planning.cityoflondon.gov.uk/mapping/map/map_detailview.aspx

Los Angeles

City of Los Angeles iMapLA Interactive Mapping. MapLA, http://imapla.lacity.org/Viewer/GIS/Viewer.asp

McCann, W (1968) *Downtown Los Angeles,* Los Angeles, CA: Geotronics.

Western Economic Research Co.(1990) *Downtown Los Angeles,* Panorama City, CA: Western Economic Research Co.

Lucca

Commune di Lucca (2004) *Perimetrazione delle Zone Omogene e Destinazioni d'Uso,* Settore Planificazione Urbanistica e Tutel Ambientale. http://www.comune.lucca.it/I/3B5FCBC9.htm

Fanelli, G. (1982) *Città antica in Toscana,* Florence: Sansoni.

Madrid

Cátedra de Dibujo Técnico, curso 77/78, Escuela T.S. de Arquitectura de Madrid, *La Expresión arquitectónica de la Plaza Mayor de Madrid a traves del lenguaje gráfico,* Madrid: Colegio Oficial de Arquitectos, 1979.

Comisión de Planeamiento y Coordinación del Area Metropolitana de Madrid (Spain) (1967) *City Planning Map of Madrid,* Madrid: Ministerio de la Vivienda, COPLACO.

Editorial Almax (1969) *Plano de Madrid,* 5th edn, Madrid: Editorial Almax.

Ayuntamiento de Madrid, Nueva Guía Urbana http://www.munimadrid.es/SicWeb/Result?TIPO_BUSQ=O&BNOMBRE=map&IDIOMA =2

Mexico City

Gobierno dei Distrito Federal, Secretaría de Desarrolo Urbano y Vivienda, Sistema de Informanción Geográfica, City http://201.134. 137.2/sigseduvi97/web/cuenta.htm

Milan

Geist, J.F. (1983) *Arcades: The History of a Building Type*, Cambridg MA: MIT Press.

Montréal

Ville de Montréal. *The Urban Navigator*, http://www.navurb.com/nu_inter/

Communauté urbaine de Montréal, Planning Department (1986) *Montréal, Access to the Cit*, Planning Department of the Montréal Urban Community, Québec: Tourisme Québec.

Moscow

Geist, J.F. (1983) *Arcades: The History of a Building Type*, Cambridge, MA: MIT Press.

Felber, J.E. (1963) *The Kremlin*, Newark, NJ: Printing Consultants.

Ingit, Moscow, CD-ROM atlas detailed maps of Moscow city and Mosco Oblast, Tacoma, WA: AO Ingit, Hamilton Global Management, 2000.

Plan Moskvy, Kartoskhemy, Ukazatel i Sprvochnye Svedeniia, Moskva, 1968.

Nancy

Plan de ville de Nancy, Nancy, 1972.

Société d'éditions cartographiques (1985) *Plan guide cités 2000*, Cannes, France: Société d'éditions cartographiques Bleu.

Auzelle, R. (1947) *Encyclopédie de l'urbanisme*, Paris: Vincent, Fréal.

France Ministère de l'équipement et du logement (1967) *Nancy Meurthe-et-Moselle. Plan topographique. Cartographie établie sous la direction de la Division des travaux topographiques*, Paris.

Pumain, D. (1989) *Atlas des villes de France*, Denise Pumain et Thérèse Saint-Julien avec la collaboration de Michèle Béguin Montpellier, France: RECLUS/Paris: Documentation francaise.

New Haven

City of New Haven, City Plan Department, Neighborhood Planning Maps, *Downtown*, http://www.cityofnewhaven.com/CityPlan/pdfs/Maps/NeighborhoodPlanningMaps/Downtown.pdf

New Orleans

Wilson, S. (ed.) (1968) *The Vieux Carré, New Orleans: Its Plan, its Growth, its Architecture*, New Orleans, LA: City of New Orleans.

Lafaye, S.P. (1920) *Commercial District of New Orleans, La.*, New Orleans, LA: S.P. Lafaye.

New Orleans Central District & Vieux Carré, New Orleans, 1977.

New Orleans Map Co. (1977) *Map of New Orleans East*, New Orleans, LA: New Orleans Map Co.

National Geographic Society (2002) *Louisiana: Seamless USGS Topographic Maps on CD-ROM*, Ed: Version 2.7.5, San Francisco, CA: National Geographic Holdings.

New York

Sagalyn, L.B. (2001) *Times Square Roulette: Remaking the City Icon*, Cambridge, MA: MIT Press.

New York City, Department of Planning, *Zoning Map*, http://www.nyc.gov/html/dcp/html/zone/mn_zonedex.shtml

New York City, City Planning Commission (1945) *Sectional Map of the City of New York*, New York: City Planning Commission.

Oslo

Oslo (Norway), Plan-og bygningsetaten (1998) *Kjørekart, 1998, for sentrale byområder: gratis:(Oslo, Norge)/ kartet er utarbeidet av Plan-og bygningsetaten*, Oslo kommune, Plan-og bygningsetaten.

Oslo oppmålingsvesen (1989) *Kjørekart: slik kan du kjøre i Oslos sentrale byområder/kartet er utarbeidet av Oslo oppmålingsvesen i samarbeid med Oslo veivesen og informasjonskontoret*, Oslo: Oslo kommune informerer.

Paris

Seine, Prefecture (1938) *Plan of Paris 1 :2500*, Paris: Service Technique du Plan Paris.

Seine, Prefecture (1939) *Plan of Paris*, Paris.

Auzelle, R. (1947) *Encyclopédie de l'urbanisme*, Paris: Vincent, Fréal.

Le Corbusier (1929) *The City of To-Morrow and its Planning*, trans. from the 8th French edn by F. Etchells, London: J. Rodker.

Dennis, M. (1986) *Court and Garden: From the French Hôtel to the City of Modern Architecture*, Cambridge, MA: MIT Press.

Philadelphia

City of Philadelphia, GIS Services Group, City Planning Commission, http://citymaps.phila. gov/citymaps/cmAddressRequest.aspx?URL =cmZoningMap.aspx

Smith, E.V. (1921) *Atlas of the 6th, 9th and 10th Wards of the*

City of Philadelphia, Philadelphia, PA: Smith.

Bromley, G. W. (1922) *Atlas of the City of Philadelphia,* George W. and Walter S. Bromley, Philadelphia, PA: G.W. Bromley.

Portland

City of Portland, Bureau of Planning, Corporate GIS, http://www.portlandmaps.com/detail.cfm?&action+Explorer

Prague

Praha Kartografie (1980) *Plan Práhy z roku 1791,* Plan der K.K. Haupstadt Prag im Königr, Böheim.

Melantrich (1948) *Praha,* Prague.

Kartografie (1970) *Praha,* Prague: Kartografické nakl.

Rome

Novelli, I. (1991) *Atlante di Roma: la forma del centro storico in scala 1 :1000 nel fotopiano e nella carta numerica,* 2nd edn, Venice: Marsilio.

Centro studi di storia urbanistica (1963) *Studi per una operante storia urbana di Roma di Saverio Muratori,* Rome: Consiglio nazionale delle ricerche.

Visceglia, E. (1955) *Pianta de Roma e suburbio,* scala 1:3000, Rome: Istituto cartografico Visceglia.

Saint Petersburg

Leningrad Geografo-ekonomicheskii nauchno-issledovatelskii institut (1967) *Atlas Leningradskoi oblasti,* Moskva, Glav. upravlenie geodezii i kartografii.

Ducamp, E. (1995) *The Winter Palace, Saint Petersburg,* Paris: Alain de Gourcuff/Saint Petersburg: State Hermitage Museum.

United States Central Intelligence Agency (1971) *Central Leningrad,* Washington, DC: CIA.

Egorov, U.A. (1969) *The Architectural Planning of St. Petersburg,* trans. E. Dluhosch, Athens, OH: Ohio University Press.

Salamanca

Auzelle, R. (1947) *Encyclopédie de l'urbanisme,* Paris: Vincent, Fréal.

Salamanca, plano ciudad y nomenclator de calles, 1973.

Ayuntamiento de salamanca, *Plan General de Ordenación Urbana del Municipio de Salamanca,* http://www.aytosalamanca.es/pgou/

Salzburg

Salzburg Feuerwehr (1943) *Salzburg,* Salzburg, Austria.

Salzburg Stadtbauamt (1946) *Stadt Salzburg,* Salzburg.

Cartographia Kft. (2001) *Salzburg, Budapest,* Cartographia Kft.

Austria Bundesamt für Eich- und Vermessungswesen (1952) *Town Plan, Salzburg,* Vienna.

San Francisco

Reineck & Reineck (1992) *San Francisco: Downtown Commercial Real Estate Map,* San Francisco, CA: Reineck & Reineck.

San Francisco, Bureau of Engineering (1982) *Map of the City and County of San Francisco,* San Francisco, CA: Department of Public Works, Bureau of Engineering.

City & County of San Francisco, San Francisco Enterprise Geographic Information Systems (GIS), http://www.sfgov.org/site/gis_index.asp?id=371

City & County of San Francisco, San Francisco's Enterprise Geographic Information Systems (GIS), http://gispubweb.sfgov.org/website/sfviewer/INDEX.htm

"Philips+Fotheringham Partnership: Redesign of Union Square, San Francisco, California," *Architecture and Urbanism*, January 2002, 376: 3-4.

Santiago

Plano (1950-1957) *Santiago oriente Cinco sectores planos,* Santiago, Chile.

Comuna de Providencia (1975) *Plano oficial de urbanización 1974,* escala 1:5000, Santiago, Chile.

Municipalidad de Santiago, *Plano Regulador,* http://planoregulador.munistgo.cl

Colom, J.M, Vergara, A.N. and Vicuña, P.B. (1983) *Las Plazas de Santiago,* Santiago, Chile: Ediciones Universidad Católica de Chile.

Savannah

City of Savannah, Metropolitan Planning Commission, and Chatham County, http://www.sagis.org

Seattle

Kroll Map Company (1980) *Kroll's Map of Seattle Central Business District,* Seattle, WA: Kroll Map Co.

City of Seattle, Department of Planning and Development City Maps *Seattle GIS,* http://www.seattle.gov/dpd/planning/

Seville

Plano de Sevilla, Excmo Ayuntamiento de Sevilla, Seville, Spain: Ayuntamiento, 1960.

Núñez Castain, J. (1982) *Sivilia Forma Urbis: la forma del centro storico in scala 1:1000 nel fotopiano e nella carta,* Venice: Marsilio editori.

Cadastral Map of Seville, Seville, Spain, 1969.

Siena

Favole, P. (1971) *Piazze d'ltalia: Architettura e urbanistica della piazza in Italia.* Milan: Bramante.

Auzelle, R. (1947) *Encyclopédie de l'urbanisme,* Paris: Vincent, Fréal.

Franchina, L., Forlani Conti, M., Morandi, U. and Bartolomei, S.(1983) *Piazza del Campo: Evoluzione di Una Immagine, Documenti, Vicende, Ricostruzioni,* Siena, Italy: Ministero per i beni culturali e ambientali, Archivio di stato di Siena, Soprintendenza per i beni ambientali e architettonici per le province di Siena e Grosseto.

Siena, Pianta della Città, Florence: Litografia artistica cartografica 1985.

Guidoni, E. and Maccari, P. (2000) *Siena e i centri senesi sulla via Francigena,* Florence: Giunta regionale toscana/Rome: Bonsignori.

Fanelli, G. (1982) *Città antica in Toscana,* Florence: Sansoni.

Commune di Siena, Cartografia Tematica, *Piano Regolatore Generale,* http://mapserver3. Idpassociati.it/siena/PRG/home/fr_int.cfm

Stockholm

Esselte kartor (1984) *Gamla Stan Map and Guide, Stockholm: 1: 2500: the Old Town, map, history, sights=Karta, historik, sevardheter,* Esselte kartor, Generalstabens litografiska anstalt, Stockholm: Esselte kartor.

Stockholm, Sweden (1993) *Stadsbyggnadskontoret. Kommunkarta Stockholm/kommunkarta uppra_ttad av Stockholms stadsbyggnadskontor,* Stockholm: Stockholms stadsbyggnadskontor.

Tallinn

Tallinn City Council Department of Planning and Zoning Map http://www.tallinn.ee/est/g2810/maps?pre_set_grupp=14&lang=0

Tallinn, linnaplaan 1:2000, Tallinn, 193?

A/S Optiset (1993) *Tallinn, kesklinn, Pirita,* Tallinn: AS Optiset.

Telč

Pamet mest: mestské památkové rezervace v Ceských zemích, Prague: Odeon, 1975.

Mapové projekty http://www.telc-etc.cz/telc/

Tokyo

Shobunsha (1991) *Tokyo Metropolitan Atlas: All 23 Wards Plus Greater Tokyo and Vicinity,* Tokyo, Japan: Shobunsha.

Zenrin, Kabushiki Kaisha (1999) *Tokyo-to 1, Chiyoda-ku,* Kitakyushushi, Japan: Kabushiki Kaisha Zenrin.

Zenrin, Kabushiki Kaisha (1999) *Tokyo-to 2, Chiyoda-ku,* Kitakyushushi, Japan: Kabushiki Kaisha Zenrin.

Torino

Cittí di Torino, *Mappa proposta dalla Città di Torino,* http://www.comune.torino.it/canaleturismo/it/mappa.htm

Dal Bianco, M.P. and Marenco di Santarosa, C. (eds) (2001) *Piazza San Carlo a Torino,* Milan: Lybra Immagine.

Trieste

Regione Autonoma Friuli-Venezia Giulia, Commune di Trieste (2005) *Area Pianificazione Territoriale Servizio Pianificazione Urban,* Tavola 1-10.

Territorio comunale percorso dal fuoco http://www.retecivica.trieste.it/edilizia/prg/incendi/qu_incendi.html

Sistema Informativo Territoriale della pianificazione urbana, http://www.retecivica.trieste.it/new/default.asp?pagina=-&ids=18&id_sx=57&tipo=monoblocchi&tabella_padre =dx&id_padre=380

Tunis

Tunisia Secretariat d'état aux travaux publics et a l'habitat, Division topographique (1968) *Grand Tunis,* Tunis.

Saussois, A. (1971) *Découvrez la Médina de Tunis,* Tunis.

Tunisis Service topographique (1960) *Plan de Tunis,* Tunis.

Vancouver

Vancouver, British Columbia, Department of Planning and Civic Development (1982) *Downtown Peninsula: Plan no. 4593 G-1,* Vancouver.

City of Vancouver, *The VanMap Interface,* http://vancouver.ca/vanmap/interface/index.htm

Naim. J. (1980) "Vancouver's Grand New Government Center," *Architectural Record,* 168, 8: 65-75.

Venice

Salzano, E. (1991) *Atlante di Venezia: la forma della città in scala 1: 1000 nel fotopiano e nella carta numerica,* 4th edn, Venezia: Comune di Venezia/Marsilio.

Salzano, E. (1985) *Venezia forma urbis: il fotopiano a colori del centro storico in scala 1 :500=Color Photomap of the Historic City, Scale 1: 500,* Venice: Marsilio Editori.

Futagawa, Y. (1974) *Adoriakai No Mura to Machi,* Tokyo: A.D.A. EDITA.

Auzelle, R. (1947) *Encyclopédie de l'urbanisme,* Paris: Vincent, Fréal.

Verona

Mappa di Verona, http://www.verona.com/ cgi-bin/mapserv.exe>?mapOverX=266&mapOverY=265&zoomdir=1&mode=browse&box=true&drag=false&imgbox=231+231+266+265&zoomsize=2&imgxy=231+231&imgext=1645091.959629+5022985.283014+1668022.502802+5045915.826187&map=d%3A%5Chtml%5Cgis%5Cgis_verona.map&savequery=true&mapext=shapes & page=gis

Auzelle, R. (1947) *Encyclopédie de l'Urbanisme,* Paris: Vincent, Fréal.

Fanelli, G. (1982) *Città antica in Toscana,* Florence: Sansoni.

Vienna

Vienna, Stadtbuaamt (1943) *General-Stadt-Plan: 1:2500,* Wein und Umgeburg, Viennna.

Feuerwehr der Stadt Wien (1926) *Wien und umgebung,* Vienna.

Vigévano

Cítta di Vigévano, Nuovo Piano Regolatore Generale, Ottobre 2003, http://www.comune.vigevano.pv.it/prg/CS.htm

Citta di Vigévano, http://www.comune.vigevano. pv.it/prg/S3.jpg

Washington, DC

District of Columbia, Department of Planning and Zoning (1999) *Zoning Map,* Washington, DC.

District of Columbia, Geographic Information System, http://dcgis.dc.gov/dcgis/site/default.asp

参考书目（Bibliography）

Abu-Lughod, J.L. (1971) *Cairo: 1001 Years of the City Victorious,* Princeton, NJ: Princeton University Press.

Adler, L. (2003) *Savannah Renaissance,* Charleston, SC: Wyrick & Co.

Anderson, S. (1993) "Savannah and the Issue of Precedent: City Plan as Resource," in R. Bennett (ed.) *Settlements in the Americas: Cross-Cultural Perspectives,* Newark, DE: University of Delaware Press.

Anderson, M. (1998) *Stockholm's Annual Rings: A Glimpse into the Development of the City,* trans W.M. Pardon, Stockholm: Stockholmia Förlag.

Appelo T. (1985) "Rescue In Seattle: Pike Place Market and Pioneer Square," *Historic Preservation, 37, 5: 34-39.*

Artigas, J.B. (1990) *Centros Historicos America Latina,* Bogotá: Escala.

Åström, K. (1967) *City Planning In Sweden,* Stockholm: Svenska Institutet.

Auzelle, R. (1947) *Encyclopédie de l'urbanisme,* vols. I, II and III, Paris: Vincent, Fréal.

Bacon, E. (1967) *The Design of Cities,* New York: Viking Press.

Ballon, H. (1991) *Paris of Henri IV: Architecture and Urbanism,* Cambridge, MA: MIT Press.

Balus, W. (2001) "Cracow," *Centropa,* 1, 1: 24-29.

Bannister, T.C. (1961) "Oglethorpe's Sources for the Savannah Plan," *Journal of the Society of Architectural Historians,* 20: 47-62.

Barnett, J. (1986) *The Elusive City,* New York: Harper & Row.

Barthes, R. (1982) *Empire of Signs,* trans. R. Howard, New York: Hill & Wang.

Bastéa, E (1994) "Athens: Etching Images on the Street," in Z. Celik, D. Favro and R. Ingersoll (eds) *Streets: Critical Perspectives on Public Space,* Berkeley, CA: University of California Press.

Beattie, A. (2005) *Cairo: A Cultural History,* Oxford: Oxford University Press.

Beltrán, M. (1970) *Cuzco: Window on Peru,* 2nd edn, New York: Knopf.

Benevolo, L. (1980) *The History of the City,* trans. G. Culverwell, Cambridge, MA: MIT Press.

Bennett, D. (1991) *Encyclopaedia of Dublin,* Dublin: Gill & Macmillan.

Bennett, P. (2003) "Cairo, Once the Paris of the Nile, Tries to Regain Design Stature," *Architectural Record,* 191, 4: 79-80.

Besant, W. (1903) *London in the Time of the Stuarts,* London: A. & C. Black.

Besant, W. (1909) *London in the Nineteenth Century,* London: A. & C. Black.

Besant, W. (1912) *London, South of the Thames,* London: A. & C. Black.

Bianca, S. (2000) *Urban Form in the Arab World: Past and Present,* New York: Thames & Hudson.

Blaser, W. (ed.) (1983) *Drawings of Great Buildings,* Basel: Birkhäuser.

Blaser, W. (2004) *Mies van der Rohe, Federal Center, Chicago,* Basel: Birkhäuser.

Bluestone, D. (1988) "Detroit's City Beautiful and the Problem of Commerce," *Journal of the Society of Architectural Historians,* 47, 3: 245-262.

Blunt W. (1966) *Isfahan: Pearl of Asia,* New York: Stein & Day.

Bosselmann, P. (1988) *Representation of Places: Reality and Realism in City Design,* Berkeley, CA: University of California Press.

Boyer, M.C. (1994) *City of Collective Memory: Its Historical Imagery and Architectural Entertainments,* Cambridge, MA: MIT Press.

Brace, R. M. (1968) *Bordeaux and the Gironde 1789-94,* New York: Russell & Russell.

Branch, M.C.(1997) *Comparative Urban Design: Rare Engravings, 1830-1843,* New York: Princeton Architectural Press.

Braunfels, W. (1988) *Urban Design in Western Europe,* trans. K. J. Northcott, Chicago, IL: University of Chicago Press.

Broadbent, G. (1990) *Emerging Concepts in Urban Space*

Design, London: Van Nostrand Reinhold.

Brown, E. M. (1976) *New Haven: A Guide to Architecture and Urban Design,* New Haven, CT: Yale University Press.

Brückelmann, L. (1996) "An Involuntary Lesson-The Baxia Pombalina In Lisbon," *Daidolos,* 59: 32-45.

Burg, A. (1999) *Bau und Raum Annual,* Berlin: Hatje Cantz Verlag.

Cantaucuzino, S. and Browne, K. (1976) 'Isfahan', *The Architectural Review,* 159, 951 (entire issue).

Carmona, M., Heath, T., Oc, T. and Tiesdell, S. (2002) *Public Places-Urban Spaces: The Dimensions of Urban Design,* Boston, MA: Architectural Press.

Carr, S. (1992) *Public Space,* Cambridge: Cambridge University Press.

Celik, Z. (1986) *Remaking of Istanbul: Portrait of an Ottoman City in the Nineteenth Century,* Seattle, WA: University of Washington Press.

Celik, Z., Favro, D. and Ingersoll, R. (eds) (1994) *Streets: Critical Perspectives on Public Space,* Berkeley, CA: University of California Press.

Cerdá, I. (1999) *Cerdá: The Five Bases of the General Theory of Urbanization,* ed. A. Soria y Puig, trans. B. Miller and M. Fons i Fleming, Madrid: Electa.

Chabrier, Y. V. (1985) "The Greening of Copley Square," *Landscape Architecture,* 75, 6: 70-76.

Chamberlain, S. (1928) "Bruges," *American Architect,* 133, 2547: 813-818.

Chancellor, E. B. (1907) *The History of the Squares of London,* London: K. Paul, Trench, Trubner.

Childs, M.C. (2004) *Squares. A Public Place Design Guide for Urbanists,* Albuquerque, NM: University of New Mexico Press.

Ciucci, G., Dal Co, F., Manieri-Elia, M. and Tafuri, M. (1979) *The American City,* trans. B.L. La Penta, Cambridge, MA: MIT Press.

Cleary, R.L. (1998) *The Place Royale and Urban Design in the Ancient Regime,* New York: Carnbridge University Press.

Cohn, R. (1989) "Square Deals: The Public Is Invited," *Landscape Architecture,* 79, 6: 54-61.

Colom, J.M., Vergara, A.N. and Vicuña, P.B. (1983) *Las Plazas de Santiago,* Santiago, Chile: Ediciones Universidad Católica de Chile.

Cooper-Hewitt Museum (1981) *Urban Open Spaces,* New York: Rizzoli.

Copper, W. (1967) "The Figure/Grounds," Master's Thesis, Department of Architecture, Cornell University, Ithaca, NY.

Coper, W. (1982) "The Figure/Grounds," *Cornell Journal of Architecture,* 2: 42-53.

Coradeschi, S. (1986) *Il Rilievo a Vista: La Piazza,* Milan: Di Baio.

Coubier, H. (1985) *Europeanische Stadt-Plätze,* Cologne: DuMont Buchverlag.

Crouch, D., Garr, D. and Mundigo, A. (1982) *Spanish City Planning in North America,* Cambridge, MA: MIT Press.

Cruft, K. and Andrew, F. (eds) (1995) *James Craig. 1744-1795,* Edinburgh: Mercat Press.

Czaplicka, J. J. and Ruble, B. A. (eds) (2003) *Composing Urban History and the Constitution of Civic Identities,* Washington, DC: Woodrow Wilson Center Press.

Dal Bianco, M.P. and Marenco di Santarosa, C. (eds) (2001) *Piazza San Carlo a Torino,* Milan: Lybra Immagine.

Dallett, F. J. (1968) *An Architectural View of Washington Square,* Frome, UK: Butler & Tanner.

Davidson-Powers, C. (1987) "Indianapolis: Parking Spaces, Bricks and Races," *Inland Architect,* 31, 4: 34-41.

Deegan, G. G. and Toman, J. A. (1999) *The Heart of Cleveland: Public Square in the 20th Century,* Cleveland, OH: Cleveland Landmarks Press.

Dennis, M. (1986) *Court and Garden: From the French Hôtel to the City of Modern Architecture,* Cambridge, MA: MIT Press.

Denver Foundation for Architecture (2001) *Guide to Denver Architecture with Regional Highlights,* Englewood, CO: Westcliffe.

Diamonstein, B. (1993) *The Landmarks of New York,* New York: H. N. Abrams.

Dixon, J. M (ed.) (1999) *Urban Spaces,* New York: Visual Reference Publications.

Dorsey, R. and Roth, G.F. (eds) (1987) *Architecture and Construction in Cincinnati: A Guide to Buildings, Designers, and Builders.* Cincinnati, OH: Architectural Foundation of Cincinnati.

Dziewonski, K. (1943) "The Plan of Cracow: Its Origin, Design and Evolution," *Town Planning Review,* 19, 1: 29-37.

Eastering, K. (1993) *American Town Plans: A Comparative Time Line,* New York: Princeton Architectural Press.

Eckstut, S. (1994) "Tales of Trustees-Creating Great Urban Places: Lessons from Battery Park and Los Angeles'

Union Station, "*Blueprints,* 12, 2: 4-16.

Egorov, I.A. (1969) *The Architectural Planning of St. Petersburg.* Trans. E. Dluhosch, Athens, OH: Ohio University Press.

Escobar, J. (2000) "Architects, Masons, and Bureaucrats in the Royal Works of Madrid," *Annali di Architettura,* 12: 91-98.

Escobar, J. (2004) *The Plaza Mayor and the Shaping of Baroque Madrid,* Cambridge: Cambridge University Press.

Evenson, N. (1966) *Chandigarh,* Berkeley, CA: University of California Press.

Fabiani, R. (2003) *Trieste,* trans. R. Sadleir, Milan: Electa.

Fanelli, G. (1982) *Città antica in Toscana,* Florence: Sansoni.

Favole, P. (1971) *Pizza d'ltalia: Architettura e urbanistica della piazza in Italia,* Milan: Bramante.

Favole, P. (1995) *Piazze ell'architettura Contemporanea,* Milan: Federico Motta.

Fisher, D. with Maestro, R. and Sala, M. (1978) "Jerusalem: II Muro Del Pianto (The Western Wall)," *L'architettura,* 2: 97-111.

Folpe, E. K. (2002) *It Happened on Washington Square,* Baltimore, MD: Johns Hopkins University Press.

Francesca Morrison, F. and Young, E (1994) "Square Milieu," *Architectural Review,* 194, 1169: 68-73.

Frank, R. (1992) *Platz und Monument,* Berlin: Reimer.

French, J. S. (1978) *Urban Space: A Brief History of the City Square,* Dubuque, IA: Kendall/Hunt.

Futagawa, Y. (1975) *Villages and Towns,* Tokyo: A. D. A. EDITA.

Gaines, T.A. (1987) "Belgium's Choice Squares," *Places,* 4,1: 60-67

Gallion, A. B. and Eisner, S. (1963) *The Urban Pattern: City Planning and Design,* 2nd edn, Princeton, NJ: Van Nostrand.

Gardiner, S. (1989) "The Source Renewed," *Landscape Architecture,* 79, 6: 40-49.

Geist, J. F. (1983) *Arcades: The History of a Building Type,* Cambridge, MA: MIT Press.

Gerkan, A. (1922) *Der Nordmarkt und der Hafen an der Löwenbucht,* Berlin: Vereinigung wissenschaftlicher verleger.

Gibberd, F. (1967) *Town Design,* 5th edn London: Architectural Press.

Glazer, N. and Lilla, M. (eds) (1987) *Public Face of Architecture: Civic Culture and Public Spaces,* New York: Free Press.

Godoli, E. (1984) *Trieste,* Rome: Laterza.

Goldberger, P. (1979) *The City Observed: A Guide to the Architecture of Manhattan,* New York: Random House.

Gottarelli, E (1978) *Urbanistica e Architettura a Bologna Agli esordi dell'unità d'ltalia,* Bologna: Cappelli.

Gournay, I. And Vanlaethem, F. (eds) (1998) *Montreal Metropolis, 1880-1930,* Toronto: Canadian Centre for Architecture.

Gutkind, E. A. (1964) *Urban Development in Central Europe,* vol. I, New York: Free Press.

Gutkind, E. A. (1965) *Urban Development in the Alpine and Scandinavian Countries,* vol. II, New York: Free Press.

Gutkind, E. A. (1967) *Urban Development in Southern Europe: Spain and Portugal,* vol. III, New York: Free Press.

Gutkind, E. A. (1969) *Urban Development in Southern Europe: Italy and Greece,* vol. IV, New York: Free Press.

Gutkind, E. A (1970) *Urban Development in Western Europe: France and Belgium,* vol. V. New York: Free Press.

Gutkind, E. A. (1971) *Urban Development in Western Europe: The Netherlands and Great Britain,* vol. VI, New York: Free Press.

Gutkind, E. A. (1972a) *Urban Development in East-Central Europe: Poland, Czechoslovakia, and Hungary,* vol. VII, New York: Free Press.

Gutkind, E. A. (1972b) *Urban Development in Eastern Europe: Bulgaria, Romania, and the U.S.S.R.,* vol. VIII, New York: Free Press.

Hakim, B. S. (1986) *Arabic-Islamic Cities: Building and Planning Principles,* London: KPI.

Hall, T. (1997) *Planning Europe's Capital Cities: Aspects of Nineteenth-Century Urban Development,* London: E & FN Spon.

Hardoy, J. and Collins, G. R. (eds) (1968) *Urban Planning in Pre-Columbian America,* New York: George Brazilier.

Harris, W. D. and Rodriguez-Camilloni, H. L. (1971) *The Growth of Latin American Cities,* Athens, OH: Ohio University Press.

Heckscher, A. (1977) *Open Spaces: The Life of American Cities,* New York: Harper & Row.

Hedman, R. and Jaszewski, A. (1984) *Fundamentals of Urban Design,* Washington, DC: Planners Press.

Hegemann, W. and Peets, E. (1988) *The American Vitruvius: An Architects' Handbook of Civic Art,* New York: Princeton Architectural Press.

Herdeg, K. (1991) *Formal Structure in Islamic Architecture of Iran and Turkistan,* New York: Rizzoli.

Hidenobu, J. (1995) *Tokyo: A Spatial Anthropology,* trans. K. Nishimura, Berkeley, CA: University of California Press.

Historic Savannah Foundation (1968) *Historic Savannah,* Savannah, GA: Historic Savannah Foundation.

Hoag, J. D. (1975) *Islamic Architecture,* New York: H. N. Abrams.

Holston, J. (1989) *The Modernist City: An Anthropological Critique of Brasilia,* Chicago, IL: University of Chicago Press.

Howland, R. H. and Spencer, E. P. (1953) *Architecture of Baltimore,* Baltimore, MD: Johns Hopkins University Press.

Huffman, R. (2006) "The Value of Urban Space: Philadelphia's Rittenhouse Aquare," *Urban Land,* 65, 1: 108-111.

Hughes, R. (1992) *Barcelona,* New York: Knopf.

Iglauer, E. (1981) *Seven Stones: A Portrait of Arthur Erikson, Architect,* Seattle, WA: University of Washington Press.

Jacob, C. (2006) *The Sovereign Map: Theoretical Approaches in Cartography throughout History,* trans. T. Conley, Chicago, IL: University of Chicago Press.

Jacobs, A. B. (1993) *Great Streets,* Cambridge, MA: MIT Press.

Jacobs, J. (1993) *The Death and Life of Great American Cities,* New York: Random House.

Janak, P. (1947) "Staromestke Namesti a Radnice," *Architektura CSR 1947.*

Janson, A. and Bürklin, T. (2002) *Auftritte: Interaktionen mit dem architektonishen Raum: die Campi Venedigs/ Scenes: Interaction with Architectural Space: The Campi of Venice,* Basel: Birkhäuser.

Jordy, W. H. (1976) *American Buildings and their Architects,* New York: Anchor Press/Doubleday.

Jung-Beeman, M., Bowden, E. M., Haberman, J., Frymiare, J. L., Arambel-Liu, S., et al. (2004) "Neural Activity When People Solve Verbal Problems with Insight," *PloS Biol,* 2, 4: e97. Online.

Jürgens, O. (1926) *Spanische Städte,* Hamburg: Kommissionsverlag L. Friederichsen.

Kalm, M. (2001) "Stalinism Meets Gothic: A Case Study of Some Post-World War II Architecture in the Old Town of Tallinn," *Centropa,* 1, 2: 117-124.

Kalve, T. and Smedsvig, A. (2002a) *Landscape Architecture in Scandinavia,* Munich: Callwey.

Kalve, T. and Smedsvig, A. (2002b) "Neue Stadmitte für Bergen, Norwegen"/ "New Squares for Bergen, Norway," in *Landschaftsarchitektu in Skandinavien: Projekte aus Danemark, Schweden, Norwegen, Finnland and Island=Landscape architecture in Scandinavia: Projects from denmark, Sweden, Norway, Finland and Iceland,* Munich: Callwey.

Kanda, S. (1974) "The 'Street' and 'Hiroba' of Japan," in D. Kennedy and M. Kennedy (eds) *The Inner City,* New York: Wiley.

Kato, A. (1980) "The Plaza in Italian Culture," *Process Architecture,* 16: 5-118.

Kent, E. (2004) "When Bad Things Happen to Good Parks: New York's Bryant Park, A Tremendous Comeback Story," *Landscape Architecture,* 94, 11: 162.

Kent, F. and Schwarz, A. G. (2001) "The Return of the Civic Square," *Places,* 14, 1: 66-67.

Kolson, K. L. (2001) *Big Plans: The Allure and Folly of Urban Design,* Baltimore, MD: Johns Hopkins University Press.

Kostof, S. (1987) *America by Design,* New York: Oxford University Press.

Kostof, S. (1991) *The City Shaped: Urban Patterns and Meanings through History,* Boston, MA: Little, Brown.

Kostof, S. (1992) *The City Assembled: The Elements of Urban Form through History,* Boston, MA: Little, Brown.

Kultermann, U. (1982) "The Piazza Ducale In Vigevano and the Typology of Post-Medieval Squares In Europe," Architecture and Urbanism, 7, 142: 109-116.

Laffón, R (1966) *Seville,* trans. J. Forrester, 6th edn, Barcelona: Editorial Nogue.

Lakeman, S.D. (1994) *Natural Light and the Italian Piazza: Siena, as a Case Study,* 2nd edn, San Luis Obispo, CA: Natural Light Books.

Lane, M. (2001) *Savannah Revisited: History and Architecture,* 5th edn, Savannah, GA: Beehive Press.

Langdon, E. M. (1979) *Denver Landmarks,* Denver, Co: C.W. Cleworth.

"La plaza interminabile: Milan urban design three projects by E. Mari for the redesign of Piazza del Duomo," *Domus,* April 1984, 649: 14-19.

Lässig, K., Linke, R. and Rietdorf, W. (1967) *Strassen und Plätzen,* Berlin: VEG.

Leary, E. (1971) *Indianapolis: The Story of a City,* Indianapolis, IN: Bobbs-Merrill.

Leccese, M. (1989) "Portland's Pioneer Square," *Landscape Architecture,* 79, 6:61.

Leccess, M. (1998) "The Death and Life of American Plazas," *Urban Land,* 57, 11: 78-85, 104.

Le Corbusier (1929) *The City of To-Morrow and its Planning,* trans. From the 8th French edn by F. Etchells, London: John Rodker.

Lehman, K. (1999) "Akropolis der Künste," in P. Deitze and B. Finke (eds) *Bau und Raum,* Ostfildern, Germany: Hatje Cantz Verlag.

Leonard, S. J. and Noel, T. J. (1990) *Denver: Mining Camp to Metropolis,* Niwot, CO: University Press of Colorado.

Lincoln, C. (1992) *Dublin as a Work of Art,* Dublin: O'Brien Press.

Lotz, W. (1977) *Studies in Italian Renaissance Architecture,* Cambridge, MA: MIT Press.

Lubell, H. and McCallum, D (1978) *Bogota: Urban Development and Employment,* Geneva: International Labour Office.

Lynch, K. (1960) *The Image of the City,* Cambridge, MA: Technology Press.

Mcclendon, C. B. (1989) "The History of the Site of St. Peter's Basilica, Rome," *Perspecta,* 25: 32-65.

McDonagh, B. (1993) *Belgium and Luxembourg,* 8th edn, London: A. & C. Black.

Mace, R. (1976) *Trafalgar Square: Emblem of Empire,* London: Lawrence & Wishart.

Machado, R. (1988) "Public Places for American Cities: Three Projects," *Assemblage,* 6: 98-113.

Madanipour, A. (1996) *Design of Urban Space: An Inquiry into a Socio-Spatial Process,* New York: Wiley.

Mdanipour, A. (2003) *Public and Private Spaces of the City,* New York: Routledge.

Mari, E (1984) "La Paza Interminabile," *Domus,* 649: 14-19.

Marpillero, S. (1990) "Arte Como Arquitectura Como Ciudad (Art-As-Architecture-As-Town)," *Arquitectura,* 72, 285: 126-137

Marsan, J-C. (1990) *Montreal in Evolution,* Montreal: McGill-Queen's University Press.

Martin, W. K. (1985) "Rose City Agora: Portland's Pioneer Courthouse Square," *Progressive Architecture,* 66, 8: 93-98.

Matas, J. (1983) *Las plazas de Santiago,* Santiago, Chile: Ediciones Universidad Católica de Chile.

Miles, D. C. (1989) "Pioneer Square: A Case Study," *Preservation Forum,* 3, 1: 8-11.

Miller, H. (1998) *Tallinn,* Tallinn: Huma.

Miller, N. (1989) *Renaissance Bologna,* New York: P. Lang.

Miller, N. and Morgan, K. (1990) *Boston Architecture 1975-1990,* Munich: Prestel.

Möntmann, N and Dziewior, Y. (2004) *Mapping a City,* Ostfildern, Germany: Hatje Cantz Verlag.

Morris, A. E. J. (1994) *History of Urban Form: Before the Industrial Revolutions,* London: Prentice Hall.

Morris, J. (2001) *Trieste and the Meaning of Nowhere,* New York: Simon & Schuster.

Moughtin, C. (1999) *Urban Design: Street and Square,* 2nd edn, Oxford: Architectural Press.

Mumford, E. P. (2000) *CIAM Discourse on Urbanism,* 1928-1960, Cambridge, MA: MIT Press.

Mumford, L. (1961) *The City in History: Its Origins, its Transformations, and its Prospects,* New York: Harcourt, Brace & World.

Murray. M. (2002) "City Profile: Denver," *Cities,* 19, 4: 283-294.

Naim, J. (1980) "Vancouver's Grand New Government Center," *Architectural Record* 168, 8: 65-75.

Nicodemi, G. (1982) "Paradigma Della Città Borghese=Paradigm of the Bourgeois City," *Area,* 2, 4: 36-39.

Nordhagen, P. J. (1992) *Bergen: Guide and Handbook-Historical Monuments, Art and Architecture,* Urban Development, Bergen: Bergensiana-forlaget.

Nováková-Skalická, M. (1979) *Telč,* trans. J. Hpner, Brno, Czech Republic: Oblastnoi tsentr upravleniia po okhrane pamiatnikov stariny I prirody.

Novotny, V. (ed.) (1975) *Pamĕst Mĕst,* Prague: Odeon.

Oechslin, W. (1996) "Römische Grösse: St. Peter In Rom, Inbegriff Und Paradigma=Roman Bigness: St. Peter's In Rome, Epitome and Paradigm," *Daidalos,* 61: 30-43.

Olesen, P. (1990) *Copenhagen Open Spaces,* trans. P. Shield, Copenhagen: Borgen.

Olsen, D. J. (1964) *Town Planning in London: The Eighteenth and Nineteenth Centuries,* New Haven, CT: Yale University Press.

Olsen, D. J. (1986) *The City as a Work of Art,* New Haven, CT: Yale University Press.

O'Regan, J. and Dearey, N. (1997) "Three Urban Spaces. Temple Bar, Dublin," *New Irish Architecture,* 12: 59-61.

Payne, R. (1968) *Mexico City,* New York: Harcourt, Brace and World.

Pearson, P. (2000) *The Heart of Dublin: Resurgence of an Historic City,* Dublin: O'Brien Press.

Perényi, I. (1973) *Town Centres: Planning and Renewal,* trans. K. Nagy, Budapest: Akadémiai Kiadó.

"Philips+Fotheringham Partnership: Redesign of Union Square, San Francisco, California," *Architecture and Urbanism,* January 2002, 376: 3-4.

"Plazas In Southern Europe" *Process Architecture,* 1985, 16: 85-113.

"Plazas: A Barcelona," *Abitare,* 1986, 246: 192-199.

Poleggi, E. (2005) *De Ferrari: La Piazza dei Genovesi,* Genoa: De Ferrari.

Porter, R. (1995) *London: A Social History,* Cambridge, MA: Harvard University Press.

Portes, A. and Walton, J. (1976) Urban Latin America: The Political Condition from Above and Below, Austin, TX: University of Texas Press.

Prakash, V. (2002) *Chandigarh's Le Corbusier: The Struggle for Modernity in Postcolonial India,* Seattle, WA: University of Washington Press.

Pritchett, V. S. (1962) *London Perceived,* New York: Harcourt, Brace & World.

Project for Public Spaces: http://www.pps.org/great_public_spaces/one?public_place_id=19

Protzen, J-P. and Rowe J. H. (1994) "Cuzco: Hawkaypata the Terrace of Leisure," in Z. Celik, D. Favro and R. Ingersoll (eds) *Streets: Critical Perspectives on Public Space,* Berkeley, CA: University of California Press.

Raafat, S. (1998) "Midan Al-Tahrir," *Cairo Times,* December 10.

Raikula, E. (1972) *Raekoja Plats,* Tallinn: Eesti Raamat.

Ramati, R. (1979) "The Plaza as an Amenity," *Urban Land,* 38, 2: 9-12.

Rasmussen, S. E. (1967) *London: The Unique City,* 3nd edn, Cambridge, MA: MIT Press.

Rasmussen, S. E. (1969) *Towns and Buildings,* Cambridge, MA: MIT Press.

Reps, J. W. (1965) *The Making of Urban America,* Princeton, NJ: Princeton University Press.

Rincon Garcia, W. (1999) *Plazas de Espana,* Madrid: Espasa.

Rörig, F (1967) *The Medieval Town,* trans. D. Bryant, London: Batstord.

Rothstein, F. (1967) *Beautiful Squares,* trans. S. Furness and F. R. Stevenson, Leipzig: VEB.

Rowe, C. (1996) *As I Was Saying,* ed. A. Caragone, Cambridge, MA: MIT Press.

Rowe, C. and Koetter, F. (1978) *Collage City,* Cambridge, MA: MIT Press.

Rutteri, S. (1968) *Trieste: Spunti dal suo Passato,* Trieste, Italy: Eugenio Borsatti Editore.

Saalman, H. (1971) *Haussmann: Paris Transformed,* New York: G. Braziller.

Saarinen, E. (1965) *The City: Its Growth, its Decay, its Future,* Cambridge, MA: MIT Press.

Sagalyn, L.B. (2001) *Times Square Roulette: Remaking the City Icon,* Cambridge, MA: MIT Press.

Scarpaci, J. L. (2005) *Plazas and Barrios: Heritage Tourism and Globalization in the Latin American Centro Histórico,* Tucson, AZ: University of Arizona Press.

Schäfer, R. (2002) "European Cities' New Urban Spaces," *Architecture and Urbanism,* 12, 387: 6-9.

Schmertz, M. F. (1985) "Coping with Cairo: A Study In Urban Decline," *Architectural Record,* 173, 6: 91-93.

Schofield, R. (1992-1993) "Ludovico Il Moro's Piazzas: New Sources and Observations," *Annali di Architettura,* 4-5: 157-167.

Schumacher, T. (1971) "Contextualism: Urban Ideals and Deformations," *Casabella,* 359-360: 79-86.

Scott, P. and Lee, A. J. (1993) *Buildings of the District of Columbia,* New York: Oxford University Press.

Sears, A. (ed.) (2002) *Urban Places, Urban Pleasures: The Cultural Use of Civic Space,* Windsor, Ont.: Humanities Research Group, University of Windsor.

Shane, D. G. (2006) "A Bus System Transforms Bogotá's Prospects," *Architecture,* 7: 54.

Sherwood, R. (1978) *Modern Housing Prototypes,* Cambridge, MA: Harvard University Press

Shorto, R. (2004) *The Island at the Center of the World,* New York: Doubleday.

Sitte, C. (1945) *The Art of Building Cities: City Building According to its Artistic Fundamentals,* trans. C.T. Stewart, New York: Reinhold.

Sorkin, M. (2001) "Deciphering Greater Cairo," *Architectural Record,* 4: 83-90.

Spreiregen, P. D. (1968) *On the Art of Designing Cities: Selected Essays of Elbert Preets,* Cambridge, MA: MIT Press.

Stamp, G. (1989) "History In the Making: Bruges," *Architects' Journal,* 190, 4: 32-47.

Stankova, J., Stursa, J. and Svatopluk, V. (1992) *Prague:*

Eleven Centuries of Architecture Historical Guide, Prague: PAV.

Stanley, J.H. (1968) *Judiciary Square, Washington, D. C.: A Park History,* Washington, DC: Division of History, US Office of Archeology and Historic Preservation.

Stary, O. (1947) "Verejná Soutez Na Starometskou Radnici," *Architektura CSR,* 2: 37-54.

Strauss, B. and Strauss, F. (1974) *Barcelona Step by Step,* trans. A. Cirici, Barcelona: Teide.

Sumner-Boyd, H. and Freely, J. (1987) *Strolling through Istanbul: A Guide to the City,* London: KPI.

Tenuth, J. (2004) *Indianapolis: A Circle City History,* Charleston, SC: Arcadia.

Thiis-Evensen, T. (1999) *Archetypes of Urbanism: A Method for the Esthetic Design of Cities,* trans. S. Campbell, Oslo: Universitetsforlaget.

Thompson, J. and Schmertz, M. (2006) "A Marketplace of Ideas," *Boston Architecture,* 9, 4: 46-51.

Toledano, R. (1997) *Savannah,* New York: Preservation Press.

Torre, S. (1981) "American Square," *Precis,* 3: 31-34.

Trancik, R. (1986) *Finding Lost Space: Theories of Urban Design,* New York: Van Nostrand Reinhold.

Traub, J. (2004) *The Devil's Playground: A Century of Pleasure and Profit in Times Square,* New York: Random House.

Treib, M. (1992) "Arte Pubblica E Spazi Pubblici," *Casabella,* 56, 586-587: 94-99, 124-125.

Tuttle, R. J. (1994) "Urban Design Strategies In Renaissance Bologna: Piazza Maggiore," *Annali di Architettura,* 6: 39-63.

Ulam, A. (2006) "Square Deal? Will Impending Changes to Washington Square Park Offer Needed Improvements or Impose a Bogus Take on History?," *Landscape Architecture,* 96, 3: 102-111.

Valena, T. F. (1980) *Prague: Urban Morphology,* Monticello, IL: Vance Bibliographies.

Vance, J. E. (1990) *The Continuing City: Urban Morphology in Western Civilization,* Baltimore, MD: Johns Hopkins University Press.

Vance, M. (1981) *Plazas: A Bibliography,* Monticello, IL: Vance Bibliographies.

Vianelli, A. (1979) *Le Piazze di Bologna,* Rome: Newton Compton.

Vogel, C. (1996) "Das Schloss? Project for the Site of the Former Castle," *The New City,* Fall: 142.

Voyce, A. (1954) *The Moscow Kremlin: Its History, Architecture, and Art Treasures,* Berkeley, CA: University of California Press.

Walter, R.J. (2005) *Politics and Urban Growth in Santiago, Chile, 1891-1941,* Stanford, CA: Standford University Press.

Ward, P. M. (1997) *Mexico City,* 2nd edn, Chichester: Wiley.

Webb, M. (1990) *The City Square: A Historical Evolution,* New York: Whitney Library of Design.

Webb, M. (1994) "Criticism: Pershing Square: Creating Common Ground," *Architecture and Urbanism,* 10, 289: 6-73.

Weston, R. (2004) *Key Buildings of the Twentieth Century: Plans, Sections, and Elevations,* New York: Norton.

Whitehill, W. M. (1968) *Boston: A Topographical History,* 2nd edn, Cambridge, MA: Harvard University Press.

Whyte, W. H. (2002) "The Social Life of Small Urban Space," in A. LaFarge (ed.) *The Essential William H. Whyte,* New York: Fordham University Press.

Willensky, E. and White, N. (1988) *AIA Guide to New York,* 3rd edn, San Diego, CA: Harcourt Brace Jovanovich.

Wilson, S. (ed.) (1968) *The Vieux Carré, New Orleans: Its Plan, its Growth, its Architecture,* New Orleans, LA: City of New Orleans.

Wojciech, B. (2001) "Cracow," *Centropa,* 1, 1: 4-29.

Wu, H. (2005) *Remaking Beijing: Tiananmen Square and the Creation of a Political Space,* Chicago, IL: University of Chicago Press.

Wycherley, R.E. (1976) *How the Greeks Built Cities,* 2nd edn, New York: Norton.

Youngson, A. J. (1966) *The Making of Classical Edinburgh: 1750-1840,* Edinburgh: Edinburgh University Press.

Yücel, E. (1972) *Yeni Cami and its Sultan's Gallery,* Istanbul: Türkiye Turning ve Otomobil Kurumu.

Ziskin, R. (1999) *The Place Vendôme: Architecture and Social Mobility in Eighteenth-Century Paris,* Cambridge: Cambridge University Press.

Zucker, P. (1966) *Town and Square,* New York: Columbia University Press.